Nachrichtentechnik
Herausgegeben von H. Marko
Band 19

Claus-E. Liedtke · Manfred Ender

Wissensbasierte Bildverarbeitung

Mit 83 Abbildungen

Springer-Verlag Berlin Heidelberg NewYork
London Paris Tokyo Hong Kong 1989

Dr.-Ing. CLAUS-E. LIEDTKE
Professor, Institut für Theoretische Nachrichtentechnik
und Informationsverarbeitung
Universität Hannover

Dr.-Ing. MANFRED ENDER
AEG, Abteilung K 1-EN, Ulm

Dr.-Ing., Dr.-Ing. E. h. HANS MARKO
Universitätsprofessor, Lehrstuhl für Nachrichtentechnik
Technische Universität München

ISBN-13:978-3-540-50641-6   e-ISBN-13:978-3-642-83688-6
DOI: 10.1007/978-3-642-83688-6

CIP-Titelaufnahme der Deutschen Bibliothek
Liedtke, Claus-Eberhard:
Wissensbasierte Bildverarbeitung / Claus-E. Liedtke ; Manfred Ender.
Berlin ; Heidelberg; New York ; London ; Paris ; Tokyo : Springer, 1989.
 (Nachrichtentechnik ; Bd. 19)
 ISBN-13:978-3-540-50641-6

NE: Ender, Manfred:; GT

2068/3020-543210 – Gedruckt auf säurefreiem Papier

Zur Buchreihe „Nachrichtentechnik"

Die Nachrichten- oder Informationstechnik befindet sich seit vielen Jahrzehnten in einer stetigen, oft sogar stürmisch verlaufenden Entwicklung, deren Ende derzeit noch nicht abzusehen ist. Durch die Fortschritte der Technologie wurden ebenso wie durch die Verbesserung der theoretischen Methoden nicht nur die vohandenen Anwendungs-gebiete ausgeweitet und den sich stets ändernden Erfordernissen angepaßt, sondern auch neue Anwendungsgebiete erschlossen.

Zu den klassischen Aufgaben der Nachrichtenübertragung und der Nachrichten-vermittlung sind die Nachrichtenverarbeitung und die Datenverarbeitung hinzu-gekommen, die viele Gebiete des beruflichen und des privaten Lebens in zunehmen-dem Maße verändern. Die Bedürfnisse und Möglichkeiten der Raumfahrt haben gleichermaßen neue Perspektiven eröffnet wie die verschiedenen Alternativen zur Realisierung breitbandiger Kommunikationsnetze. Neben die analoge ist die digitale Übertragungstechnik, neben die klassische Text-, Sprach- und Bildübertragung ist die Datenübertragung getreten. Die Nachrichtenvermittlung im Raumvielfach wurde durch die elektronische zeitmultiplexe Vermittlungstechnik ergänzt. Satelliten- und Glasfasertechnik haben zu neuen Übertragungsmedien geführt. Die Realisierung nachrichtentechnischer Schaltungen und Systeme ist durch den Einsatz von Elektro-nenrechnern sowie durch die digitale Schaltungstechnik erheblich verbessert und er-weitert worden. Die rasche Entwicklung der Halbleitertechnologie zu immer höheren Integrationsgraden erschließt neue Anwendungsgebiete besonders auf dem Gebiet der digitalen Technik.

Die Buchreihe „Nachrichtentechnik" trägt dieser Entwicklung Rechnung und bietet eine zeitgemäße Darstellung der wichtigsten Themen der Nachrichtentechnik an. Die einzelnen Bände werden von Fachleuten geschrieben, die auf den jeweiligen Gebieten kompetent sind. Jedes Buch soll in ein bestimmtes Teilgebiet einführen, die wesent-lichen heute bekannten Ergebnisse darstellen und eine Brücke zur weiterführenden Spezialliteratur bilden. Dadurch soll es sowohl dem Studierenden bei der Einarbeitung in die jeweilige Thematik als auch dem im Beruf stehenden Ingenieur oder Physiker als Grundlagen- oder Nachschlagewerk dienen. Die einzelnen Bände sind in sich abge-schlossen, ergänzen einander jedoch innerhalb der Reihe. Damit ist eine gewisse Über-schneidung unvermeidlich, ja sogar erforderlich.

Die derzeitige Planung der Reihe umfaßt die mathematischen Grundlagen, die Bau-gruppen und Systeme sowie die Technik der Signalverarbeitung und der Signalüber-tragung; eine Ergänzung bildet die Meßtechnik (siehe Schema nächste Seite).

Herausgeber und Verlag danken für alle Anregungen zur weiteren Ausgestaltung dieser Reihe. Die freundliche Aufnahme in der Fachwelt hat die Richtigkeit der Idee, das sich schnell entwickelnde Gebiet der Nachrichtentechnik oder Informationstechnik in einer Buchreihe darzustellen, bestätigt.

München, im Frühjahr 1989   H. Marko

Bisher erschienene Bände der Buchreihe »Nachrichtentechnik«

Mathematische Grundlagen	Band 1:	Methoden der Systemtheorie (H. Marko)
	Band 4:	Numerische Berechnung linearer Netzwerke und Systeme (H. Kremer)
	Band 7:	Grundlagen digitaler Filter (R. Lücker)
	Band 10:	Grundlagen der Theorie statistischer Signale (E. Hänsler)
	Band 15:	Übungsbeispiele zur Systemtheorie (J. Hofer-Alfeis)
	Band 20:	Mehrdimensionale lineare Systeme (R. Bamler)
Baugruppen und Systeme	Band 3:	Bau hybrider Mikroschaltungen (E. Lüder, vergriffen)
	Band 8:	Nichtlineare Schaltungen (R. Elsner)
Signalverarbeitung	Band 5:	Prozeßrechentechnik (G. Färber)
	Band 12:	Sprachverarbeitung und Sprachübertragung (K. Fellbaum)
	Band 13:	Digitale Bildsignalverarbeitung (F. Wahl)
	Band 19:	Wissensbasierte Bildverarbeitung (C.-E. Liedtke, M. Ender)
Signalübertragung	Band 2:	Fernwirktechnik der Raumfahrt (P. Hartl)
	Band 6:	Nachrichtenübertragung über Satelliten (E. Herter, H. Rupp)
	Band 11:	Bildkommunikation (H. Schönfelder)
	Band 14:	Digitale Übertragungssysteme (G. Söder, K. Tröndle)
	Band 16:	Lichtwellenleiter für die optische Nachrichtenübertragung (S. Geckeler)
	Band 17:	Optische Übertragungssysteme mit Überlagerungsempfang (J. Franz)
	Band 18:	Radartechnik (J. Detlefsen)
Ergänzung	Band 9:	Nachrichten-Meßtechnik (E. Schuon, H. Wolf)

Vorwort

Die wissensbasierte Bildverarbeitung stellt Methoden bereit, um in technischen Systemen den Inhalt von Einzelbildern oder Bildfolgen zu verstehen, mit dem Ziel, die gewonnene Information für eine vorgegebene Aufgabenstellung nutzbar zu machen. Sie steht in direkter Konkurrenz zum visuellen Verstehen des Menschen und nimmt damit eine Schlüsselstellung für die im nächsten Jahrzehnt bevorstehende Automatisierung ein. Bei der wissensbasierten Bildverarbeitung werden im Gegensatz zur allgemeinen Bildverarbeitung durch die <u>explizite</u> Formulierung von Wissensinhalten neue und erweiterte Möglichkeiten geschaffen, Wissen in den Bilddeutungsprozeß einzubringen. Dazu finden Verfahren Anwendung, wie sie in letzter Zeit aus dem Bereich der Künstlichen Intelligenz bekannt geworden sind. Der Vorteil derartiger Systeme liegt darin, daß ein wesentlich höheres Maß an Flexibilität, beispielsweise in der Anpassung an neue Aufgabenstellungen oder in der Reaktion auf unvorhergesehene Situationen, erreicht werden kann.

Das Gebiet der wisssensbasierten Bildverarbeitung ist zum gegenwärtigen Zeitpunkt ein Thema aktueller Forschungsarbeiten und findet erst in den allerersten Anfängen in der industriellen Praxis Anwendung. Laufende Forschungsvorhaben betreffen sowohl Grundlagen wissensbasierter Systeme an sich als auch die Schaffung von geeigneten Software- und Hardwarehilfsmitteln zu derer wirtschaftlichen Realisierung.

Das Buch gliedert sich wie folgt in fünf Kapitel. Im ersten Kapitel wird die prinzipielle Vorgehensweise einer wissensbasierten Bildverarbeitung besprochen. Das zweite Kapitel behandelt die klassischen Prozeduren der digitalen Bildverarbeitung, die über eine Hervorhebung des relevanten Bildinhaltes und die Bildzerlegung (Segmentierung) zu einer ersten symbolischen Beschreibung des Bildinhaltes führen. Im dritten Kapitel werden die verschiedenen bekannten Verfahren der Bedeutungszuweisung behandelt. Es werden dabei sowohl Verfahren der numerischen und syntaktischen Klassifikation von Einzelmustern angesprochen als auch solche Verfahren, die mehrere Muster zugleich in ihrem Kontext berücksichtigen. Möglichkeiten der Wissenscodierung und Wissensnutzung werden in Kapitel 4 aufgeführt. In Kapitel 5 werden die verschiedenen Teilkomponenten wissensbasierter Systeme und ihr Zusammenspiel exemplarisch am Beispiel eines selbstadaptierenden Systems zur Lageerkennung industrieller Teile vorgestellt.

Der Text wendet sich vorwiegend an Ingenieure, Informatiker und Naturwissenschaftlicher, die sich in das Gebiet einarbeiten bzw. vertiefte Kenntnisse in diesem Gebiet erwerben wollen. Zum Verständnis sind Grundkenntnisse in der Ingenieursmathematik und der linearen Signaltheorie notwendig, wie sie bis zum Vordiplom in einem ingenieurwissenschaftlichen Studium gelehrt werden.

Das Buch ist aus einem Skript zur Vorlesung "Mustererkennung" im Fachbereich Elektrotechnik an der Universität Hannover innerhalb der letzten vier Jahre entstanden. Zur inhaltlichen Gestaltung haben wesentlich die zahlreichen Diskussionen mit und Anregungen durch meine wissenschaftlichen Mitarbeiter beigetragen. Besonderem Dank gilt in dem Zusammenhang meinem Koautor, Herrn Dr. Ender, für die gemeinsame Erarbeitung des Stoffes, Herrn Heuser für die Beiträge zum Problem der Relaxation und Gruppierung und Herrn Blömer für die Durchsicht des Manuskriptes. Ferner bedanke ich mich bei Frau Jaspers-Göring und Frau Röper für die Erstellung der Illustrationen sowie Frau Haake und Herrn Peters für die Reinschrift des Textes.

Hannover, im Frühjahr 1989   Claus-Eberhard Liedtke

Inhaltsverzeichnis

1 Einführung in die digitale Bildverarbeitung

1.1 Einsatz von Bildverarbeitungssystemen

Obwohl die Anfänge der digitalen Bildverarbeitung bereits in den sechziger Jahren dieses Jahrhunderts liegen, ist es doch erst innerhalb der letzten Jahre aufgrund technologischer Fortschritte gelungen, in größerem Umfange zu wirtschaftlichen Problemlösungen durch den Einsatz der digitalen Bildverarbeitung zu kommen. Die gegenwärtigen Anwendungen sind vor allem dadurch gekennzeichnet, daß Bilder wieder zu Bildern verarbeitet werden zum Zwecke der Speicherung, Übertragung oder Verbesserung der Bilddarstellung. Die inhaltliche Bildauswertung erfolgt zum gegenwärtigen Zeitpunkt noch in einem geringen Umfang. Sie befindet sich weitgehend im Zustand der Erforschung und der praktischen Erprobung.

Die inhaltliche Bildauswertung stellt das Gebiet der Bildanalyse dar. Mit dem Fernziel des Bildverstehens steht sie in direkter Konkurrenz zum visuellen Verstehen des Menschen und nimmt damit eine Schlüsselstellung für die im nächsten Jahrzehnt bevorstehende Automatisierung ein. Das betrifft sowohl die Automatisierung in der industriellen Fertigung und im Büro als auch die Automatisierung von Meß- und Überwachungsaufgaben in der Verkehrstechnik, der Sicherheitstechnik, der Medizin und des Umweltschutzes.

Die im folgenden wiedergegebenen Verfahren und Methoden werden exemplarisch an Beispielen verdeutlicht, die der Industrieautomatisierung zuzurechnen sind. Optoelektronische Sensoren gewinnen hier zunehmende Bedeutung in den Bereichen der Qualitätsprüfung, bei der Teileprüfung im Materialfluß sowie der automatisierten Sichtprüfung und Vollständigkeitskontrolle bei automatischen Montagevorgängen. Einige Beispiele für Anwendungen sind in Abb.1.1 dargestellt. Immer wiederkehrende Teilaufgaben sind dabei die korrekte Erkennung und Benennung von Objekten im Bild sowie die Bestimmung derer Lage.

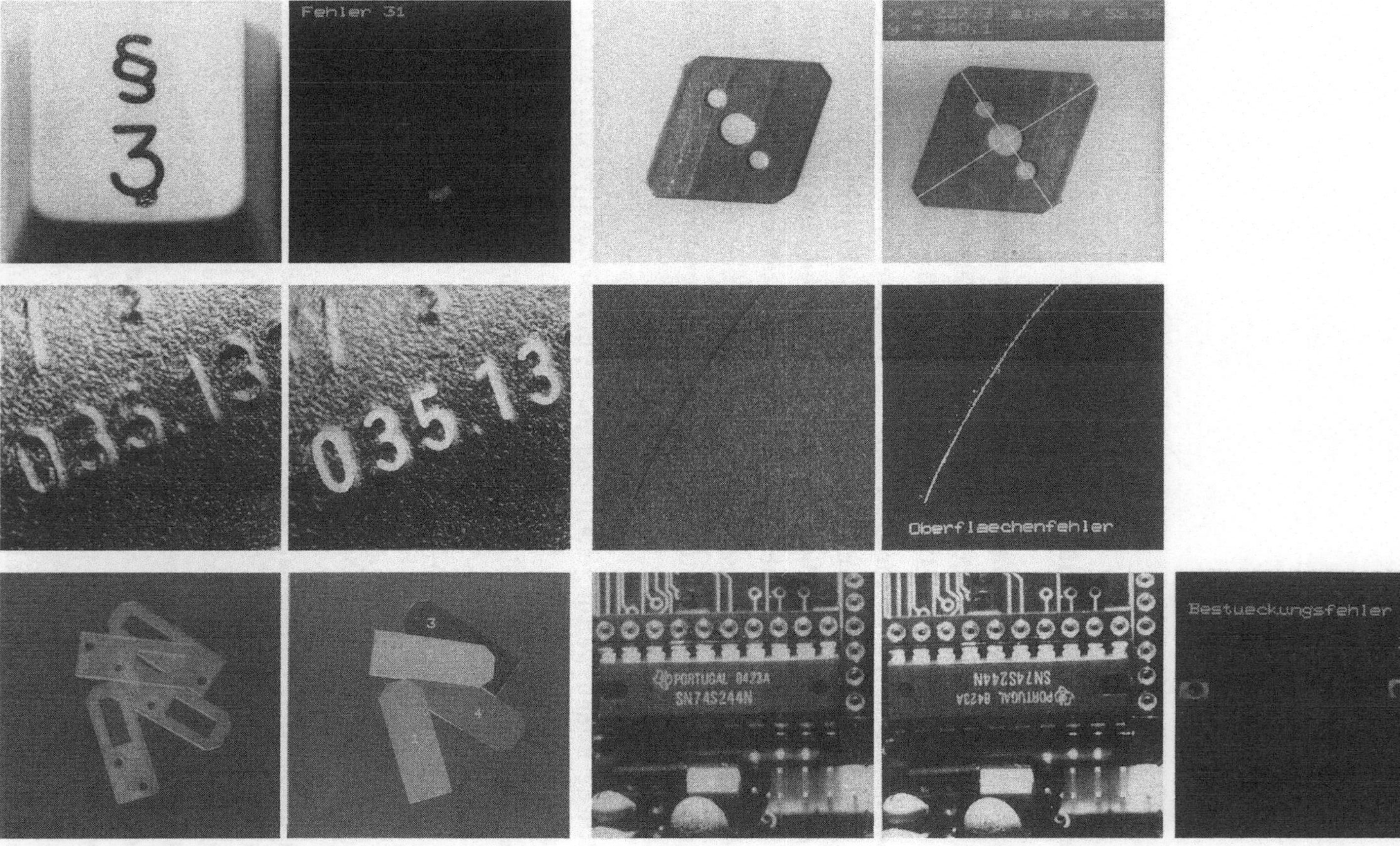

Abb.1.1. Anwendungen der Bildverarbeitung in der Industrieautomatisierung (Firma VISCOM, Hannover).

Probleme beim Einsatz von Bildverarbeitungssystemen liegen gegenwärtig noch in der Akzeptanz und der Wirtschaftlichkeit. Die Probleme bei der Akzeptanz sind begründet durch die hohe Komplexität derartiger Systeme, für deren Handhabung der Anwender i.a. kein Fachmann ist. Ein Schwerpunkt der Entwicklung zukunftsorientierter Bildverarbeitungssysteme liegt deshalb in der Bereitstellung geeigneter Benutzerschnittstellen, der systematischen Einbringung von Expertenfachwissen in das System und der automatischen Nutzung dieses Wissens durch das System selbst. Die Frage der Wirtschaftlichkeit ist eng verknüpft mit der entsprechenden Entwicklung von optoelektronischen Wandlern, Halbleiterbauelementen und Kleinrechnern. Aus gegenwärtiger Sicht kann hier für die kommenden Jahre ein rascher Fortschritt erwartet werden.

Die prinzipielle Einbettung eines digitalen Bildverarbeitungssystems in einen industriellen Arbeitsplatz ist in Abb.1.2 dargestellt. Wesentliche Komponenten stellen die Beleuchtung, der optoelektronische Wandler und das Bildanalysesystem dar.

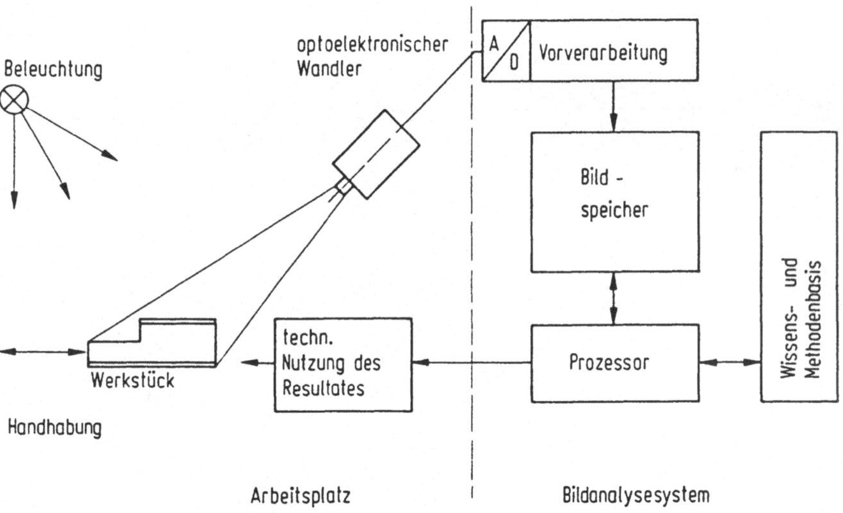

Abb.1.2.   Aufbau eines industriellen Arbeitsplatzes zur Bildanalyse.

Beleuchtung

Die Aufgabe der Beleuchtung ist es, zusammen mit dem optischen System des Wandlers die relevante Information auf dem Kameratarget abzubilden. Die folgen-

4

den Beleuchtungsarten haben sich für die Praxis als besonders zweckmäßig
herausgestellt und sind z.T. in Abb.1.3 wiedergegeben:

- Die diffuse Auflichtbeleuchtung nach Abb.1.3a dient zur Wiedergabe
  der Oberflächeneigenschaften insbesondere spiegelnder Oberflächen.

- Die gerichtete Auflichtbeleuchtung entsprechend Abb.1.3b ist besonders
  vorteilhaft zur Erfassung von Rauhigkeit, Form und Orientierung von
  diffus reflektierenden Oberflächen mit ortsunabhängigen, konstanten
  Reflektionsfaktoren.

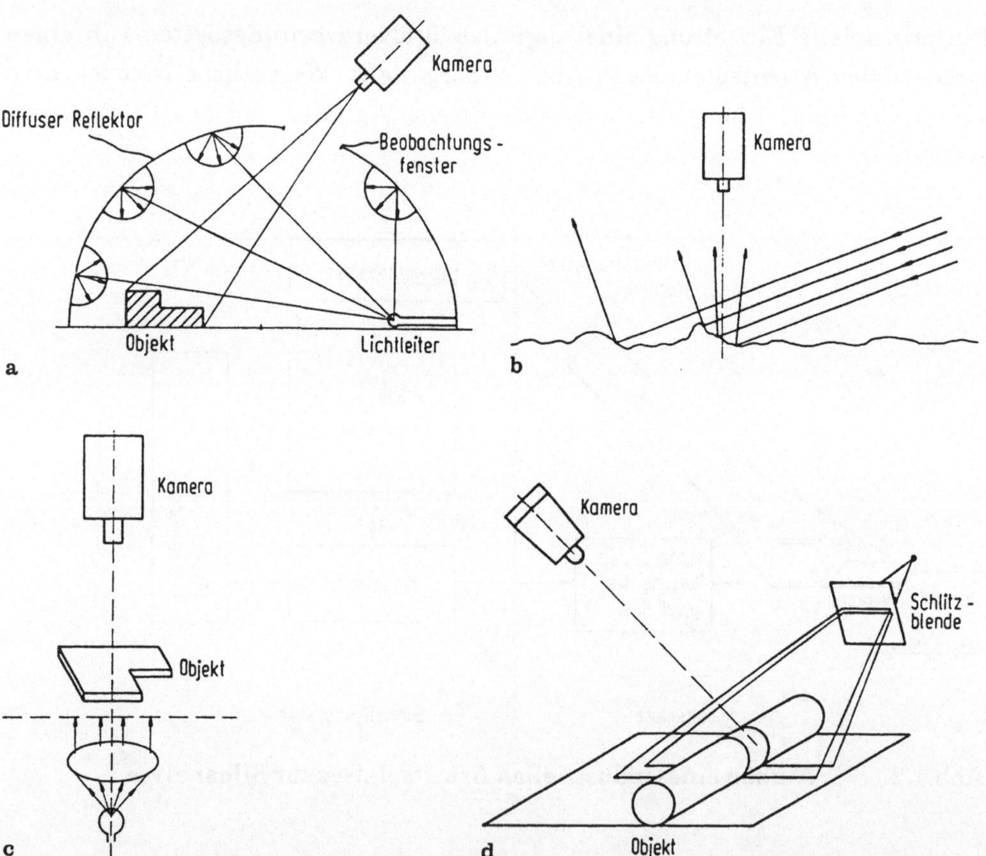

Abb.1.3.   Beleuchtungsarten: (a) Diffuse Auflichtbeleuchtung, (b) gerichtete
Auflichtbeleuchtung, (c) Durchlichtbeleuchtung, (d) modulierte Auflichtbeleuchtung.

- Die Durchlichtbeleuchtung entsprechend Abb.1.3c dient zur Sichtbarmachung der Struktur transparenter bzw. des Umrisses nichttransparenter, vorwiegend flacher Objekte.

- Modulierte Auflichtbeleuchtung nach Abb.1.3d dient in Zusammenhang mit triangulierenden Verfahren der Erfassung der dreidimensionalen Struktur von Objekten. Es existieren Verfahren zur Beleuchtung mit Punkt-, Linien- und Streifenmustern, mit unregelmäßigen sowie mit flächencodierten Mustern.

- Blitzlichtbeleuchtung dient zur Unterdrückung von Bewegungsunschärfen.

<u>Optoelektronische Wandler</u>

Die optoelektronischen Wandler dienen dazu, das sichtbare Bild in elektrische Signale umzuwandeln. Die für industrielle Zwecke am weitesten verbreiteten Wandler sind Vidicon-Kameras und CCD-Kameras (<u>c</u>harge <u>c</u>oupled <u>d</u>evice).
Aufgrund technologischer Fortschritte gewinnen CCD-Kameras zunehmend an Bedeutung und sollen deshalb kurz beschrieben werden.

Das Funktionsprinzip der Lichtwandlung und des Ladungstransports in CCD-Schaltungen ist in Abb.1.4 dargestellt. Ein CCD-Wandler besteht aus lichtempfindlichen CCD-Elementen, die in linearen Zeilen mit bis zu 4096 Elementen oder in einer Matrix mit bis zu 576 Zeilen und 604 Spalten angeordnet sind. Licht, das auf den lichtempfindlichen Teil eines CCD-Elementes fällt, erzeugt eine Ladung, die während der Integrationszeit bis zu einer Sättigungsgrenze proportional zur Intensität der Einstrahlung akkumuliert wird. Die örtlich verteilten Ladungspakete werden in ein Schieberegister übernommen und von dort sequentiell ausgelesen. Die heutzutage erreichbaren Auslesefrequenzen gehen bis zu 20 MHz. Es werden auch bereits Kameras mit einer Matrixgröße von 1300×1100 (Stand 1988) angeboten. Darüberhinaus befinden sich Matrixgrößen von bis zu 2000×2000 in der Entwicklung. Hierbei handelt es sich allerdings um Kameras mit einer reduzierten Bildfolgefrequenz.

CCD-Kameras weisen gegenüber den herkömmlichen Vidicon-Kameras die folgenden wesentlichen Vorteile auf:

- geringere geometrische Verzerrungen,

- bessere Konstanz und Reproduzierbarkeit der optischen und elektrischen Eigenschaften,

- geringere mechanische Empfindlichkeit,

- höhere Lebensdauer,

- geringere Abmessungen und niedrigeres Gewicht.

Als ein Nachteil muß erachtet werden, daß bei den derzeit verfügbaren CCD-Elementen der lichtempfindliche Teil kleiner als die zu einem Bildpunkt gehörende Matrixfläche ist. Daraus resultiert eine nicht ausreichende Tiefpaßfilterung, die beispielsweise durch eine Defokussierung kompensiert werden muß.

Aufgrund der überwiegenden Vorteile werden CCD-Kameras die konventionellen Kameras in absehbarer Zeit verdrängen.

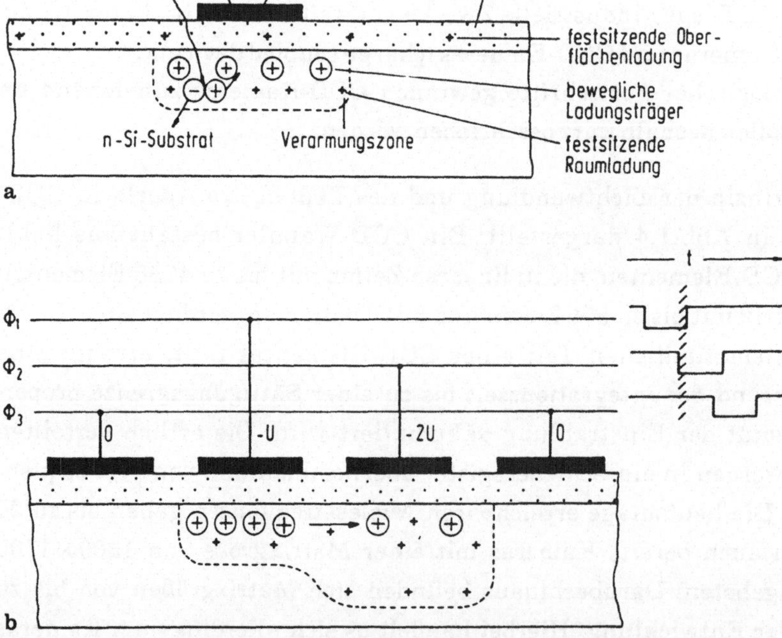

Abb.1.4. CCD Element. (a) Prinzip der Lichtwandlung, (b) Drei-Phasen-CCD, Prinzip des Ladungstransportes.

Bildanalyse

Die Bildanalyse wird durch Anwendung zahlreicher Bildverarbeitungsoperationen auf das Bild durchgeführt. Die Auswahl und Reihenfolge der Verarbeitungsverfahren wird durch das Wissen über den Anwendungsbereich und die Methodik der Vorgehensweise bestimmt. Sie wird meist durch den Programmierer des Systems als Sequenz von Bildverarbeitungsschritten codiert und für jede Anwendung derselben Aufgabenstellung in derselben Reihenfolge abgearbeitet.

Die digitale Abspeicherung und Verarbeitung setzt eine Quantisierung des Bildes in Ort, Zeit und Amplitude voraus. Die örtliche und zeitliche Quantisierung erfolgt durch ein Abtast-Halte-Glied, die Quantisierung der Amplitude durch einen Analog-Digital-Umsetzer. Wird die Amplitude jedes Bildpunktes mit 1 Bit codiert, spricht man von einem Binärbild, verwendet man mehr als 1 Bit pro Bildpunkt, spricht man von einem Grauwertbild.

Die digitale Bildanalyse kann sowohl mit einem universellen Digitalrechner als auch einem auf diese Klasse von Aufgaben spezialisierten Bildanalysesystem durchgeführt werden. Ein derartiges spezialisiertes Bildanalysesystem verfügt im Gegensatz zu einem Universalrechner über Datenpfade und Adressierungsmöglichkeiten, die die zeilensequentielle Verarbeitung und Datenhaltung von Bildmatrizen unterstützen. In die Datenpfade sind Prozessoren eingebunden, die auf bestimmte, für die Bildverarbeitung häufig gebrauchte Operationen optimiert sind. Aufgrund der Optimierung des Datenflusses und der Verteilung der Rechenleistung auf mehrere parallel arbeitende Prozessoren kann das Verhältnis des Kostenaufwandes zu der erzielbaren Verarbeitungsgeschwindigkeit bei der Bildanalyse gegenüber einem Universalrechner erheblich verringert werden.

In der industriellen Praxis sind heutzutage Binärbildanalysesysteme weiter verbreitet als die wesentlich flexibleren Systeme für die Analyse von Grauwertbildern. Gründe hierfür liegen im Stand der technischen Entwicklung derartiger Systeme, in Wirtschaftlichkeitsaspekten und in der z.Zt. noch einfacheren Handhabbarkeit von Binärbildanalysesystemen.

Sollen mit Hilfe einer Bildanalyse zeitlich veränderliche Vorgänge wie Bewegungen von Fahrzeugen oder Verformungen flexibler Objekte erfaßt werden, ist die Analyse einer Folge von Bildern notwendig. Bildanalysesysteme, die Bildfolgen in Realzeit verarbeiten können, sind heutzutage erst für sehr eingeschränkte Aufgabenstellungen verfügbar.

1.2 Grundbegriffe und Vorgehensweise beim Bildverstehen

1.2.1 Beschreibung der bildlichen Darstellung

Eine bildliche Darstellung kann im allgemeinsten Falle formal beschrieben werden durch die vektorielle Funktion $g(x, y, t)$ des Amplitudenvektors g in Abhängigkeit von den Ortskoordinaten x und y sowie der Zeit t. Die Komponenten des Vektors könnten beispielsweise verschiedene Farbauszüge beinhalten. Unter einem *Bild* wird eine Momentaufnahme verstanden, von der im folgenden fast ausschließlich der Spezialfall einer einkomponentigen Amplitudenverteilung $g(x, y)$ betrachtet wird.

Da ein Bild meist in eine physikalische Umwelt eingebettet ist, kann g verschiedene physikalische Bedeutungen haben. Es kann z.B. den Reflektionsfaktor, den Absorptionsfaktor, den Transmissionsfaktor oder eine Intensität darstellen und zwar für eine bestimmte Wellenlänge oder für einen gemittelten und bewerteten Wellenlängenbereich. Da g aber immer in Beziehung zu meßbaren Lichtintensitäten steht, muß der Zahlenwert reell, positiv und beschränkt sein, d.h

$$0 \leq g(x, y) \leq g_{max} \qquad (1.1)$$

Im Prinzip kann auch jede andere physikalisch meßbare oder berechenbare Größe zweier Variablen bildliche Information sein, wie Temperatur, Spannung, Geschwindigkeit usw.. Für eine Darstellung als Bild muß jedoch die Bedingung 1.1 sichergestellt werden.

Üblicherweise werden in der Fachliteratur gewisse analytische Eigenschaften bei Bildern vorausgesetzt, z.B., daß sie integrierbar sind und daß sie eine eindeutige Fouriertransformierte

$$G(u, v) = \int \int g(x,y) \; exp\,[-j\,(xu + yv)] \; dx\,dy \qquad (1.2)$$

aufweisen.

Um bildliche Darstellungen auf einem Digitalrechner verarbeiten zu können, müssen g, x, y, t quantisiert werden. Soll die Amplitudenquantisierung von g so fein durchgeführt werden, daß ein menschlicher Beobachter sie unter nach CCITT festgelegten normierten Sichtbedingungen nicht bemerkt, dann sind 8 Bit für die Amplitudenquantisierung notwendig. In vielen industriellen Anwendungen genügt es jedoch, aufgrund optimierter Bedingungen bei der Bildgewinnung die

Amplitude mit 1 Bit zu quantisieren. Der Informationsverlust bei der Quantisierung der Ortskoordinaten x und y sowie der Zeitkoordinate t wird durch das Abtasttheorem beschrieben.

Bilder sind i.a. örtlich begrenzt. Aufgrund der existierenden Speicherorganisationen wählt man üblicherweise quadratische Bildgrößen, bei denen die Zahl der Bildpunkte pro Zeile bzw. Spalte 2^N beträgt. Soll die örtliche Quantisierung eines Monitorbildes unter Standardsichtbedingungen zu keinen sichtbaren Fehlern führen, ist eine Darstellung mit ca. 512×512 Bildpunkten notwendig.

Da bei der digitalen Verarbeitung bildlicher Darstellungen stets örtlich und zeitlich quantisierte Größen verwendet werden, seien folgende Datenstrukturen definiert:

Def. 1.1: <u>Bildpunkt</u>

Vektor mit reellen, positiven und beschränkten Werten

Def. 1.2: <u>Bild</u>

Matrix von Bildpunkten

Def. 1.3: <u>Bildfolge</u>

Geordnete Menge von Bildern

Beispiel: räumliche Ordnung erlaubt z.B. Stereosehen
zeitliche Ordnung erlaubt z.B. die Analyse von Bewegung

Ein skalares Bild mit $I \times J$ Bildpunkten wird wie folgt bezeichnet:

$$\mathbf{G} = [g(i,j)]$$

mit den Bildpunkten

$$g(i,j) \qquad i = 0, ..., I\text{-}1; \quad j = 0, ..., J\text{-}1$$

wobei i für die Spalten und j für die Zeilen in der Bildmatrix steht. Eine Bildfolge wird mit

$$\mathbf{G}(k) = [g(i,j,k)]$$

und den Bildpunkten

$$g(i,j,k) \qquad i = 0, ..., I\text{-}1; \quad j = 0, ..., J\text{-}1; \quad k = 0, ..., K\text{-}1$$

bezeichnet.

In manchen Fällen erscheint es zweckmäßiger, statt $g(i, j)$ bzw. $g(i, j, k)$ die Schreibweise (g, i, j) bzw. (g, i, j, k) zu wählen. Hierdurch werden Bildpunkte statt in einer Matrixschreibweise als Elemente einer Menge dargestellt.

1.2.2 Vorgehensweise beim Bildverstehen

Ziel des Bildverstehens ist es, unter Verwendung von a priori Wissen über den Bildinhalt und die Bildentstehung sowie generellem Wissen über den abgebildeten Objektbereich für ein vorliegendes Aktionsziel die relevante Information zu ermitteln .

Def. 1.4: <u>Wissen</u>

    Wissen besteht aus verschiedenen Datenbeständen und
    Verfahren zur Nutzung der Datenbestände.

Def. 1.5: <u>A priori Wissen</u>

    A priori Wissen besteht aus dem Wissen <u>ohne</u> den zu
    interpretierenden Datenbestand.

Im Falle des Bildverstehens ist der zu interpretierende Datenbestand ein Bild bzw. eine Bildfolge. A priori Wissen bezeichnet das Wissen, das verfügbar ist, bevor (= a priori) das Bild bzw. die Bildfolge interpretiert wird.

In einem mehrschrittigen Verfahren wird die relevante Information herausgearbeitet. Dem Bild allein ist nicht anzusehen, was relevant ist. Die Relevanz wird allein durch ein vorliegendes abstraktes Aktionsziel bestimmt. Entsprechend unterschiedlicher Aktionsniveaus der relevanten Information entstehen charakteristische Zwischenrepräsentationsformen des Bildinhaltes in Form

- des ikonischen Bildes,

- des segmentierten Bildes und

- der symbolischen Beschreibung

wie sie an einem Beispiel in Abb.1.5 wiedergegeben sind.

Das ikonische Bild entspricht einer Darstellung, wie sie z.B. aufgrund einer Erfassung durch einen elektrooptischen Wandler und anschließende Quantisierung erzeugt worden sein könnte.

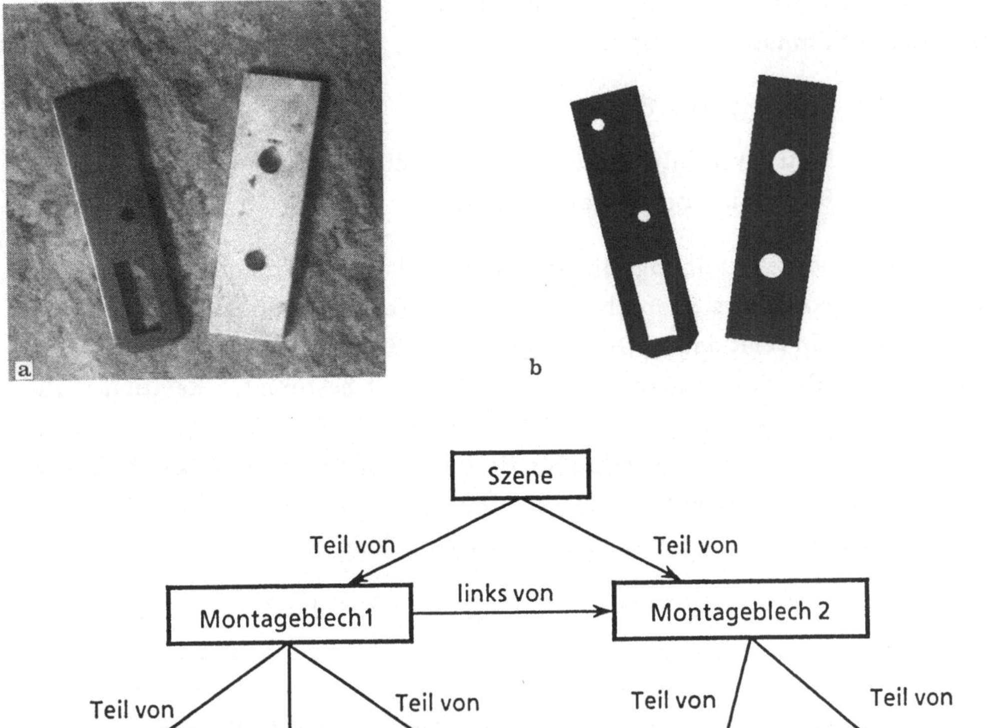

Abb.1.5.   Darstellungsformen eines Bildes. (a) Ikonisches Bild, (b) Segmentiertes Bild, (c) Symbolische Beschreibung durch einen (attributierten) relationalen Graphen.

Def. 1.6: <u>Ikonisches Bild</u>

Matrix von Bildpunkten, bei denen die skalaren Werte der Bildpunkte physikalisch meßbare Intensitäten repräsentieren.

Das segmentierte Bild ist die bildliche Darstellung einer Bedeutung, die jedem Bildpunkt zugewiesen worden ist. Die Bedeutung symbolisiert häufig die Zugehörigkeit des betreffenden Punktes zu einem Objekt oder zu einer Objektgrenze.

Hierdurch wird eine Reduktion der Informationen des ikonischen Bildes auf die relevanten Bildinhalte erreicht.

Def. 1.7: <u>Segmentiertes Bild</u>

Matrix von Bildpunkten, bei denen die Werte der Bildpunkte Bedeutungen darstellen

Die symbolische Beschreibung läßt sich formal als ein relationaler attributierter Graph ausdrücken und sich anschaulich entsprechend der Darstellung in Abb.1.5c wiedergeben. Ein relationaler Graph besteht aus Knoten, die symbolische Namen tragen und Verbindungszweigen, die die Gültigkeit bestimmter Relationen zwischen den Knoten anzeigen. In Abb.1.5c sind den Knoten Bildteile in Abb.1.5a zugeordnet und die Relationen betreffen Beziehungen zwischen den Bildteilen. Die nicht in der Abbildung explizit dargestellten Attribute beschreiben die geometrischen und photometrischen Eigenschaften der Bildteile.

Die Vorgehensweise beim Bildverstehen besteht darin, durch Anwendung unterschiedlicher Verarbeitungsverfahren ausgehend vom ikonischen Bild zu einer relevanten symbolischen Beschreibung des Bildinhaltes, z.B. in Form eines relationalen attributierten Graphen, zu gelangen. Das gewünschte Ergebnis der Bildanalyse ist entweder Teil des Graphen oder läßt sich aus diesem gewinnen. Die allgemeine Vorgehensweise ist in Abb.1.6 graphisch dargestellt.

Mit Hilfe der Bildverarbeitung, die aus einem ikonischen Bild wieder ein ikonisches Bild erzeugt, wird die relevante Information hervorgehoben bzw. die Bildqualität im Hinblick auf die relevante Information verbessert. Hierzu gehören Verfahren der geometrischen Entzerrung, der Bildrestauration (image restoration) und der Bildverdeutlichung (image enhancement). Die Vorverarbeitung ist sehr rechenaufwendig, da jeder Punkt des ikonisches Bildes individuell berechnet werden muß. So müssen beispielsweise für eine Bildmatrix der Größe 512×512 Bildpunkte 262144 mehr oder weniger komplexe Operationen durchgeführt werden.

Der nachfolgende Schritt ist die Segmentierung. Hier werden Objekte voneinander und vom Hintergrund getrennt. Was Objekt und was Hintergrund ist, wird dabei aufgrund der Relevanz im Hinblick auf die zu extrahierende Information bestimmt.

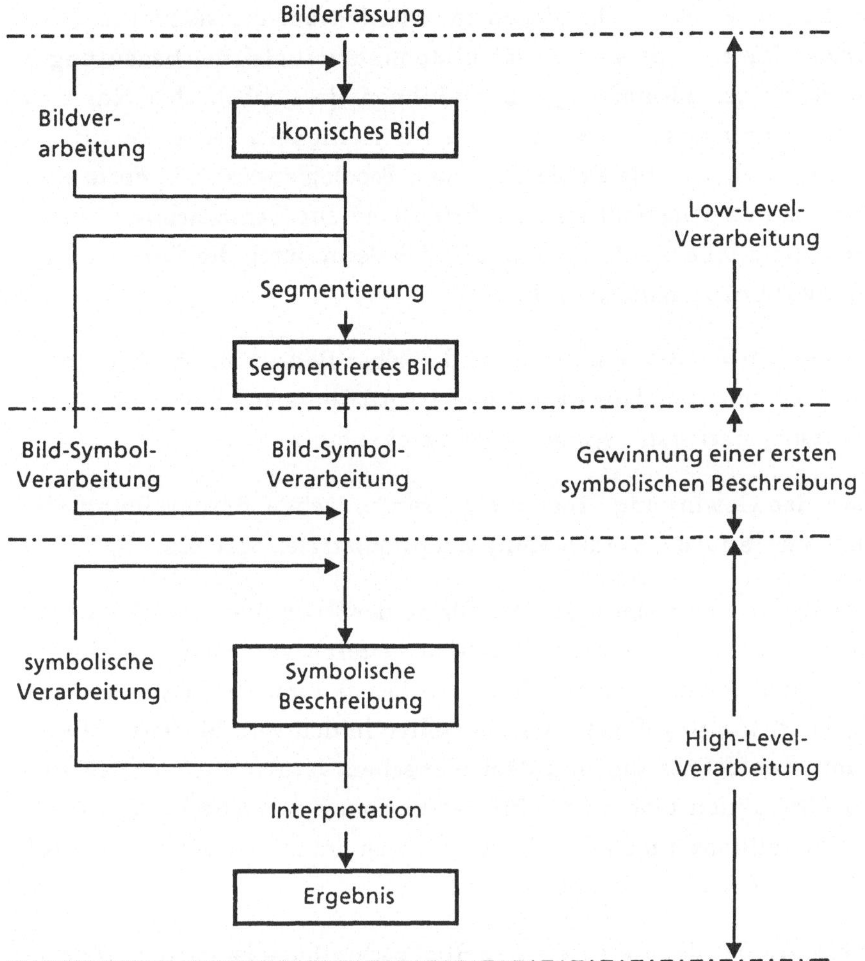

Abb.1.6.   Vorgehensweise beim Bildverstehen.

Durch mehr oder weniger komplexe Operationen wird jedem Bildpunkt ein Skalar zugeordnet, dessen Wert eine Bedeutung repräsentiert. Die bildliche Darstellung der Bedeutungswerte in Form einer Matrix ist das segmentierte Bild.

Die Verarbeitungsverfahren, die aus einem Bild wieder ein neues Bild erzeugen, faßt man unter dem Begriff der *Low-Level-Verarbeitung* zusammen. Die Low-Level-Verarbeitung beinhaltet die Vorverarbeitung und die Erzeugung des segmentierten Bildes.

Eine weitere Reduktion der vorhandenen Information auf die relevante Information kann dadurch erreicht werden, daß Bildpunkte mit gleicher Bedeutung zu sogenannten Primitiven zusammengefaßt und ihnen ein symbolischer Name zugewiesen wird. Photometrische Eigenschaften wie Helligkeit, Farbe, Textur und geometrische Eigenschaften wie Größe, Form und Topologie werden in Form eines Attributvektors zusammengefaßt und den Primitiven zur Kennzeichnung beigefügt. Die relevante bildliche Information läßt sich dann durch die Primitive und deren Beziehungen untereinander ausdrücken.

Das Zusammenfassen von Bildpunktgruppen derselben Bedeutung, die Zuordnung des symbolischen Namens und die Ermittlung der Attribute und Relationen nennt man *die Gewinnung einer ersten symbolischen Beschreibung*.

Die Verfahren der Gewinnung einer ersten symbolischen Beschreibung sind rechenintensiv, da sie auf der Verarbeitung von Bildmatrizen basieren.

Die geeignete Beschreibungsform auf der Ebene der Primitive und deren Relationen ist der relationale attributierte Graph. In weiteren Verarbeitungsschritten wird der Graph in unterschiedlichen Hierarchieebenen durch Einfügung weiterer Knoten ausgebaut. Die eingefügten Knoten stellen in den verschiedenen Hierarchieebenen mit wohldefinierten und dem Menschen verständlichen Begriffen verschiedene Abstraktionsniveaus der Bildbeschreibung dar. Alle Verfahren, die symbolische Darstellungsformen verarbeiten, werden unter dem Begriff der *High-Level-Verarbeitung* zusammengefaßt.

Der schrittweise Aufbau der hierarchischen Bildbeschreibung ist in Abb.1.7 dargestellt und bezieht sich auf die Analyse des in Abb.1.5a wiedergegebenen Bildes.

Aufgrund des Zwischenergebnisses in Form des segmentierten Bildes entsprechend Abb.1.5b mögen Bildteile entsprechend Abb.1.7a identifiziert worden sein, die die symbolischen Namen K1, K2, K3, K4, P1, P2, P3, P4 erhalten haben. Die Abkürzung Kx soll auf einen im Bild gefundenen Kreis Nr. x und Py auf ein im Bild gefundenes Polygon Nr. y deuten. Unter Verwendung der *Teil-von-Relation* ergibt sich der Graph nach Abb.1.7b, der einen definierten (Anfangs-)Zustand der Bildinterpretation darstellt. Im folgenden werden bei der schrittweisen Bilddeutung die Kreise K1 und K2 als Bohrungen B1 und B2, das Polygon P1 als Metallfläche M1 und das Polygon P2 als Schlitz S identifiziert.

Infolge der Überprüfung der Relationen zwischen den Bildteilen, der Attribute sowie der Konsistenz mit dem a priori Wissen über den Bildinhalt, ergibt sich die

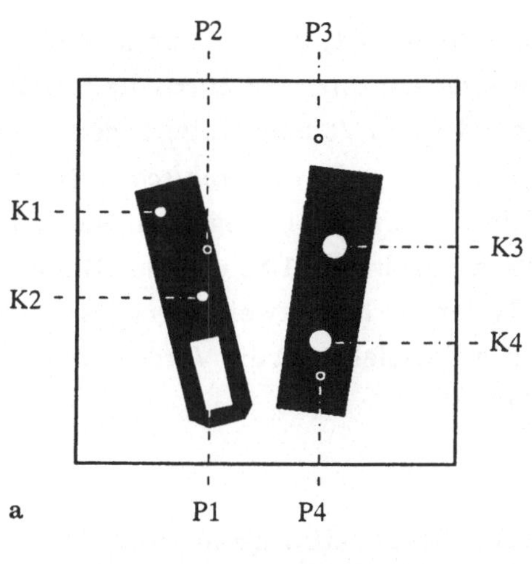

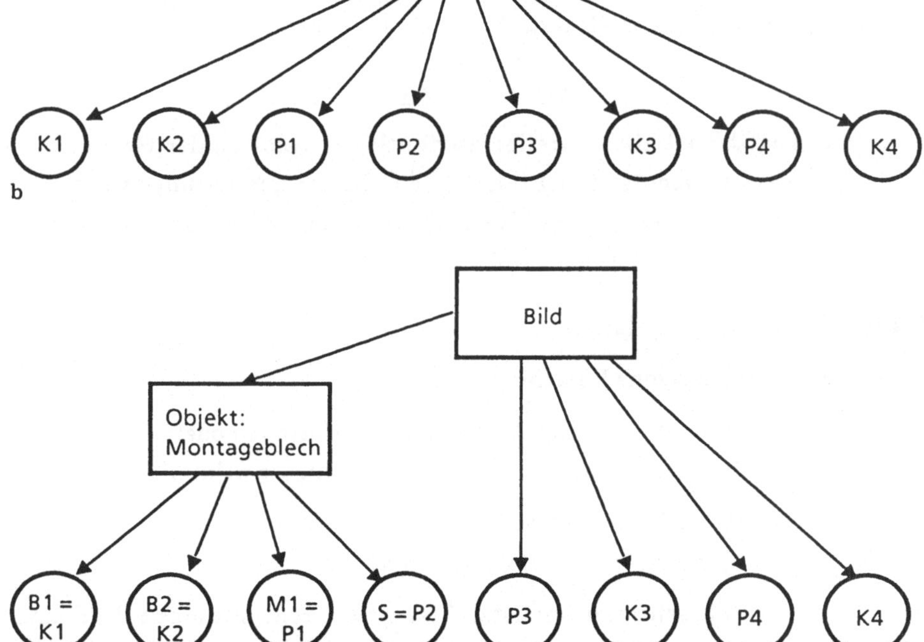

Abb.1.7.   Zustände der hierarchischen Bildbeschreibung. (a) Kennzeichnung
der in Abb.1.5b gefundenen Bildteile, (b) Anfangszustand und (c) Zustand <u>nach</u> Deutung der Bildteile und Einfügung eines Knotens aufgrund des in Form von Abb.1.5c dargestellten Wissens. Die Kanten
stellen die Gültigkeit der gerichteten Relationen ˮTeil-vonˮ dar.

Zusammengehörigkeit der Bildteile B1, B2, M1 und S zu einem Bildteil mit dem Namen *Montageblech*. Diese Erkenntnis wird durch die Einfügung eines Knotens in den Graphen entsprechend Abb.1.7c manifestiert, der in seiner schrittweisen Entwicklung den jeweiligen *Zustand der hierarchischen Bildbeschreibung* angibt. Die Schwierigkeit der Bildinterpretation liegt u.a. darin begründet, daß die symbolische Bildbeschreibung nach Abb.1.5c und der Bildbeschreibungszustand nach Abb.1.7b auch in Teilen nicht notwendigerweise in Übereinstimmung gebracht werden können. Ein Beispiel stellt die Verdeckung von Objekten in einer dreidimensionalen Welt dar.

1.2.3 Der hierarchische Bildbeschreibungszustand

Der erreichte Grad des Verstehens eines Bildes wird durch den hierarchischen Bildbeschreibungszustand wiedergegeben. Aufgrund seiner besonderen Bedeutung für das folgende Kapitel soll er hier zunächst einmal formal definiert und im folgenden ein Vorschlag für seine Darstellung erläutert werden.

Def. 1.8: <u>Hierarchischer Bildbeschreibungszustand (HBBZ)</u>

> Ein HBBZ ist ein spezieller attributierter relationaler Graph, bei dem als Knoten nur Bildteile oder Zusammenfassungen von Bildteilen auftreten. Als Relationen treten dabei vorwiegend bildbezogene Relationen auf.

Def. 1.9: <u>Bildbezogene Relation</u>

> Eine bildbezogene Relation kann
>
> 1) eine geometrische Relation zwischen Bildteilen oder
> 2) eine Relation zwischen den Attributen dieser Bildteile sein.
>
> Beispiele zu 1): enthalten in, Teil von;
>   zu 2): größer als, dunkler als

Ein hierarchischer Bildbeschreibungszustand ist stets direkt mit einem Bild bzw. dessen Zerlegung verknüpft. Er kann keine Elemente enthalten, die nicht unmittelbar aus dem Bild ableitbar sind.

Der schrittweise Aufbau des hierarchischen Bildbeschreibungszustandes kann konzeptionell unterstützt werden durch Einführung des Begriffes *Objekt*, der eine Verallgemeinerung gegenüber dem gegenständlichen Begriff "Objekt" darstellt.

Def. 1.10: <u>Objekt</u>

Abstrakte symbolische Beschreibung eines Informationsinhaltes, der aus einem Bild gewonnen werden kann.

Eine mögliche Organisationsform dieses Datentyps zur Beschreibung eines Objektes zeigt Abb.1.8. Die Art der strukturellen Beschreibung eines Objektes wird offengelassen. Eine allgemeine Form der strukturellen Beschreibung ist der relationale Graph.

Spezielle Formen eines relationalen Graphen sind z.B. Bäume, Strings und Arrays. Beim Array (Matrix) und beim String (lineare Liste) werden die entsprechenden Relationen (Array: Nachbarschaft entsprechend dem Abtastraster eines Bildes, String: Nachfolger-Vorgängerbeziehung) implizit erfaßt. Es wird deutlich, daß mit dem eingeführten Datentyp "Objekt" eine hierarchische Bildbeschreibung möglich ist, da zu einer vollständigen Beschreibung der Struktur eines Objektes auch die Strukturen gehören, aus denen dieses Objekt besteht. Um die Hierarchie explizit nach unten zu begrenzen, ist der Begriff des Primitivs als strukturlosem Objekt eingeführt.

Def. 1.11: <u>Datentyp Objekt: Name, Bedeutungsvektor, Merkmalsvektor, strukturelle Beschreibung</u>

Name: Dient zur Unterscheidung des Objektes von anderen Objekten und steht in keinem direkten Zusammenhang zu der Bedeutung des Objektes

Bedeutungsvektor: Beschreibt die zu dem Objekt vorgenommenen Bedeutungszuweisungen. Es muß sich hierbei um einen Vektor handeln, da einem Objekt unterschiedliche orthogonale Bedeutungen zugewiesen werden können.

Merkmalsvektor: Enthält Werte für meßbare Eigenschaften des Objektes

Strukturelle Beschreibung: Gibt an, aus welchen Elementen, die selbst wieder Objekte sind, das Objekt besteht und welche Relationen zwischen diesen Objekten, d.h. den Objektteilen, vorliegen.

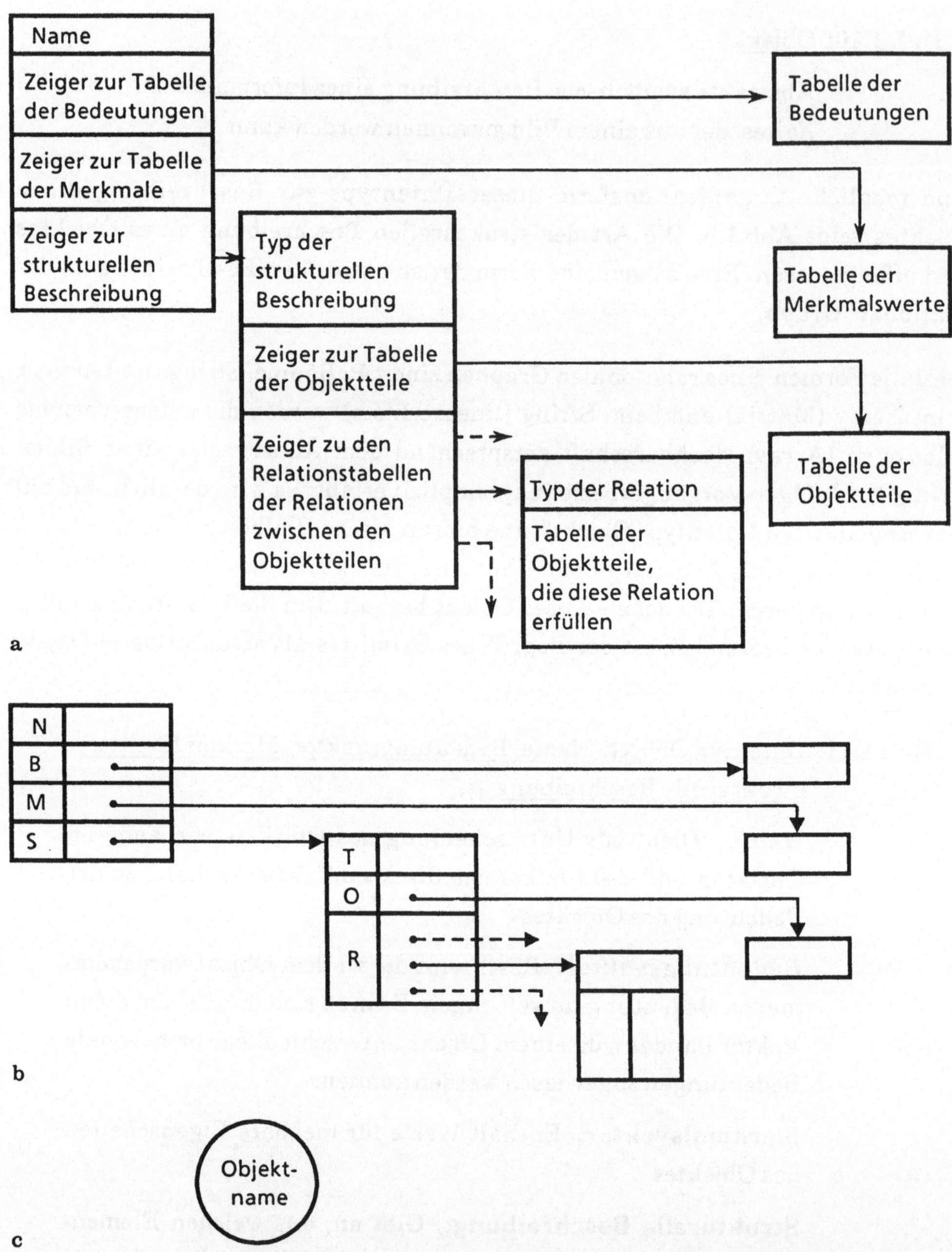

Abb.1.8. (a) Datenstruktur des Datentyps "Objekt"; (b) Kurzform für die graphische Darstellung mit den Abkürzungen N = Name, B = Bedeutungen, M = Merkmale, S = Struktur, T = Typ der Struktur, O = Objektteile und R = Relationstabellen; (c) Kurzform für eine komplette Beschreibung eines Objektes.

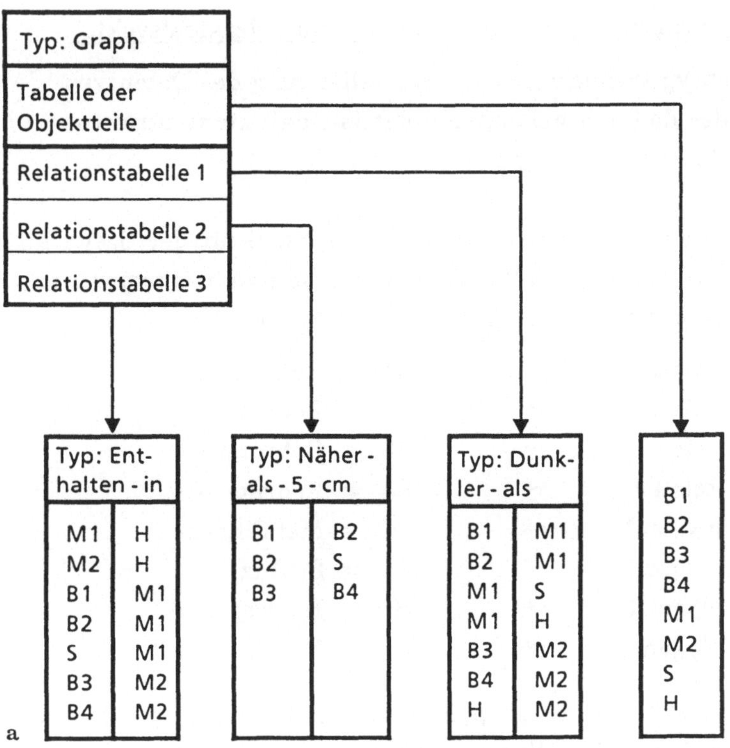

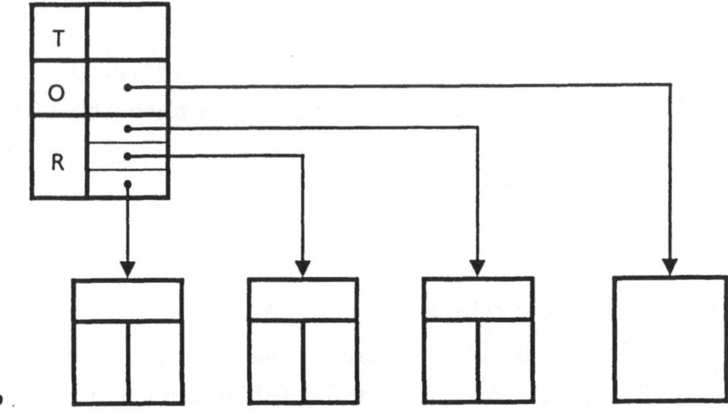

Abb.1.9.   (a) Struktur der Szene in Abb.1.5 dargestellt durch die Primitive der ersten symbolischen Beschreibung. Es wurden die Bezeichnungen von Abb.1.7a verwendet; (b) Kurzform für die graphische Darstellung mit den Abkürzungen T = Typ der Struktur, O = Objektteile, R = Relationstabellen.

Def. 1.12: <u>Datentyp Primitiv: Name, Bedeutungsvektor, Merkmalsvektor</u>

Der Datentyp Primitiv ist eine Spezialisierung des Datentyps Objekt, der dadurch gekennzeichnet ist, daß keine strukturelleBeschreibung vorliegt.

In der Abb.1.9 ist ein Beispiel zur Beschreibung der Struktur der Szene aus Abb.1.5 wiedergegeben. Dabei sind den Primitiven der Abb.1.7a in einem weiteren Verarbeitungsschritt die folgenden Bedeutungen zuerkannt worden:

K1	= Kreis 1	→	B1	= Bohrung 1
K2	= Kreis 2	→	B2	= Bohrung 2
K3	= Kreis 3	→	B3	= Bohrung 3
K4	= Kreis 4	→	B4	= Bohrung 4
P1	= Polygon 1	→	M1	= Metallfläche 1
P2	= Polygon 2	→	S	= Schlitz
P3	= Polygon 3	→	H	= Hintergrund
P4	= Polygon 4	→	M2	= Metallfläche 2

Abb.1.8b und Abb.1.8c stellen für die graphische Darstellung äquivalente Kurzformen zu Abb.1.8a dar. Abb.1.9b stellt entsprechend eine äquivalente Kurzform zu Abb.1.9a dar. Die Darstellungsform wird auch im weiteren Verlauf des Buches benutzt.

Ein Beispiel für die Verwendung des eingeführten Datentyps *Objekt* zur Darstellung des hierarchischen Bildbeschreibungszustandes für die Szene nach Abb.1.5 ist in Abb.1.10 wiedergegeben.

1.2.4 Konzeptioneller Rahmen für die Analyse von 3D-Szenen

In vielen Fällen stellt ein Bild eine zweidimensionale Abbildung der dreidimensionalen physikalischen Welt dar. Das Verstehen des Bildinhaltes wird erleichtert, wenn man die 3D-Welt betrachtet, aus der das Bild durch geometrische und photometrische Abbildungsgesetze entstanden ist. Die Bildentstehung läßt sich vereinfacht durch drei Komponenten beschreiben:

- die *Beleuchtung*, die die Art und räumliche Verteilung der Beleuchtungsquellen beschreibt,

- den *Objektbereich*, der die Lage, Form und reflektiven bzw. transmittiven Eigenschaften der 3D-Objekte kennzeichnet,

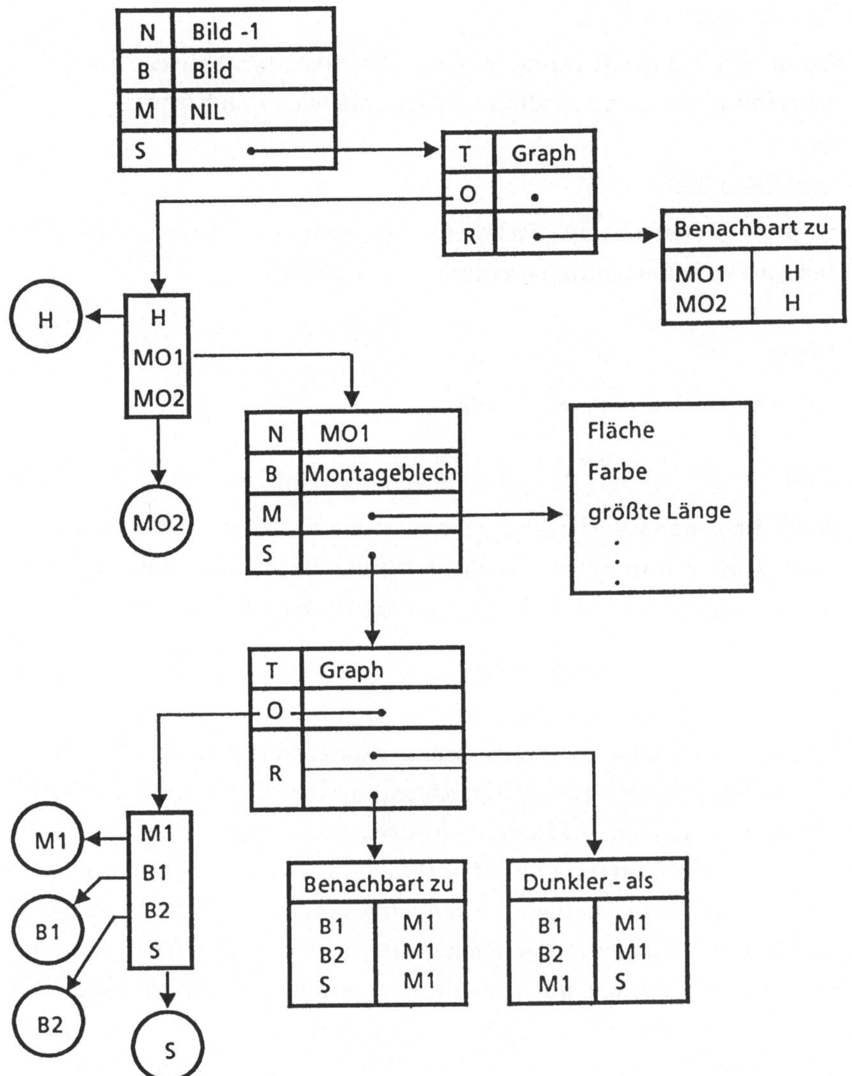

Abb.1.10.   Hierarchischer Bildbeschreibungszustand (HBBZ) der Szene nach
Abb.1.5.

- die *Kamera*, die die Lage des Blickpunktes, die Blickrichtung sowie die geometrischen Abbildungseigenschaften beschreibt.

Im Zusammenhang mit der Behandlung der Prozesse des Bildverstehens sollen die folgenden Begriffe definiert werden:

Def. 1.13: <u>Physikalisches Objekt</u>

Durch einen Begriff repräsentierte abstrakte symbolische Beschreibung eines physikalischen dreidimensionalen Körpers

Def. 1.14: <u>Objektbereich</u>

Gesamtheit der physikalischen Objekte und deren Eigenschaften sowie der Beziehungen zwischen den Objekten

Def. 1.15: <u>Szene</u>

Objektbereich und Beleuchtung

Def. 1.16: <u>Bild</u>

Zweidimensionale Abbildung einer Szene auf eine Matrix von Bildpunkten unter Berücksichtigung der Lage, Blickrichtung und geometrischen Abbildungseigenschaften einer Kamera

Da die Abbildung einer Szene in ein Bild nicht eindeutig umkehrbar ist, muß zwischen solchen Begriffen unterschieden werden, die die Szene beschreiben und solchen, die das Bild beschreiben. Die aus einem Kamerabild extrahierten Bildteile, wie z.B. die *Gruppierungen von Bildpunkten*, die in Abb.1.7 mit P1, P2, P3 usw. bezeichnet wurden, heißen *Bildbereichshinweise*. Die zugehörigen symbolischen Beschreibungen wie *Hintergrund, Metallfläche 1, Schlitz* usw., die gleichzeitig Elemente der Szene sind, heißen *Szenenbereichshinweise*. Szenenbereichshinweise beschreiben die Elemente der Szene, die i.a. einen dreidimensionalen Charakter hat. Hierzu gehören u.a. auch von der Kamera aus nicht sichtbare Teile wie Objektrückseiten oder verdeckte Objekte. Demgegenüber beschreiben Bildbereichshinweise nur Informationen, die aus dem Bild extrahiert werden können. Der Bezug der Bildbereichshinweise zur 3D-Welt kann nur durch zusätzliches a priori Wissen hergestellt werden. Beispielsweise kann der Bildbereichshinweis "Kreis" in dem Kontext "Montagewinkel" auf den Szenenbereichshinweis "Bohrung" deuten.

Der Zusammenhang zu den o.g. typischen Darstellungsformen eines Bildes während der Bildanalyse ist dadurch gegeben, daß die Gesamtheit der Bildbereichshinweise eines realen Bildes einem segmentierten Bild und die Gesamtheit der Szenenbereichshinweise der symbolischen Beschreibung eines realen Bildes entspricht.

Def. 1.17: <u>Szenenbereichshinweis</u>

Symbolische Beschreibung eines Primitivs

Def. 1.18: <u>Bildbereichshinweis</u>

Bildliche Ausprägung eines Primitivs

Für die Analyse eines Bildes, das einer dreidimensionalen physikalischen Welt entstammt, soll der folgende konzeptionelle Rahmen vorgeschlagen werden, der in Abb.1.11 graphisch dargestellt ist.

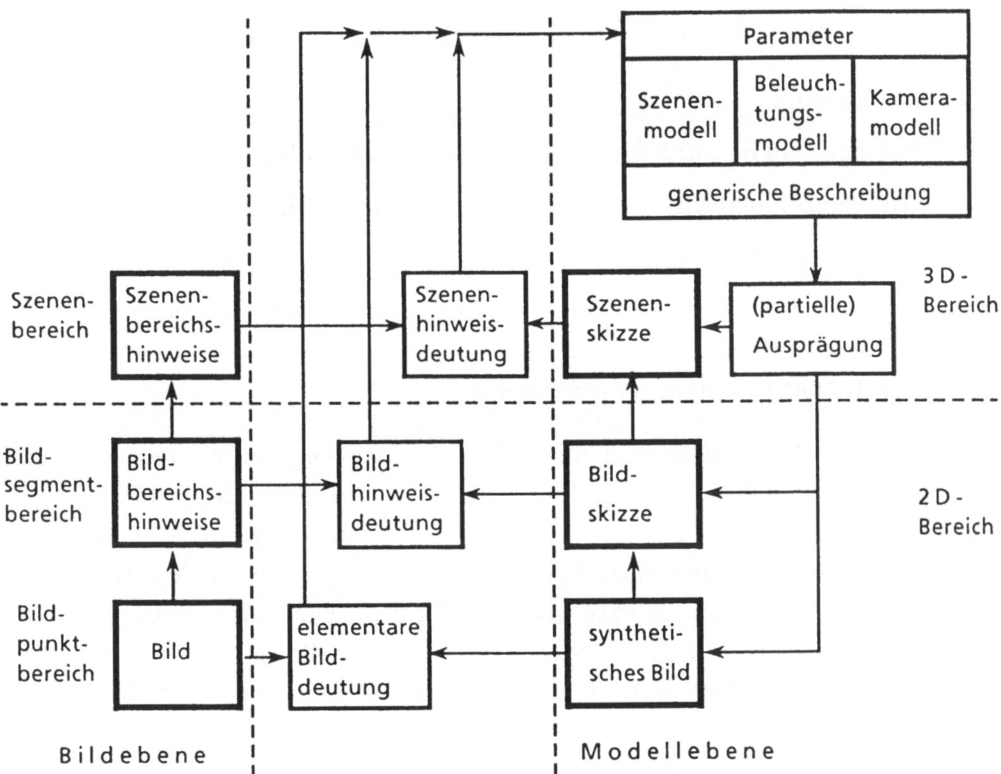

Abb.1.11. Konzeptioneller Rahmen zur Deutung von 2D-Bildern, die einer 3D-Szene entstammen.

Aufgrund des a priori Wissens über den Szeneninhalt und die Bilderzeugung wird ein parametrisches Modell im 3D-Raum für den Objektbereich, die Beleuchtung und die Kamera aufgestellt. Durch Vorgabe von Parameterwerten läßt sich eine partielle Ausprägung des parametrischen Modells in Form eines synthetischen Bildes, einer Bildskizze und einer Szenenskizze erstellen.

Def. 1.19: <u>Synthetisches Bild</u>

Ideale bildliche Ausprägung des Szenenmodells als
ikonisches Bild

Def. 1.20: <u>Bildskizze</u>

Ideale bildliche Ausprägung des Szenenmodells als
segmentiertes Bild

Def. 1.21: <u>Szenenskizze</u>

Ideale Ausprägung des Szenenmodells dargestellt durch eine
symbolische Beschreibung unter Verwendung der Primitive

Durch Vergleich

- zwischen dem Bild und dem synthetischen Bild im Bildpunktbereich

- zwischen Bildbereichshinweisen und Bildskizze im Bildsegmentbereich

- zwischen Szenenbereichshinweisen und Szenenskizze im Szenenbereich

lassen sich in einem iterativen Prozeß die Parameter des parametrischen Modells
an das Bild anpassen. Das instanzierte Modell stellt danach eine plausible
Erklärung für das zu analysierende Bild dar.

Das angepaßte 3D-Modell wird nur bei stark eingeengtem Wertebereich der
Parameter zu einer Beschreibung führen, die weitgehend mit der physikalischen
3D-Welt übereinstimmt. Zur Einschränkung der Parameter müssen oft stark
vereinfachende Annahmen über Typ und Ort der Beleuchtung, Art und Oberflächeneigenschaften der Objekte sowie die Kamera gemacht werden. Darüber
hinaus gelingt eine vollständige Anpassung des Modells selten aufgrund eines
einzelnen Bildes sondern setzt eine Vielzahl von Bildern aus unterschiedlichen
Blickrichtungen voraus.

1.3 Anforderungen an fortgeschrittene Bildanalysesysteme

Die wesentlichen Bestandteile einer Bildanalyse sind

- Daten, d.h. numerische und symbolische Daten abgelegt z.B. in
  Graphen, Bäumen, Strings, ungeordneten Listen, Arrays ,

- Verarbeitungsprozeduren, die Daten zu neuen Daten verarbeiten,

- Wissensinhalte, die z.B. die Bedeutung der Daten, den Grund, Zweck und das Ziel einer bestimmten Verarbeitung oder die Strategie der Verarbeitung beinhalten, und

- die Steuerung, die den geordneten sequentiellen und/oder parallelen Ablauf der Bildanalyse sicherstellt.

In der Vergangenheit wurden Problemlösungen aus dem Bereich des Bildverstehens in Form großer, geschlossener Programme gelöst, die alle Bestandteile der Bildanalyse miteinander verquickten. Eine Anpassung derartiger kompletter Systeme z.B. an Änderungen der Objekte oder Änderungen der Kameraposition war nicht möglich. Die Systeme mußten vollständig neu erstellt werden.

Eine wesentliche Verbesserung brachten modulare Systeme. In diesen Systemen wurden für Teilgebiete der Bildverarbeitung oder der Mustererkennung Moduln bereitgestellt, die mehrfach verwendet werden konnten und auch bei Anpassung an neue Anwendungen nicht verändert werden mußten. Die Moduln sind weitgehend unabhängig von den Daten, d.h. von der Bedeutung der Daten, dem Umfang der Daten und z.T. auch von der Datenstruktur. Sie sind unabhängig von der Steuerung und von den Wissensinhalten, die mit ihrer Anwendung verknüpft sind.

Die Anpassung an neue Problemstellungen geschieht durch Schreiben einer neuen Prozedur. Das Wissen über die Szene, das Ziel der Bildanalyse und die Strategie der Analyse sind implizit in der Prozedur und in der verwendeten Datenstruktur enthalten. Die Umkonfigurierung des Systems für neue Aufgabenstellungen ist jetzt zwar leichter möglich, aber dennoch umständlich und erfordert einen Experten, der sich in den Details des Systems auskennt. <u>Das ist der Stand der Technik</u> (1988).

Um komplexere Aufgaben der Bildanalyse bearbeiten zu können und um den Aufwand zur Anpassung eines Bildanalysesystems an neue Problemstellungen zu erleichtern, ist eine weitergehende Trennung der o.g. Bestandteile der Bildanalyse notwendig. Insbesondere muß eine Trennung der Wissensinhalte, die mit einer Datenverarbeitung verknüpft sind, von der Steuerung des Systems erfolgen. Dies erfordert eine explizite Formulierungsmöglichkeit von Wissensinhalten.

Die Bedeutung von maschinell nutzbarem Wissen und seiner expliziten Darstellbarkeit soll auch noch in anderem Zusammenhang dargestellt werden:

Ein wesentlicher Teil der automatischen Bildanalyse hat die Aufgabe, Bildinhalten Bedeutungen zuzuweisen. Hiermit ist eine große Unsicherheit verbunden. Die Unsicherheit in der Bedeutungszuweisung kann reduziert werden durch a priori Wissen über die Objekte in der Szene, ihre Eigenschaften, ihre Beziehungen untereinander, allgemeine Gesetzmäßigkeiten und Wissen über die Bildentstehung.

Die Überlegenheit des menschlichen visuellen Systems gegenüber maschinellen Systemen ist gerade dadurch bedingt, daß der Mensch in außerordentlich hohem Umfang über derartiges Wissen verfügt und es vielfach unbewußt und scheinbar mühelos für den Erkennungsvorgang einsetzt. Dies legt den Schluß nahe, daß die Erhöhung der Zuverlässigkeit und Robustheit der Bildanalyse die Einbringung und Nutzung vielfältiger Wissensinhalte erfordert.

Ein letzter Aspekt, der hier betrachtet werden soll, betrifft die Handhabbarkeit von künftigen Bildverarbeitungssystemen. Damit diese leichter an neue Aufgaben angepaßt werden können, ist es notwendig, daß sie sich für wohldefinierte Teilaufgaben selbst konfigurieren können. Hierzu ist notwendig, daß im System Wissen über die vorhandenen Verarbeitungsprozeduren sowie Wissen über Methoden und Strategien der Bildanalyse enthalten ist.

Aus dem Dargelegten ergeben sich zwei Forderungen an künftige fortgeschrittene Bildanalysesysteme:

1. Die Steuerung der Bildanalyse muß unabhängig von den verwendeten Wissensinhalten sein,

2. Wissensinhalte müssen in expliziter Form im System ablegbar sein und von diesem automatisch genutzt werden können.

Derartige Systeme nennt man *wissensbasierte Systeme*. Es gibt verschiedene Möglichkeiten, Wissensinhalte zu codieren und einer maschinellen Nutzbarkeit zugänglich zu machen. Die Verfahren werden in Kapitel 4 dargestellt. Von welchen Möglichkeiten in dem einen oder anderen Fall Gebrauch gemacht wird, hängt u.a. davon ab, welche Anforderungen an die Flexibilität und an die Effizienz der Verfahren im Hinblick auf Speicherung und Geschwindigkeit gestellt werden.

Die wichtigsten Komponenten eines zukunftsorientierten wissensbasierten Bildanalysesystems sind in Abb.1.12 dargestellt. Je nach Art ihrer Codierung werden Daten in einer numerischen oder einer symbolischen Datenbasis abgelegt. Die

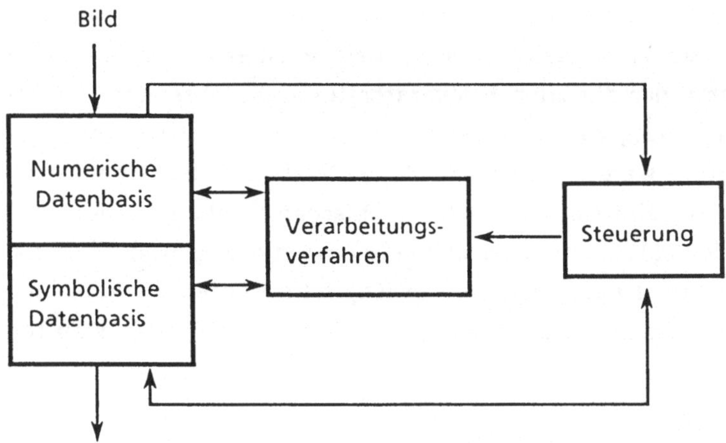

Abb.1.12.   Komponenten eines wissensbasierten Bildanalysesystems.

numerische Datenbasis enthält ikonische Bilder, segmentierte Bilder, numerische
Zwischenresultate oder Transformationsergebnisse. Beispiele sind ein- und mehrdimensionale Histogramme, Meßgrößen, Bewertungsgrößen.

In der symbolischen Datenbasis werden in symbolischer Form codierte Daten abgelegt. Hierzu gehören sowohl der hierarchische Bildbeschreibungszustand als auch
alle symbolisch codierten Wissensinhalte über Strategien, Verfahren, anwen-
dungsspezifisches und allgemeines Wissen.

Die Verarbeitungsverfahren umfassen sowohl Verfahren zur Verarbeitung numerischer Daten, wie Prozeduren zur Vorverarbeitung, Segmentierung, Gewinnung
einer ersten symbolischen Beschreibung, Klassifikation, usw., als auch Verfahren
zur Verarbeitung symbolischer Daten.

Da jede Bildverarbeitungsoperation mit der Überprüfung oder Veränderung von
Wissensinhalten verknüpft ist, sind numerische Informationsverarbeitung, d.h.
die Veränderung von numerischen Daten, und die symbolische Informationsverarbeitung, d.h. die Veränderung von Wissensinhalten, miteinander verzahnt. Die
Steuerung sorgt für eine geordnete Abarbeitung der Wissensinhalte und sichert
die Kooperation der inhaltlich zusammenhängenden numerischen und symbolischen Datenverarbeitung.

Im folgenden werden die grundlegenden Verarbeitungsverfahren eines wissensbasierten Bildanalysesystems dargestellt und an Beispielen erläutert. Kapitel 2
behandelt die Prozeduren der digitalen Bildverarbeitung, die über eine Vorverarbeitung und Segmentierung zu einer ersten symbolischen Beschreibung des
Bildes führen. Im Kapitel 3 werden die verschiedenen Verfahren der Bedeutungszuweisung behandelt, die beim Aufbau des hierarchischen Bildbeschreibungszustandes benötigt werden. Möglichkeiten der Wissenscodierung und Wissensnutzung werden in Kapitel 4 aufgeführt und in Kapitel 5 werden die einzelnen
Komponenten und ihr Zusammenspiel exemplarisch an einem ausgewählten
Beispiel vorgestellt.

2 Prozeduren der digitalen Bildverarbeitung

2.1 Bildvorverarbeitung

2.1.1 Datenorganisation

Die Aufgabe der Bildvorverarbeitung ist es, die relevante Information im Bild hervorzuheben und, im Sinne der Korrektur bekannter Fehlerquellen, zu verbessern. Dabei werden ikonische Bilder zu ikonischen Bildern verarbeitet.

Zur Berechnung des resultierenden Bildes $G_O = [g_O(i,j)]$ kann dabei ein Bild $G_I = [g_I(i,j)]$ oder eine Folge von Bildern $G_I(k) = [g_I(i,j,k)]$, $k = 0, ..., K\text{-}1$ herangezogen werden. Der Index "O" leitet sich aus "Output" als dem Ergebnis und entsprechend "I" aus "Input" als den Eingangsdaten einer Verarbeitung her. Die Bildfolge kann beispielsweise aus einer Bilderzeugung zu verschiedenen Zeitpunkten, aus verschiedenen Kamerapositionen, mit verschiedenen Beleuchtungspositionen oder mit verschiedenen photometrischen Bewertungsmaßstäben hervorgehen bzw. es kann sich um bildliche Darstellungen unterschiedlicher Zwischenresultate der Bildanalyse handeln.

Bei der Vorverarbeitung steht wegen der großen Zahl der zu verarbeitenden Daten die Effizienz und damit der Aspekt der Datenorganisation in den Verarbeitungsverfahren im Vordergrund. Man unterscheidet deshalb die Verarbeitungsverfahren aufgrund ihrer Arbeitsweise in Punktoperationen, lokale Operationen und globale Operationen. Die Unterschiede sind in Abb.2.1 anschaulich dargestellt.

<u>Punktoperation</u>: Ein Bildpunkt $g_O(i,j)$ des Ausgangsbildes ist nur eine Funktion des entsprechenden Bildpunktes (i,j) des Eingangsbildes bzw. der Eingangsbildfolge:

$$g_O(i,j) = f[g_I(i,j,k) \mid k = 0, 1, ..., K-1] \tag{2.1}$$

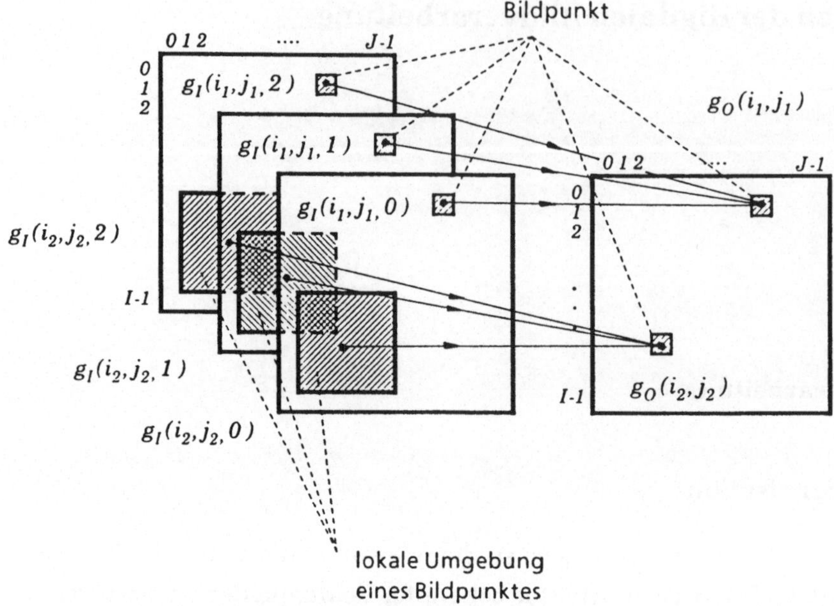

Abb.2.1.   Datenorganisation bei der Bildvorverarbeitung.

<u>Lokale Operation</u>: Ein Bildpunkt $g_O(i,j)$ des Ausgangsbildes ist eine Funktion der Bildpunkte in einer wohldefinierten lokalen Umgebung um den entsprechenden Punkt (i,j) des Eingangsbildes bzw. der Eingangsbildfolge. Die lokale Umgebung wird meist symmetrisch zum betrachteten Punkt, oft quadratisch gewählt:

$$g_O(i,j) = f\left[\left\{g_I(i-l,\,j-m,\,k)\;\middle|\; l = -\frac{L-1}{2},\,...,\,+\frac{L-1}{2};\right.\right.$$

$$\left.\left. m = -\frac{M-1}{2},\,...,\,+\frac{M-1}{2};\quad k = 0,\,...,\,K-1\right\}\right] \tag{2.2}$$

<u>Globale Operation</u>: Ein Bildpunkt $g_O(i,j)$ des Ausgangsbildes ist eine Funktion aller Punkte des Eingangsbildes bzw. der Eingangsbildfolge:

$$g_O(i,j) = f\left[\left\{g_I(i,j,k)\;\middle|\; i = 0,\,...,\,I-1;\quad j = 0,\,...,\,J-1;\quad k = 0,\,...,\,K-1\right\}\right] \tag{2.3}$$

Des weiteren ist es zweckmäßig, zwischen linearen und nichtlinearen Verfahren zu unterscheiden. Bei der sequentiellen Anwendung von nichtlinearen Verfahren ist das Gesamtergebnis abhängig von der Reihenfolge, bei der sequentiellen Anwendung von linearen Verfahren dagegen nicht.

Im folgenden sollen exemplarisch einige Beispiele für lineare und nichtlineare Bildvorverarbeitungsverfahren unterteilt in Punktoperationen, lokale und globale Operationen angegeben werden.

2.1.2 Punktoperationen

1. <u>Punktoperationen mit einem Eingangsbild:</u>

(1) Veränderung der Helligkeit H und des Kontrastes K:

$$g_O(i,j) \;=\; K \cdot g_I(i,j) + H \tag{2.4}$$

(2) Schwellwertbildung

Schwellwertbildung mit einer Schwelle entsprechend Abb.2.2a:

$$
\begin{aligned}
g_O(i,j) &= 0 \qquad wenn\ g_I(i,j) \leq T \\
g_O(i,j) &= 1 \qquad wenn\ g_I(i,j) > T
\end{aligned} \tag{2.5}
$$

Schwellwertbildung mit zwei Schwellen entsprechend Abb.2.2b:

$$
\begin{aligned}
g_O(i,j) &= 0 \qquad wenn\ g_I(i,j) \leq T_1 \\
& \qquad\qquad\qquad\quad g_I(i,j) > T_2 \\
g_O(i,j) &= 1 \qquad wenn\ T_1 < g_I(i,j) \leq T_2
\end{aligned} \tag{2.6}
$$

(3) Konversion der Dimensionen physikalischer Größen, wie

$$
\begin{array}{lcl}
\text{Energie} & \leftrightarrows & \text{Amplitude} \\
\text{Transmission} & \leftrightarrows & \text{Extinktion.}
\end{array}
$$

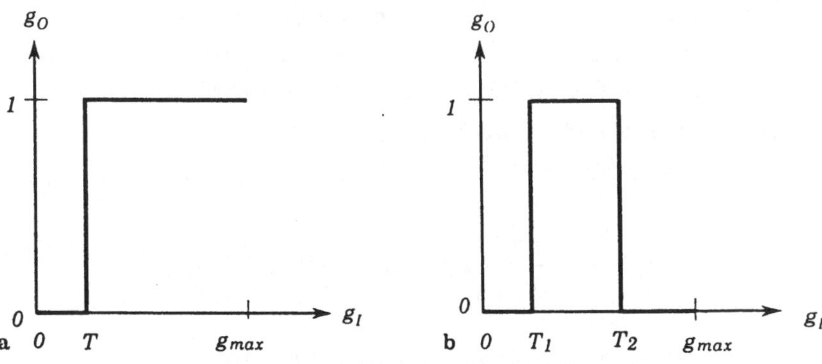

Abb.2.2. Kennlinie für eine Schwellwertbildung mit (a) ein und (b) zwei Schwellen.

Dabei stellen C, C_1, C_2 vorzugebende Konstanten dar.

$$g_O(i,j) = C g_I^2(i,j) \tag{2.7}$$

$$g_O(i,j) = C \sqrt{g_I(i,j)} \tag{2.8}$$

$$g_O(i,j) = ln\,[C_1 g_I(i,j) + C_2] \tag{2.9}$$

$$g_O(i,j) = exp\,[g_I(i,j) + C_1] + C_2 \tag{2.10}$$

(4) Beliebige Grauwertkonversionen durch punktweise Vorgabe des Zusammenhanges

$g_O(i,j) = f[g_I(i,j)]$ in Form einer Konversionstabelle. $\tag{2.11}$

Anwendungsbeispiele: Kontrasterhöhung in relevanten Grauwertbereichen und Kontrastabsenkung in irrelevanten Grauwertbereichen.

2. Punktoperationen mit mehreren Eingangsbildern

(5) Farbtransformation: Von einer Szene wurden die drei Farbauszüge G_R, G_G, G_B erstellt. Mit Hilfe der Farbtransformation kann die aufgrund ihrer farblichen Eigenschaften relevante Information durch Wahl geeigneter skalarer Gewichte a, b, c hervorgehoben werden:

$$g_O(i,j) = a \cdot g_R(i,j) + b \cdot g_G(i,j) + c \cdot g_B(i,j) \tag{2.12}$$

(6) Rauschminderung: Um den Einfluß eines in der Folge der Bilder veränderlichen additiven Rauschens zu unterdrücken, werden mehrere Bilder der gleichen Szene nacheinander aufgenommen und es wird der Mittelwert dieser Bilder gebildet. Das Signal/Rausch-Verhältnis wird hierdurch um den Faktor $K^{0,5}$ erhöht, wenn K die Anzahl der zur Mittelung herangezogenen Bilder ist:

$$g_O(i,j) = \frac{1}{K} \sum_{k=0}^{K-1} g_I(i,j,k) \tag{2.13}$$

(7) Hintergrundsubtraktion: Vor dem zu verarbeitenden Bild $G_I = [g_I(i,j)]$ wird ein Hintergrundbild $G_H = [g_H(i,j)]$ aufgenommen, das die relevanten Objekte nicht enthält. Die Hintergrundsubtraktion trennt dadurch die rele-

vanten Objekte vom Hintergrund insofern, als der Hintergrund praktisch durch Nullen und der Bereich der relevanten Objekte durch von Null verschiedene Werte charakterisiert wird:

$$g_O(i,j) = g_I(i,j) - g_H(i,j) \tag{2.14}$$

(8) Ermittlung geänderter Gebiete: Vielfach ist es wichtig, in aufeinanderfolgenden Bildern einer Folge festzustellen, welche Bildteile sich geändert haben und welche nicht. Ein Ansatz, der die Änderung für jeden Bildpunkt für zwei aufeinanderfolgende Bilder widerspiegelt ist:

$$g_O(i,j) = \left| g_I(i,j,0) - g_I(i,j,1) \right| \tag{2.15}$$

(9) Maskierung: Zur Extraktion semantisch bedeutsamer Teile eines Bildes dient eine Binärmaske $[g_B(i,j)]$ in der mit $g_B(i,j) = 1$ die Punkte gekennzeichnet sind, die zu dem interessierenden Objekt gehören und mit $g_B(i,j) = 0$ die Punkte außerhalb des interessierenden Objektes:

$$g_O(i,j) = g_B(i,j) \cdot g_I(i,j) \tag{2.16}$$

2.1.3 Lokale Operationen

2.1.3.1 Lineare Faltung und ihre Anwendungen

(10) Faltungssumme: Die lineare Faltung eines Bildes $G_I = [g_I(i,j)]$ mit dem Faltungskern $H = [h(i,j)]$ wird durch die folgende Faltungssumme beschrieben (L, M ungerade):

$$g_O(i,j) = \sum_{l=-\frac{L-1}{2}}^{\frac{L-1}{2}} \sum_{m=-\frac{M-1}{2}}^{\frac{M-1}{2}} h(l,m) \cdot g_I(i-l, j-m) \tag{2.17}$$

$$= h(i,j) ** g_I(i,j)$$

bzw.

$$G_O = H ** G_I$$

Die Eigenschaften der Faltungsoperation werden durch den Faltungskern $H = [h(i,j)]$ bestimmt. Im folgenden soll davon ausgegangen werden, daß L

und M endlich und wesentlich kleiner als die Zeilen- und Spaltenlänge des Bildes sind. Bei Anwendung der Gl.2.17 auf randnahe Bildbereiche treten Indizes auf, die Bildpunkte außerhalb des Bildes $G_l = [g_l(i,j)]$ ansprechen. Es gibt eine Reihe von Verfahren, wie Zeilen- und Spaltenwiederholung, Bildspiegelung usw., um diesen Punkten geeignete Werte zuzuweisen.

(11) Filterung durch Faltung: Lineare lokale Operationen werden häufig eingesetzt, um additiv verknüpfte Komponenten unterschiedlicher Frequenzbereiche voneinander zu trennen. Je nachdem, ob die relevante Information in einem nach oben beschränkten, nach unten beschränkten oder nach oben und unten beschränkten Frequenzbereich liegt, unterscheidet man Tiefpaß, Hochpaß und Bandpaß. Die Beschränkung auf der Frequenzachse u wird durch die Grenzfrequenz u_g beschrieben. Beispiele für idealisierte Amplitudenverläufe $|H(u)|$ linearer Grundfilter sind in Abb.2.3 dargestellt.

Verfahren zur Ermittlung des Faltungskerns $H = [h(i,j)]$ finden sich in der Literatur unter dem Begriff des Entwurfs "zweidimensionaler nichtrekur-

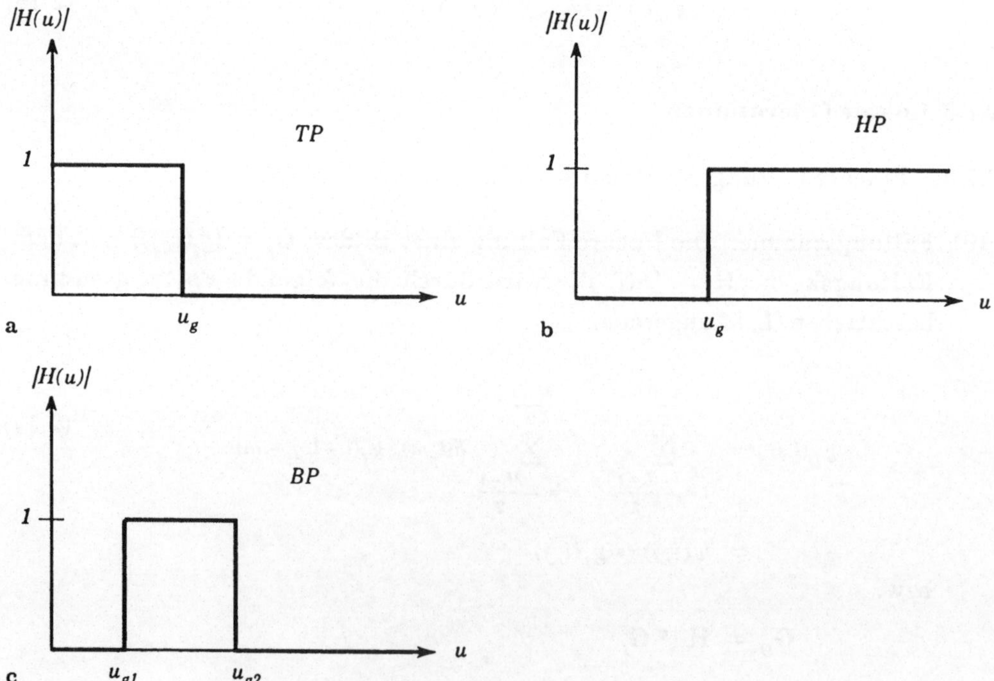

Abb.2.3.   Amplitudengänge für einen (a) Tiefpaß, (b) Hochpaß, (c) Bandpaß.

siver Filter", bzw. "zweidimensionaler FIR-Filter", z.B. [HUA75, RAB75, DUDG84, VALK86].

(12) Tiefpaß: Eine besondere Bedeutung kommt der effizienten Realisierung von Tiefpässen zu, da sich der Entwurf der anderen Grundfilter auf den Entwurf von Tiefpässen zurückführen läßt. Ein besonders einfacher Ansatz für einen Tiefpaß ist der folgende:

$$h_{TP}(i,j) = \frac{1}{LM} \quad f\ddot{u}r \quad -\frac{L-1}{2} \le i \le \frac{L-1}{2}; \quad -\frac{M-1}{2} \le j \le \frac{M-1}{2}$$

$$h_{TP}(i,j) = 0 \quad sonst \tag{2.18}$$

Die zugehörige Übertragungsfunktion lautet:

$$H_{TP}(u,v) = \frac{1}{L}\frac{sin(uL/2)}{sin(u/2)} \cdot \frac{1}{M}\frac{sin(vM/2)}{sin(v/2)} \tag{2.19}$$

Die Grenzfrequenzen sind

$$u_g = \frac{2\pi}{L} \quad und \quad v_g = \frac{2\pi}{M} \; .$$

Die Berechnung jedes Bildpunktes des Ergebnisbildes entsprechend Gl. 2.17 beinhaltet im Prinzip die Addition von $L \cdot M$ Werten. Es läßt sich ein Algorithmus herleiten, der statt dessen für die Berechnung jedes Punktes nur vier Additionen beinhaltet. Der Algorithmus ist in [GEU 83] beschrieben.

Im folgenden wird eine Reihe häufig verwendeter lokaler Bildverarbeitungsoperationen, die auf der Faltungssumme basieren, unter Angabe des zugehörigen Faltungskerns in Matrixform aufgeführt:

(13) Tiefpaßfilterung: Tiefpässe werden für die Glättung der Grauwerte und die Reduktion von hochfrequentem Rauschen benötigt.

Tiefpaß mit

$$u_g = v_g = \frac{2\pi}{3} : \qquad H_{TP} = \frac{1}{9} \begin{bmatrix} 1 & 1 & 1 \\ 1 & 1 & 1 \\ 1 & 1 & 1 \end{bmatrix} \tag{2.20}$$

(14) Hochpaßfilterung:

Hochpässe dienen zur Anschärfung von Kanten und Linien in allen räumlichen Richtungen und zur Elimination niederfrequenter Störungen.

36

Der Hochpaß mit

$$u_g = v_g = \frac{2\pi}{3} \;: \qquad H_{HP} = \begin{bmatrix} -1 & -1 & -1 \\ -1 & 8 & -1 \\ -1 & -1 & -1 \end{bmatrix} \qquad (2.21)$$

wird in der Literatur auch häufig als "Laplacian" bezeichnet.

(15) High- und Low-Emphasis-Filterung

Tiefpaßfilterung und Hochpaßfilterung lassen sich in einer parametrischen Form so vereinigen, daß je nach Wahl der Parameterwerte in unterschiedlichem Maße hohe und tiefe Frequenzen angehoben werden.

$$u_g = v_g = \frac{2\pi}{3} \;: \qquad H_{HL} = \frac{1}{\lambda - 8} \begin{bmatrix} -1 & -1 & -1 \\ -1 & \lambda & -1 \\ -1 & -1 & -1 \end{bmatrix} \qquad (2.22)$$

Low-Emphasis: $\qquad \lambda \leq 3$

High-Emphasis: $\qquad \lambda \geq 4$ und $\lambda \neq 8$

(16) Kantenfilter

Kantenfilter dienen zur Anhebung von Kanten in einer Vorzugsrichtung. Die Vorzugsrichtung ist in den folgenden vier Beispielen durch die zugehörige Himmelsrichtung gekennzeichnet:

Nordrichtung:

$$H_N \quad = \quad \begin{bmatrix} 1 & 1 & 1 \\ 1 & -2 & 1 \\ -1 & -1 & -1 \end{bmatrix} \qquad (2.23)$$

Nordost-Richtung:

$$H_{NO} \quad = \quad \begin{bmatrix} 1 & 1 & 1 \\ -1 & -2 & 1 \\ -1 & -1 & 1 \end{bmatrix} \qquad (2.24)$$

Ost-Richtung:

$$H_O \quad = \quad \begin{bmatrix} -1 & 1 & 1 \\ -1 & -2 & 1 \\ -1 & 1 & 1 \end{bmatrix} \qquad (2.25)$$

Südost-Richtung:

$$H_{SO} \quad = \quad \begin{bmatrix} -1 & -1 & 1 \\ -1 & -2 & 1 \\ 1 & 1 & 1 \end{bmatrix} \qquad (2.26)$$

(17) Statistische Momente r-ter Ordnung beschreiben auf unterschiedliche Weise die Uneinheitlichkeit in der lokalen Grauwertverteilung. Sie dienen dazu Kanten, Linien und Punkte hervorzuheben.

$$g_r(i,j) = \frac{1}{LM} \sum_{l=-\frac{L-1}{2}}^{\frac{L-1}{2}} \sum_{m=-\frac{M-1}{2}}^{\frac{M-1}{2}} \left[g_I(i-l,j-m) - g_M(i,j) \right]^r$$

mit $\qquad [g_M(i,j)] = [g_I(i,j)] ** [h_{TP}(i,j)]$ $\hfill$ (2.27)

Besonders häufig findet die lokale Varianz $g_2(i,j)$ Anwendung.

(18) Gradient: Der Gradient stellt ein weiteres Maß für die Uneinheitlichkeit in der lokalen Grauwertverteilung dar. Er berechnet sich aus den Werten, die mit den Kantenoperationen nach Gl.2.23 - 2.26 in je zwei zueinander orthogonalen Richtungen gewonnen worden sind.

Beispiele:

$$g_O(i,j) = \sqrt{(g_I(i,j) ** h_N(i,j))^2 + (g_I(i,j) ** h_O(i,j))^2} \qquad (2.28)$$

$$g_O(i,j) = \left| g_I(i,j) ** h_N(i,j) \right| + \left| g_I(i,j) ** h_O(i,j) \right| \qquad (2.29)$$

H_N und H_O stellen dabei die Faltungskerne für die Kantenfilter in Nord- und Ostrichtung entsprechend Gl. 2.23 und Gl. 2.25 dar. Neben den genannten existieren noch eine Reihe anderer Gradientenoperatoren mit ähnlichem Verhalten [PRAT78, ROS82, WAHL84, GONZ87].

(19) Konturpunkte: Sie markieren den Rand von Objekten im Bild und sind dadurch gekennzeichnet, daß in ihrer lokalen Umgebung die Uneinheitlichkeit eine vorgegebene Schwelle T überschreitet. Die Uneinheitlichkeit kann mit einer lokalen Operation wie

- der lokalen Varianz entsprechend Gl. 2.27 mit $r = 2$ oder
- dem Gradienten entsprechend Gl. 2.28 oder 2.29

ermittelt werden. Die Punkte, die in ihrer lokalen Uneinheitlichkeit die Schwelle T überschreiten, können mit einer Schwellwertoperation nach Gl. 2.5 festgestellt werden.

Ein sehr leistungsfähiges Verfahren nach Geuen [GEU83] basiert darauf, daß ein Konturpunkt als Wendepunkt der Grauwertänderung an einer Kante aufgefaßt und daher als Nulldurchgang der lokalen zweiten Ableitung ermittelt werden kann. Zur näherungsweisen Bestimmung der lokalen zweiten Ableitung kann ein Hochpaßfilter entsprechend Gl. 2.21 herangezogen werden. (Siehe hierzu Beispiel nach Gl. 2.37).

2.1.3.2 Rangfolgeoperationen

Rangfolgeoperationen basieren darauf, daß die N Bildpunkte in einer vorgegebenen lokalen Umgebung zu einem Punkt (i, j) aufgrund ihres Grauwertes g in aufsteigender Reihenfolge

$$g_{Min} = g_0 < g_1 < \dots < g_{N-2} < g_{N-1} = g_{Max} \tag{2.30}$$

sortiert werden. Der Ordnungsindex r heißt der Rang:

$$RANG(g_r) = r \tag{2.31}$$

Mit Hilfe einer derartigen geordneten Liste von Grauwerten lassen sich die folgenden Rangfolgeoperationen herleiten, für die angegebenen Kurzschreibweisen gelten sollen:

(20) Minimal- und Maximaloperation:

$$g_O(i,j) = g_{Min} = Min[g_I(i,j)] \tag{2.32}$$

$$g_O(i,j) = g_{Max} = Max[g_I(i,j)] \tag{2.33}$$

In Anwendung auf Binärbilder heißt die Minimaloperation "Erosion" und die Maximaloperation "Dilation". Die Wirkungsweise dieser beiden Operationen ist anhand eines Beispiels in Abb. 2.4 dargestellt.

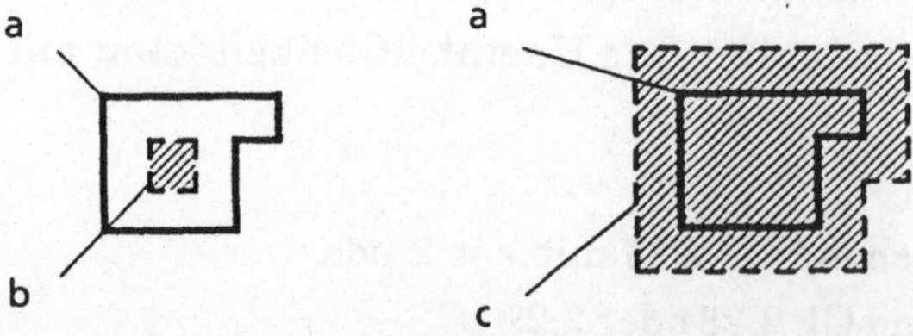

Abb.2.4. Im Zusammenhang mit einer lokalen Umgebung von 3 x 3 Bildpunkten wird das binäre Objekt a nach einer Erosionsoperation zum Objekt b und nach einer Dilatationsoperation zum Objekt c.

(21) Medianoperation: Die Medianoperation hat dadurch besondere Bedeutung
erlangt, daß Sie in der Lage ist, punktförmige Artefakte im Bild zu eliminieren, ohne dabei wie ein Tiefpaßfilter nach Gl. 2.18 und Gl. 2.20 Kanten zu
verschmieren:

$$g_O(i,j) = g_{[N/2]} = Med[g_I(i,j)] \quad mit \quad [N/2] = ganzzahliger\,Teil\,von\,N/2 \tag{2.34}$$

(22) Spannweite:

$$g_O(i,j) = g_{Max} - g_{Min} = Sp[g_I(i,j)] \tag{2.35}$$

(23) Rang: Die Rangoperation ist geeignet, Höhenzüge bzw. Talzüge im Grauwert-
gebirge durch Punkte höchsten bzw. niedrigsten Ranges zu verdeutlichen.

$$g_O(i,j) = r = RANG(g_r) = Rang[g_I(i,j)] \tag{2.36}$$

Beispiel:

(24) Findung von Konturpunkten nach Geuen [LIED81, GEU83] mit H_{HP} lt.
Gl.2.21:

$$g_O(i,j) = \begin{cases} 1 & wenn \quad Rang(|h_{HP}(i,j) ** g_I(i,j)|) = 0 \\ 0 & sonst \end{cases} \tag{2.37}$$

2.1.3.3 Geometrische Operationen

Geometrische Operationen verändern die relative Lage der einzelnen Bildpunkte
zueinander. Sie werden dazu benutzt, um geometrische Veränderungen im gesamten Bild oder in Teilen des Bildes auszugleichen wie Verschiebungen, Drehungen
oder perspektivische Verzerrungen der Kamera. Die geometrische Entzerrung ist
eine Grundvoraussetzung für den pixelweisen Vergleich von Bildern, wie z.B. die
in Gl. 2.15 benannte Änderungsdetektion.

Geometrische Operationen führen i.a. zu einer Lageänderung des Abtastrasters
des Eingangsbildes zum Abtastraster des Ausgangsbildes und müssen deshalb in
ortskontinuierlichen Koordinaten definiert werden. Bei bandbegrenzten Systemen
läßt sich bei Einhaltung des Abtasttheorems das ortskontinuierliche Bild wie folgt
rekonstruieren:

$$g_I'(x,y) = \sum_{i=-\infty}^{+\infty} \sum_{j=-\infty}^{+\infty} g_I(i,j)\,sinc(i,j) \tag{2.38}$$

Die geometrischen Operationen sind definiert als

$$g'_O(x',y') = g'_I(x,y) \quad mit \quad x' = a(x,y) \quad und \quad y' = b(x,y). \tag{2.39}$$

Sind die beiden Funktionen $a(x,y)$ und $b(x,y)$ stetig, so werden die topologischen Eigenschaften des Bildes beibehalten.

Das gerasterte Ausgangsbild ergibt sich mit den Abtastintervallen Δx in x-Richtung und Δy in y-Richtung zu

$$g_O(i',j') = g'_O(x' = i' \cdot \Delta x, \; y' = j' \cdot \Delta y). \tag{2.40}$$

Die Beziehungen 2.38 bis 2.40 sollen vereinfachend zusammengefaßt werden zu

$$g_O(i',j') = G\left[g_I(i,j); \; x' = a(x,y); \; y' = b(x,y) \right]. \tag{2.41}$$

Die Berechnung der *sinc*-Funktion in Gl. 2.38 ist i.a. zu aufwendig. Deshalb werden oft folgende Vereinfachungen gewählt, die in Abb. 2.5 verdeutlicht werden.

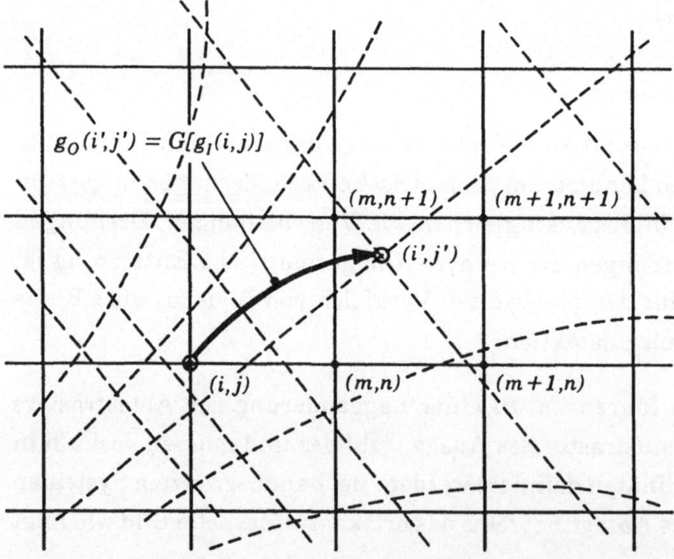

Abb.2.5.   Abbildung eines Ausgangsbildrasters mit den Indizes i', j' auf ein Eingangsbildraster mit den Indizes i, j aufgrund einer geometrischen Operation.

1. Im einfachsten Fall wird in das Ausgangsraster der Grauwert des nächst-
   gelegenen Punktes im Eingangsraster übernommen. Nach der Nomenklatur in Abb.2.5 bedeutet das

$$g_O(i',j') = g_I\left(m, n+1\right).$$

2. Eine Verbesserung wird ermöglicht durch die bilineare Interpolation des
   Punktes $g_O(i', j')$ im Ausgangsraster aus den vier am nahesten gelegenen
   Punkten $g_I(m, n)$, $g_I(m, n+1)$, $g_I(m+1, n+1)$, $g_I(m+1, n)$ des Eingangs-
   rasters:

$$g_O(i',j') = \left[g_I(m+1, n) - g_I(m, n)\right] \xi (1 - \zeta) +$$

$$+ \left[g_I(m, n+1) - g_I(m, n)\right] \zeta (1 - \xi) +$$

$$+ (1 - \xi\zeta)g_I(m, n) + \xi\zeta g_I(m+1, n+1)$$

mit
$$\xi = \frac{x - m\Delta x}{\Delta x}, \quad \zeta = \frac{y - n\Delta y}{\Delta y} \tag{2.42}$$

Für den Fall, daß Eingangs- und Ausgangsraster denselben Ursprung haben,
ist

$$m = \text{ganzzahliger Anteil von } (x/\Delta x)$$
$$n = \text{ganzzahliger Anteil von } (y/\Delta y)$$

Folgende Anwendungsbeispiele für geometrische Operationen seien aufgeführt:

(25) Maßstabsänderung:

$$g_O(i',j') = G\left[g_I(i,j);\ x' = c_1 x;\ y' = c_2 y\right] \tag{2.43}$$

(26) Drehung um den Winkel ϕ:

$$g_O(i',j') = G\left[g_I(i,j);\ x' = y \sin\phi + x \cos\phi;\ y' = y \cos\phi - x \sin\phi\right] \tag{2.44}$$

(27) Bewegungskompensation: Über ein in einer Szene befindliches Objekt sei
bekannt, daß es sich mit der konstanten Geschwindigkeit $v = [v_x, v_y]^T$
bewegt. Durch eine Mittelung über die bewegungskompensierten Teilbilder
einer Bildfolge kann der Hintergrund verschmiert und das Objekt deutlicher

42

vom Hintergrund getrennt werden:

$$g_O(i,j) = \frac{1}{K} \sum_{k=0}^{K-1} G\left[g_I(i,j,k); \quad x' = x - v_x k \Delta t; \quad y' = y - v_y k \Delta t\right] \qquad (2.45)$$

Δt ist das Zeitintervall zwischen aufeinanderfolgenden Bildern der Bildfolge.

2.1.4 Globale Operationen

2.1.4.1 Filterung unter Anwendung der Diskreten Fouriertransformation

Globale lineare Operationen entspringen vielfach aus Transformationsverfahren. Eine häufig angewendete Transformation ist die Diskrete Fouriertransformation, für deren Berechnung der sehr effiziente Algorithmus der Schnellen Fouriertransformation (FFT) existiert. Die Diskrete Fouriertransformation wird durch das folgende Transformationspaar beschrieben:

$$G(u,v) = \sum_{i=0}^{I-1} \sum_{j=0}^{J-1} g(i,j)\, W_I^{-ui}\, W_J^{-vj}$$

$$g(i,j) = \frac{1}{IJ} \sum_{u=0}^{I-1} \sum_{v=0}^{J-1} G(u,v)\, W_I^{+ui}\, W_J^{+vj}$$

$$\text{mit} \quad W_I = e^{+\sqrt{-1}\,\frac{2\pi}{I}} \qquad W_J = e^{+\sqrt{-1}\,\frac{2\pi}{J}} \qquad (2.46)$$

Im folgenden sollen die Abkürzungen

$$\left|G(u,v)\right| = F\left(\left|g(i,j)\right|\right), \qquad \left|g(i,j)\right| = F^{-1}\left(\left|G(u,v)\right|\right) \qquad (2.47a)$$

bzw. die Kurzform

$$g(i,j) \leftrightarrow G(u,v) \qquad (2.47b)$$

verwendet werden.

(28) Periodische Filterung

Nimmt man an, daß die Bilder $G_I = [g_I(i,j)]$ und $G_O = [g_O(i,j)]$ sowie die Impulsantwort $H = [h(i,j)]$ außerhalb ihres Bildbereiches von I Spalten und J Zeilen periodisch fortgesetzt werden, so läßt sich unter Verwendung des sog. Faltungssatzes eine lineare Filterung wie folgt berechnen:

$$G_O = F^{-1}\left(\left|H(u, v) \cdot G_I(u, v)\right|\right) \qquad (2.48)$$

Dabei stellt

$$\left|H(u, v)\right| = F\left(\left|h(i, j)\right|\right)$$

die aus der Impulsantwort berechnete Übertragungsfunktion dar.

Eine detaillierte Behandlung von Transformationen und Transformationsverfahren findet sich in der Literatur zum einen in den allgemeinen Lehrbüchern (z.B. [PRAT78, BALL82, ROS82, WAHL84, GONZ87]) und zum anderen in speziellen Werken, wie beispielsweise bei [GUES86, RAO85, BURR85].

2.1.4.2 Parameteradaption

Eine globale Operation der Bildverarbeitung ist vielfach darin begründet, daß für eine parametrisierte Punktoperation oder lokale Operation in einem vorangehenden Schritt die Parameter unter Berücksichtigung des gesamten Bildes adaptiert werden müssen. Hierzu seien die folgenden beiden Beispiele angeführt:

(29) Adaptive Schwellwertbildung

Aus dem Grauwerthistogramm entsprechend Abb.2.6 wird eine Schwelle T z.B. als lokales Minimum der Häufigkeit $p(g_I)$ gefunden und bei einer Schwellwertbildung entsprechend Gl.2.5 verwendet.

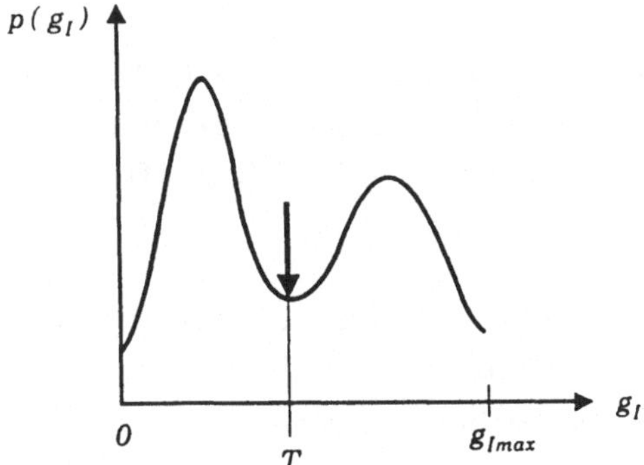

Abb.2.6.   Ermittlung einer Schwelle T als lokales Minimum in einem Grauwerthistogramm p(g_I).

44

(30) Grauwertäqualisierung

Aus der Häufigkeitsverteilung der Grauwerte $p(g_I)$ entsprechend Abb.2.7
wird eine Tabelle für eine nichtlineare Punktoperation errechnet, die das Ziel
hat, eine konstante Grauwertverteilung im Ausgangsbild zu schaffen. Die
Grauwertäqualisierung führt i.a. zu einer subjektiven Qualitätsverbesserung
in Gebieten geringen Kontrastes.

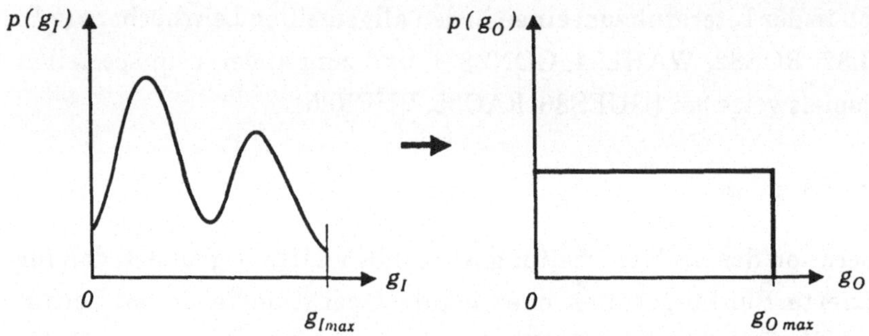

Abb.2.7.   Grauwertäqualisierung: Aus einem Eingangsbild mit dem multimo-
dalen Histogramm $p(g_I)$ entsteht ein Ausgangsbild mit dem konstanten Histogrammverlauf $p(g_O)$.

2.1.4.3 Bildrestauration

Bekannte Fehlerursachen, die den relevanten Bildinhalt maskieren können, sind
beispielsweise Rauschen, Bewegung während der Bilderzeugung oder Defokussierung. Zur Berücksichtigung dieser und ähnlicher Fehlerursachen existiert eine
umfangreiche Literatur unter dem Begriff "Image Restoration" (z.B. [HUA75,
AND77, ROS82, WAHL84, BATE86, GONZ87]).

Ein anderes Gebiet der Fehlerkompensation stellt die Korrektur geometrischer
Abbildungsfehler dar, z.B. die Entzerrung von Luftaufnahmen, die Korrektur von
Bewegungen der Scannerplattform oder die Entzerrung geometrischer Fehler in
optischen Systemen. Die hierzu relevante Literatur ist vorwiegend im Bereich der
Photogrammetrie und Fernerkundung erarbeitet worden (z.B. [KONE72, ASP83,
KONE84, BÄHR85, GÖPF87]).

2.1.4.4 Bilddekomposition

Dazu gehört die Zerlegung des Bildes in Teile, die beispielsweise zum Originalbild aufgrund eines physikalischen Prozesses durch Faltung oder Multiplikation verknüpft worden sind. Beispiele für derartige Zerlegungsmethoden sind in der Literatur unter dem Namen *"Homomorphe Filterung"* (z.B. [OPP75, GONZ87]) beschrieben.

2.1.4.5 Globale Operationen auf Bildfolgen

Hierbei handelt es sich vielfach um Verfahren der Rekonstruktion von Bildern aus Bildern, die zu verschiedenen Zeitpunkten oder mit unterschiedlichen Kamerapositionen, Fokuseinstellungen oder Beleuchtungsbedingungen aufgenommen wurden, oder bei denen die Bilder der Bildfolge eine andere physikalische Qualität, z.B. Projektionsbilder beinhalten. Im Zusammenhang mit dem letztgenannten Beispiel ist eine umfangreiche Literatur unter dem Begriff der *"Computer-Tomographie"* entstanden (z.B. [HERM79, CHO82, IEEE83, VALK86, SCHM86, JORD88, KAK88]).

2.2 Erzeugung eines segmentierten Bildes

2.2.1 Einführung in die Segmentierung

Die Erzeugung eines segmentierten Bildes stellt einen Vorbereitungsschritt zur Gewinnung der ersten symbolischen Beschreibung dar. Ausgehend von einem ikonischen Bild soll durch Reduktion irrelevanter Information ein segmentiertes Bild erzeugt werden. Dieses erste segmentierte Bild bedarf im allgemeinen mehrerer weiterer Manipulationen, um für die nachfolgende Gewinnung einer zuverlässigen ersten symbolischen Beschreibung die geeigneten Voraussetzungen zu schaffen.

Man unterscheidet in einem ikonischen Bild prinzipiell zwischen Regionen, Linien und Punkten.

Def. 2.1: <u>Region</u>

Zusammenhängende Menge von Bildpunkten, die innerhalb der Region in bestimmten photometrischen Eigenschaften ein-

heitlich ist und sich in diesen photometrischen Eigenschaften
von der unmittelbaren Umgebung wesentlich unterscheidet.

Def. 2.2: <u>Kontur</u>

Die Begrenzung, die eine Region von ihrer unmittelbaren
Umgebung trennt.

Def. 2.3: <u>Linie</u>

Region mit einer ausgeprägten Längsrichtung, bei der die
Breite für die Bedeutung nicht relevant ist.

Def. 2.4: <u>Punkt</u>

Region ohne Vorzugsrichtung, bei der die Größe klein gegen das
Bild und für die Bedeutung nicht relevant ist.

Aus Aufwandsgründen wurde hier auf eine mathematisch exakte Definition der
Begriffe Region, Kontur, Linie und Punkt verzichtet. Eine exakte Definition setzt
eine Einführung in die Grundlagen der diskreten Geometrie voraus, auf die hier
verzichtet werden soll. Hier sei auf [ROS 82] verwiesen.

Im folgenden wird die Erzeugung eines segmentierten Bildes ausschließlich im
Zusammenhang mit Regionen behandelt.

Es gibt zur Erzeugung des segmentierten Bildes mehrerer Regionen im wesentlichen zwei komplementäre Ansätze. Die Regionen werden erkannt

a) aufgrund der Einheitlichkeit in ihren photometrischen Eigenschaften. Das
führt zu den Verfahren der Regionensuche oder

b) aufgrund der Uneinheitlichkeit in den photometrischen Eigenschaften im
Vergleich zur unmittelbaren Umgebung. Das führt zu den Verfahren der
Kontursuche.

Voraussetzung ist, daß sich die Objekte im Bild als Regionen mit einheitlichen
photometrischen Eigenschaften darstellen. Die verschiedenen Verfahren unterscheiden sich dann im wesentlichen durch

- das Maß für die Einheitlichkeit bzw. Uneinheitlichkeit und

- die Strategie, nach der das Bild nach einheitlichen Regionen
durchsucht wird.

Die Vorgehensweise bei der Erzeugung eines segmentierten Bildes besteht daher aus folgenden Schritten:

- Erzeugung von einheitlichen Regionen als bildlicher Ausprägung der Silhouette der in der Szene enthaltenen Objekte;

- Segmentierung: Markierung der Bildpunkte, die zu einer Region gehören bzw. Markierung der Konturen, die eine Region umschließen;

- Nachbearbeitung des segmentierten Bildes.

2.2.2 Erzeugung einheitlicher bzw. uneinheitlicher Regionen

2.2.2.1 Einzelbilder

Im folgenden sei von einer einfachen Modellvorstellung eines Bildes gemäß Abb.2.8(a) und Abb.2.8(b) ausgegangen. Das Originalbild G_1 enthalte zwei Regionen. Die Grauwerte der Regionen seien um ihre Mittelwerte $M_1(g_1)$ und $M_2(g_1)$ normal verteilt mit unterschiedlichen Varianzen. Im Grauwerthistogramm erscheinen die Mittelwerte $M_1(g_1)$ und $M_2(g_1)$ näherungsweise an der Stelle lokaler Maxima. Das Minimum $T_1(g_1)$ zwischen den beiden lokalen Maxima markiert den Grauwert, unterhalb dessen im Mittel alle Grauwerte der Region 1 und oberhalb dessen im Mittel alle Grauwerte der Region 2 liegen.

Die Konturpunkte an den Grenzen zwischen den Regionen liegen im Grauwertübergangsgebiet, d.h. im Histogramm gerade um den Punkt $T_1(g_1)$ verteilt. Das lokale Minimum $T_1(g_1)$ ist daher als Schwelle zur Unterscheidung der Punkte in den beiden Regionen gut geeignet. In diesem Sinne kann die Segmentierung durch eine Schwellwertbildung entsprechend Gl.2.5 mit der Schwelle $T_1(g_1)$ realisiert werden.

Oft ist das lokale Minimum $T_1(g_1)$ im Histogramm nicht deutlich genug ausgeprägt. Dann kann, wie Abb.2.8(c) und Abb.2.8(d) zeigen, eine Verbesserung durch eine Glättungsoperation erreicht werden, die die Grauwertvarianz verringert und damit die Einheitlichkeit in den Regionen erhöht. Hierzu eignen sich

- Tiefpaßfilterung entspr. Gl.2.18 bzw. Gl.2.20,

- Low-Emphasis-Filterung entspr. Gl.2.22,

- Medianfilterung entspr. Gl.2.34.

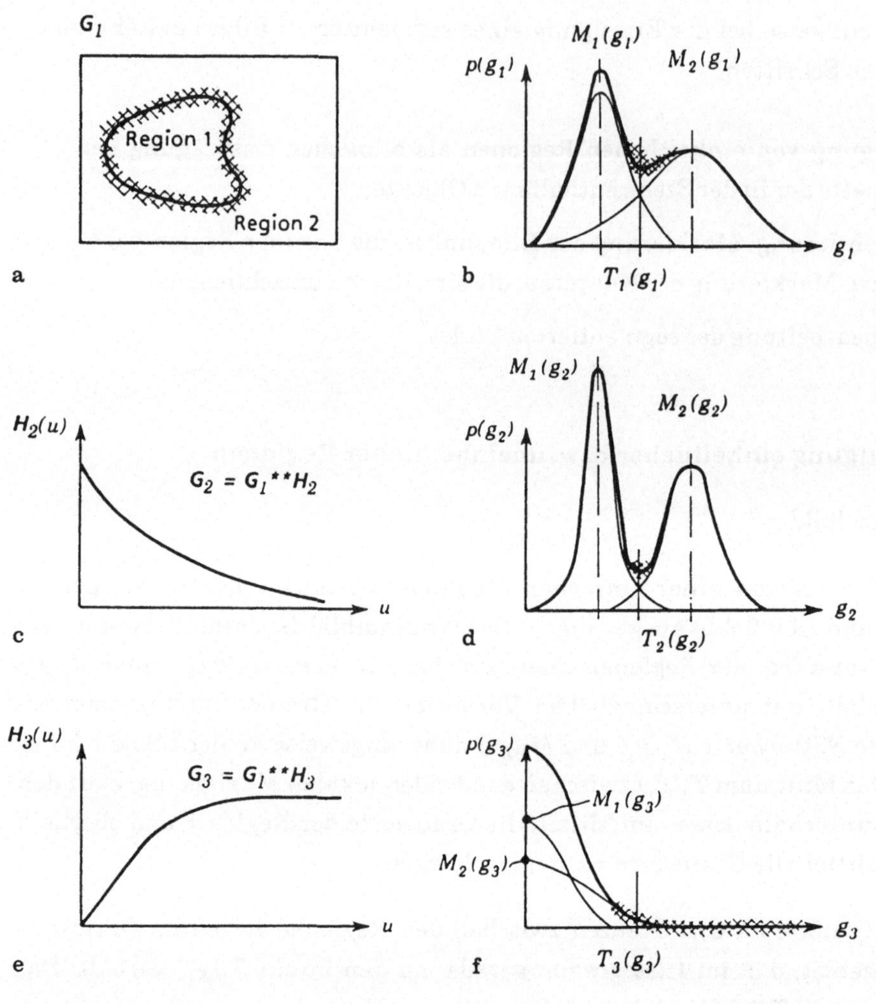

Abb.2.8.   Erzeugung einheitlicher bzw. uneinheitlicher Regionen: (a) Originalbild G_1, (b) Histogramm des Originalbildes G_1; (c) Tiefpaß mit dem Kern H_2; (d) Histogramm des tiefpaßgefilterten Originalbildes G_2; (e) Hochpaß mit dem Kern H_3; (f) Histogramm des hochpaßgefilterten Originalbildes H_3.

Ist man an den Konturpunkten interessiert, d.h. Punkten im Bereich hoher Uneinheitlichkeit in den Grauwerten, ist es angebracht, das Bild entsprechend Abb.2.8(e) und Abb.2.8(f) zu bearbeiten, d.h. die Mittelwerte zu eliminieren und die Kontraste um die Konturpunkte zu verstärken. Dann kann eine Schwelle $T_3(g_3)$ angegeben werden, die Gebiete hoher Varianz, d.h. Konturen, von Gebieten niedriger Varianz, d.h. den Gebieten innerhalb der Regionen anhand des Grauwertes g_3 unterscheidet. Operationen, die in diesem Sinne zur Verstärkung der Uneinheitlichkeit geeignet sind, sind:

- Gradient entsprechend Gl.2.28 und 2.29

- Varianz entsprechend Gl.2.27 mit $r = 2$

- High-Emphasis-Filterung entsprechend Gl.2.22

- Hochpaß entsprechend Gl.2.21

- Kantenoperationen entsprechend Gl.2.23 - 2.26

Kantenoperationen haben den Vorteil, daß sie neben der Erhöhung der Uneinheitlichkeit geeignet sind, als Zusatz eine Richtungsinformation zu liefern.

Der Laplacian nach Gl.2.21 führt zu einer hohen Verstärkung des Bildrauschens und ist daher gut nur auf rauscharme Bilder anwendbar.

2.2.2.2 Bildfolgen

Aus Bildfolgen läßt sich zusätzlich Information über zeitliche und räumliche Einheitlichkeit gewinnen wie folgende Beispiele zeigen:

(a) **Geänderte Gebiete** entsprechend Gl. 2.15

(b) **Verschiebungsvektorfelder:**

Häufig ist eine Änderung in einer zeitlichen Bildfolge durch eine Relativbewegung zwischen Kamera und einer Anzahl unterschiedlich bewegter Objekte gegeben. Anstatt den Grauwert $g(i,j,k)$ zur Zeit $t_1 = k \cdot \Delta t$ mit dem Grauwert $g(i,j,k+1)$ an derselben Bildposition zur Zeit $t_2 = (k+1) \cdot \Delta t$ zu vergleichen, muß man der ortsabhängigen Verschiebung $u(i,j)$ Rechnung tragen.

Zur Ermittlung von $u(i,j)$ müssen korrespondierende Punkte in den Bildern gefunden werden. Geht man davon aus, daß der Grauwert eines Punktes sich bei Bewegung nicht ändert und höchstens durch Rauschen beeinflußt wird, dann erhält man als Ansatz zur Ermittlung des Vektorfeldes

$$u(i,j) = [u_i(i,j), \ u_j(i,j)]^T :$$

$$g(i,j,k) \approx g\left(i - u_i(i,j), \; j - u_j(i,j), \, k + 1 \right) \tag{2.49}$$

Da ein solcher Verschiebungsvektor **u** für jeden Bildpunkt *(i, j)* bestimmt werden muß, spricht man von einem Verschiebungsvektorfeld.

Die Ermittlung von Verschiebungsvektoren wird intensiv bei Nagel [NAG85] behandelt. Starre Objekte können hierbei aufgrund der Einheitlichkeit ihres Verschiebungsvektorfeldes erkannt werden.

(c) <u>Tiefe:</u>

Aus einem räumlichen Stereobildpaar kann auf die Einheitlichkeit bzw. Uneinheitlichkeit der Raumtiefe geschlossen werden. Voraussetzung dazu ist, daß zum einen die räumliche Orientierung der beiden Kameras bekannt ist, und daß zum anderen in den Bildern korrespondierende Bildpunkte bzw. korrespondierende lokale Strukturen gefunden werden können.

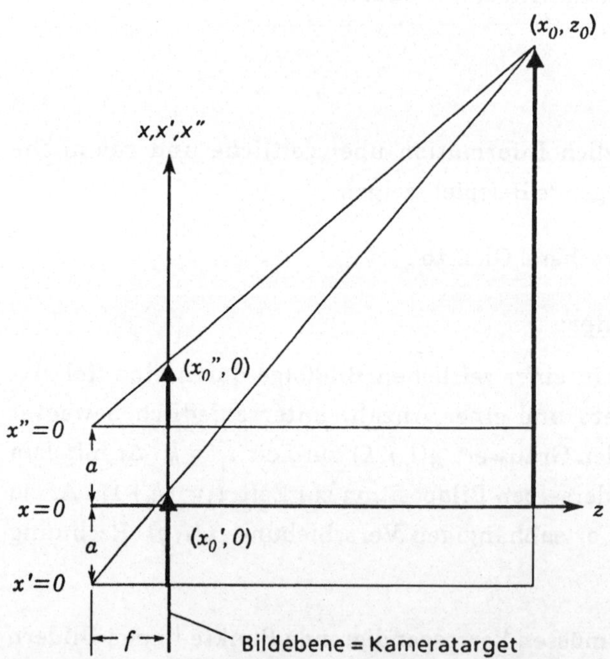

Abb.2.9.   Abbildung eines Raumpunktes (x_0, z_0) in die Bildpunkte $(x_0', 0)$ und $(x_0'', 0)$ zweier Kameras mit der Brennweite f und dem gegenseitigen Abstand 2a in x-Richtung.

In der auf zwei Dimensionen vereinfachten Darstellung nach Abb.2.9 wird
der Raumpunkt (x_0, z_0) in den Punkt $(x_0', 0)$ des einen und den Punkt $(x_0'', 0)$
des anderen bei $z = 0$ befindlichen Kameratargets bzw. Kamerabildes abgebildet. Aus dem Versatz x_0'-x_0'' der korrespondierenden Bildpunkte berechnet
sich unter Annahme einer bekannten Brennweite f sowie eines Kameraab-
standes $2a$ die Tiefe z des Bildpunktes zu

$$z_0 = \frac{2\,a\,f}{x_0' - x_0''} - f \ .$$

(2.50)

Die Schwierigkeit besteht in der Praxis darin, zu jedem Bildpunkt (x_0', y_0') in
einem Kamerabild den korrespondierenden Bildpunkt (x_0'', y_0'') im anderen
Kamerabild zu finden. Für eine genaue Bestimmung von z_0 ist es bei quan-
tisierten Bildern notwendig, die genaue Lage des korrespondierenden Punktes durch Interpolation zwischen den Bildpunkten zu errechnen.

(d)   <u>Orientierung</u>:

Ebene Flächen im Raum lassen sich aus der Tiefendarstellung als zusammenhängende Gebiete gleicher Orientierung ermitteln. Zur Berechnung der
räumlichen Orientierung (des Normaleneinheitsvektors) eines Flächenelementes sind drei Ortsvektoren P_1, P_2 und P_3 zu den zugehörigen Punkten des
Flächenelementes notwendig. Die Orientierung berechnet sich für jeden
Punkt des Flächenelementes zu

$$O = \frac{(P_1 - P_2) \times (P_1 - P_3)}{\|(P_1 - P_2) \times (P_1 - P_3)\|} = O(i,j)$$

(2.51)

Die Ermittlung der 3D-Information aus Stereobildern ist im Detail bei
Ballard und Brown [BALL82] beschrieben.

2.2.3 Segmentierung durch Regionenbildung

Nach der Definition 2.1 stellt eine Region eine zusammenhängende Menge von
Bildpunkten dar, die innerhalb der Region in bestimmten photometrischen Eigenschaften einheitlich ist. Unter Berücksichtigung der Ermittlung von

- geänderten Gebieten $g_0(i,j)$ entsprechend Gl.2.15,

- Verschiebungsvektorfeldern $u(i,j)$ nach Gl.2.49,

- Tiefeninformation für jeden Bildpunkt $z_0(i,j)$ entsprechend Gl.2.50

- Orientierungsinformation $O(i,j)$ nach Gl.2.51,

kann der Begriff der Einheitlichkeit für eine Region auf die Einheitlichkeit zugehöriger Funktionswerte wie $g_0(i, j)$, $u(i, j)$, $z_0(i, j)$ und $O(i, j)$ in den obigen Beispielen und damit auf die Einheitlichkeit einer Änderung, einer Verschiebung, einer Tiefe oder einer Orientierung erweitert werden.

Bei der Findung von Regionen wird von der Prämisse ausgegangen, daß sich ein Prädikat P definieren läßt, das für eine Bildregion gültig ist und ungültig wird, wenn Bildpunkte von topologisch benachbarten Regionen hinzugefügt werden.

Bezeichnet X die Gesamtheit der Bildpunkte des betrachteten Bildes, so kann eine Segmentation des Bildes in einheitliche Regionen als Partition von X in disjunkte Teilmengen X_i aufgefaßt werden. Dazu wird die Einhaltung folgender Bedingungen gefordert:

1. $\quad \bigcup_i X_i = X$

2. $\quad X_i \cap X_j = \emptyset \;\; \text{für } i \neq j$

3. $\quad X_i \text{ ist topologisch zusammenhängend}$

4. $\quad P(X_i) = TRUE$

5. $\quad P(X_i \cup X_j) = FALSE \;\; \text{für } i \neq j \text{ und topologisch benachbarte } X_i, X_j$

Die erste Bedingung erzwingt eine vollständige Segmentierung: Jeder Bildpunkt muß zu einer einheitlichen Region gehören. Die zweite Bedingung sagt in Verbindung mit der ersten aus, daß ein Bildpunkt nur zu genau einer einheitlichen Region gehören kann. Die dritte Bedingung führt eine topologische Zwangsbedingung ein. Der Einfluß des Prädikates auf die Segmentation wird durch die Bedingungen 4 und 5 eingeführt. Es ist nicht zu erwarten, daß die aufgestellten Bedingungen bei vorgegebenem Prädikat P zu einem eindeutigen Segmentationsergebnis führen. Sie schränken die möglichen Segmentationsergebnisse jedoch sinnvoll ein. Ein Segmentationsergebnis hängt sowohl von der Vorgehensweise beim Aufbau einer Partition als auch von dem gewählten Prädikat P ab.

Bei einem Verfahren zur Findung einheitlicher Regionen sind danach zwei Abschnitte zu unterscheiden:

1. Die Definition des Prädikates P
2. Die Vorgehensweise beim Aufbau einer Partition

Prädikat *P*

Im folgenden werden die Bildpunkte statt in der Matrixschreibweise $g(i,j)$ in der Schreibweise als Elemente (g, i, j) einer Menge dargestellt.

Wie oben dargestellt, sind den Bildpunkten numerische Werte zugeordnet. Das Einheitlichkeitsprädikat läßt sich über diese numerischen Werte definieren. Im folgenden sind einige Beispiele gegeben:

1. $$P(X_i) = \begin{cases} TRUE, & falls\ T_{i1} < g_n < T_{i2}\ f\ddot{u}r\ alle\ (g_n, i_n, j_n) \in X_i \\ FALSE & sonst \end{cases} \qquad (2.52)$$

2. $$P(X_i) = \begin{cases} TRUE, & falls\ |g_n - g_m| \leq d\ f\ddot{u}r\ alle\ Paare\ (g_n, i_n, j_n),\ (g_m, i_m, j_m) \in X_i \\ FALSE & sonst \end{cases} \qquad (2.53)$$

3. $$P(X_i) = \begin{cases} TRUE, & falls\ \|M_n - M_m\| \leq e\ f\ddot{u}r\ alle\ Paare\ (g_n, i_n, j_n),\ (g_m, i_m, j_m) \in X_i \\ & und\ M_{n,m}\ Merkmalsvektor\ zu\ (g_n, i_n, j_n)\ bzw.\ (g_m, i_m, j_m)\ zugeordnet \\ FALSE & sonst \end{cases} \qquad (2.54)$$

Aufbau der Partition

Bei einem Prädikat entsprechend Gl.2.52 besteht eine Möglichkeit in der Erzeugung einer Partition durch Schwellwertbildung mit festen Schwellen T_{i1} und T_{i2}. Diese werden zweckmäßigerweise aus einem dem Bild zugeordneten Histogramm gewonnen, wie das in Abb.2.8 dargestellt worden war. Auch eine Spannweite d in Gl.2.53 läßt sich aus dem Grauwerthistogramm abschätzen.

Bei Prädikaten entsprechend Gl.2.53 und 2.54 läßt sich eine Partition sinnvoll durch *"Trial-and-error"*-Verfahren bestimmen. Hierzu gibt es drei prinzipielle Vorgehensweisen:

a) Ausgehend von dem vollständigen Bild wird nach einem festen Schema das Bild solange weiter in Regionen unterteilt, bis jede der Regionen das Prädikat erfüllt (*"Split"*-Ansatz).

b) Ausgehend von einer vorgegebenen einheitlichen Region (im Anfangszustand von genau einem Bildpunkt) wird solange versucht, diese Region iterativ durch Hinzufügen von Nachbarpunkten zu erweitern, bis bei Hinzufügung jedes der verbleibenden Nachbarpunkte das Prädikat ungültig wird. Diese Vorgehensweise wird solange wiederholt, bis eine vollständige Segmentation erreicht ist (*"Merge"*-Ansatz).

c) Ausgehend von einer vorgegeben Anfangspartition des Bildes wird durch sukzessive Anwendung von *"Split"*- und *"Merge"*-Operationen eine Partition mit den geforderten Bedingungen ermittelt (*"Split-und-Merge"*-Ansatz).

Entsprechende Algorithmen sind in Standardlehrbüchern zu finden [BALL82, PAV77].

Von besonderer Bedeutung ist der Split- und Merge-Algorithmus von Pavlidis [PAV77], der anhand von Abb.2.10 erläutert werden soll. Der Algorithmus läßt

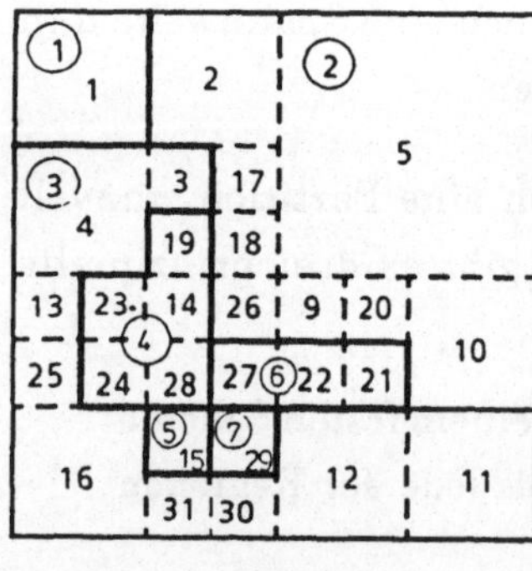

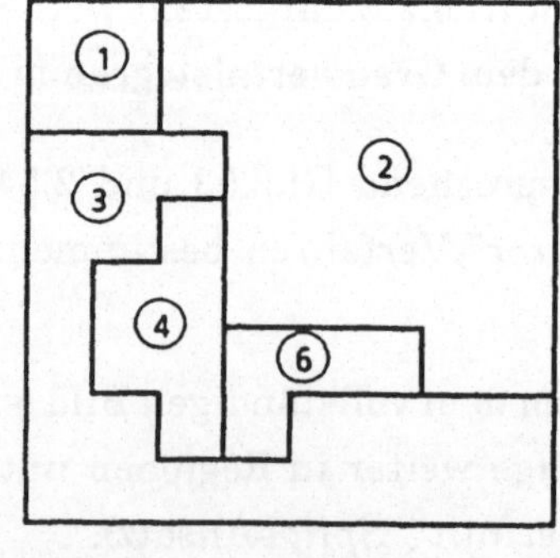

Abb.2.10. Split & Merge Algorithmus nach Pavlidis: (a) Anfangsunterteilung in n = 16 Regionen; (b) Teilung (Split) in n = 31 einheitliche quadratische Teilregionen; (c) Zusammenfügen (Merge) benachbarter einheitlicher Regionen zu n = 7 Regionen; (d) Bereinigung zu n = 5 Regionen durch Zuordnung kleiner Regionen.

sich besonders effizient an quadratischen Bildformaten einsetzen, bei denen die Bildpunktzahl in Zeilen- und Spaltenrichtung eine Potenz von 2 ist.

Ausgehend von einer Anfangspartition in Quadrate mit einer Seitenlänge 2^p entsprechend Abb.2.10(a) wird für jedes Teilquadrat untersucht, ob das Einheitlichkeitsprädikat erfüllt ist. Ist das nicht der Fall, wird das Quadrat in vier Teilquadrate unterteilt und diese werden wiederum auf die Erfüllung des Einheitlichkeitsprädikates untersucht. Dieser Prozeß wird ggfs. bis zum Pixelniveau herab fortgesetzt (Abb.2.10(b)).

Anschließend werden in einem Merge-Prozeß benachbarte Regionen daraufhin untersucht, ob sie gemeinsam das Einheitlichkeitsprädikat erfüllen und, falls das der Fall ist, zu einheitlichen Regionen zusammengefaßt (Abb.2.10(c)).

Zwischen größeren Regionen ergeben sich erfahrungsgemäß eine Vielzahl kleiner Regionen, die meistens Konturpunkte an den Rändern beinhalten. Nach einer Heuristik werden diese kleinen Regionen den benachbarten großen Regionen zugeschlagen (Abb.2.10(d)).

Nachbearbeitung

Bei einer Regionenbildung, insbesondere einem Schwellwertverfahren entsprechend der Gl.2.52, werden Schwellen aus dem Histogramm verwendet, die nicht in jedem einzelnen Fall, sondern nur im Mittel eine korrekte Zuordnung von Bild-

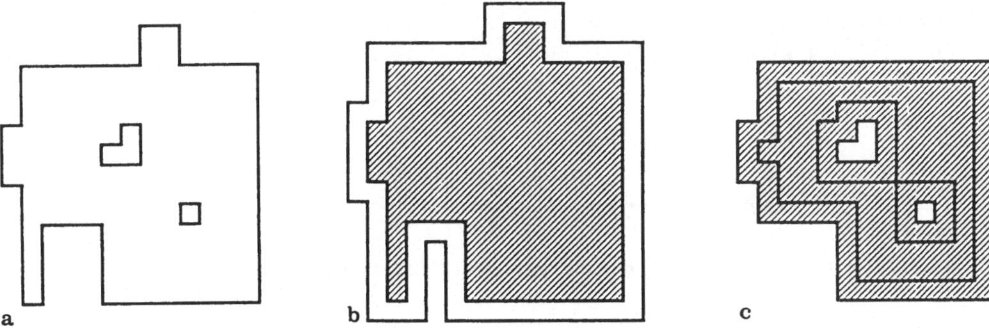

Abb.2.11. Nachverarbeitung von Regionen: (a) Originalregion; (b) Elimination von Löchern durch Anwendung zuerst einer Dilatations- und anschließend einer Erosionsoperation; (c) Glätten von Konturen durch Anwendung zuerst einer Erosions- und anschließend einer Dilatationsoperation.

punkten zu Regionen gestatten. Eine Nachbearbeitungsoperation, die von der Hypothese ausgeht, daß die Regionen meist einfach zusammenhängend sind, d.h. keine, insbesondere kleinen Löcher haben, nutzt Folgen von Dilatations- und Erosionsoperationen entsprechend Abb.2.11(b) zur Eliminierung kleiner Löcher aus. Die Anzahl der Dilatations- und Erosionsoperationen muß gleich groß sein, damit die Größe der Regionen weitgehend erhalten bleibt.

Die umgekehrte Folge eines Erosions- und nachfolgenden Dilatationsschrittes entsprechend Abb.2.11(c) führt zur Beibehaltung der Löcher und im Gegensatz zur Abb.2.11(b) zur Glättung des Randes.

2.2.4 Segmentierung durch Konturfindung

Konturen, die Regionen umgeben, setzen sich aus einem oder mehreren Kontursegmenten zusammen. Bei der Findung von Kontursegmenten geht man von der Prämisse aus, daß sich für jeden Bildpunkt ein Prädikat P definieren läßt, das nur gültig ist für Konturpunkte.

Bezeichnet X die Gesamtheit der Bildpunkte des betrachteten Bildes und K die Gesamtheit der Konturpunkte, so kann die Suche nach Kontursegmenten K_i aufgefaßt werden, als die Zusammenfassung von Konturpunkten unter folgenden Bedingungen:

1. $$P(K) = TRUE$$

2. $$\bigcup_i K_i \subseteq K$$

3: $$K_i \cap K_j = \emptyset \quad \text{für } i \neq j$$

4. $$K_i \text{ ist topologisch zusammenhängend}$$

5. $$\textit{Jeder Punkt aus } K_i \text{ hat \textbf{maximal} zwei Nachbarpunkte aus der Menge } K$$

Die dritte Bedingung besagt, daß Kontursegmente sich nicht kreuzen, und Bedingung 4 und 5 stellen den linienförmigen Charakter eines Kontursegmentes sicher.

Das Prädikat P wird meist über die Uneinheitlichkeit in einer lokalen Nachbarschaft definiert. In der Praxis wird vorausgesetzt, daß die Uneinheitlichkeit in den relevanten Bildteilen zuvor durch die in Kap. 2.2.2 aufgeführten Maßnahmen hervorgehoben worden ist. Dann ergeben sich folgende Beispiele für das Prädikat P, wobei N die Menge der Nachbarn eines Bildpunktes (g, i, j) im Sinne einer *"lokalen Umgebung"* beinhaltet:

1.

$$P\left[(g, i, j)\right] = \begin{cases} TRUE, & falls \ g > T \\ FALSE & sonst \end{cases} \qquad (2.55)$$

2.

$$P\left[(g, i, j)\right] = \begin{cases} TRUE, & falls \ |g_n - g_m| > d \ für \ (g_n, i_n, j_n), \ (g_m, i_m, j_m) \in N \\ FALSE & sonst \end{cases} \qquad (2.56)$$

3.

$$P\left[(g, i, j)\right] = \begin{cases} TRUE, & falls \quad \|M_n - M_m\| > e \ für \ (g_n, i_n, j_n), \ (g_m, i_m, j_m) \in N \\ & und \ M_n \ Merkmalsvektor \ zu \ (g_n, i_n, j_n) \ zugeordnet \\ FALSE & sonst \end{cases} \qquad (2.57)$$

Im allgemeinen können durch Verwendung der oben genannten oder anderer Prädikate die Bedingungen 4 und 5 für die gesamte Kontur eines Objektes nicht sichergestellt werden. Deshalb ist mit der Findung von Kontursegmenten häufig eine mehr oder weniger aufwendige Nachverarbeitung verbunden, die sich grob in die Bereiche Konturverdünnung und Konturschließung unterteilen läßt. Hierfür gibt es eine umfangreiche Standardliteratur [ROS82, BALL82, PRAT78]. Im folgenden sollen nur einige exemplarische Beispiele angeführt werden.

Verdünnung von Kontursegmenten

In der Praxis führt die Anwendung von Gl. 2.55 bis Gl. 2.57 zu Anhäufungen von Konturpunkten, dieKonturen von mehr als 1 Bildpunkt Breite erzeugen. Der Zweck der Konturverdünnung ist es, aufgrund einer vorzugebenden Heuristik Konturpunkte so zu eliminieren, daß eine Breite der Kontur von 1 Bildpunkt resultiert. Die Arbeitsweise eines derartigen Verdünnungsalgorithmus (angelehnt an [PRAT78]) wird anhand Abb.2.12 erläutert. Das Verfahren bevorzugt vertikale Strukturen.

Bei rechteckigen Objekten, wie in Abb.2.12(a), werden zuerst die Randpunkte auf der linken Seite *(L)* und dann die Randpunkte auf der rechten Seite *(R)* eliminiert, immer unter der Berücksichtigung, daß letztendlich die Bedingungen 4. und 5. für ein resultierendes Kontursegment erfüllt sein müssen.

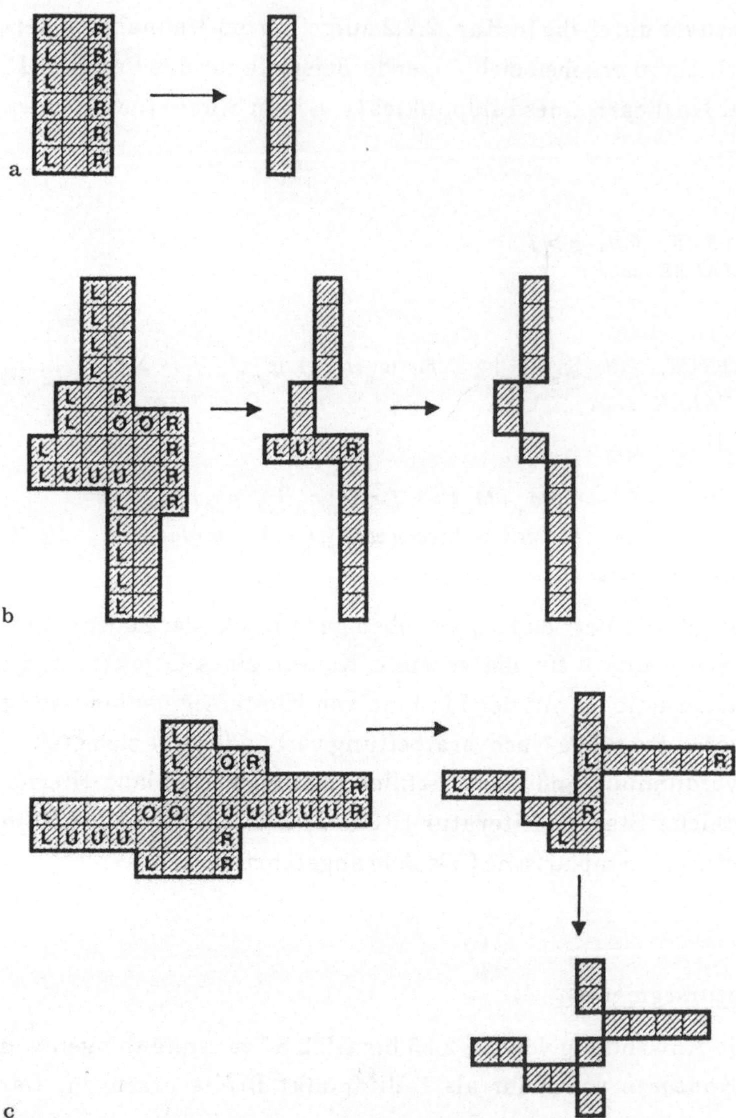

Abb.2.12. Drei Beispiele einer Konturverdünnung unter Bevorzugung vertikaler Strukturen. Die Reihenfolge der Erosisonsrichtungen ist links (L), rechts (R), unten (U), oben (O).

Bei beliebig geformten Objekten, wie in Abb.2.12(b) und 2.12(c), werden außerdem auch Randpunkte oben *(O)* und unten *(U)* eliminiert.

Das Resultat ist davon abhängig, in welcher Reihenfolge die einzelnen Richtungen *L, R, O, U* abgearbeitet werden.

Zur Verdünnung eignen sich auch Verfahren, die in der Literatur unter der Bezeichnung *Skeletonisierung* bzw. *Medialachsentransformation* aufgeführt werden.

Schließung von Konturen bzw. Verknüpfung von Kontursegmenten

Die Schließung von Konturen beruht auf der Hypothese, daß aufgrund von lokalen Störungen die erwarteten Kontursegmente nicht identisch mit den gefundenen sind und in den meisten Fällen aus den gefundenen durch Einfügung von Verknüpfungspunkten gewonnen werden können.

Welche Kontursegmente mit welchen und wie verbunden werden sollten, bedarf im Zusammenhang mit der Erzeugung des segmentierten Bildes signalabhängiger Zusatzinformationen oder globalen a priori Wissens.

Globales a priori Wissen, das häufig eingesetzt wird, besagt,

a) daß die Kontursegmente, die verbunden werden sollen, räumlich benachbart sein müssen und,

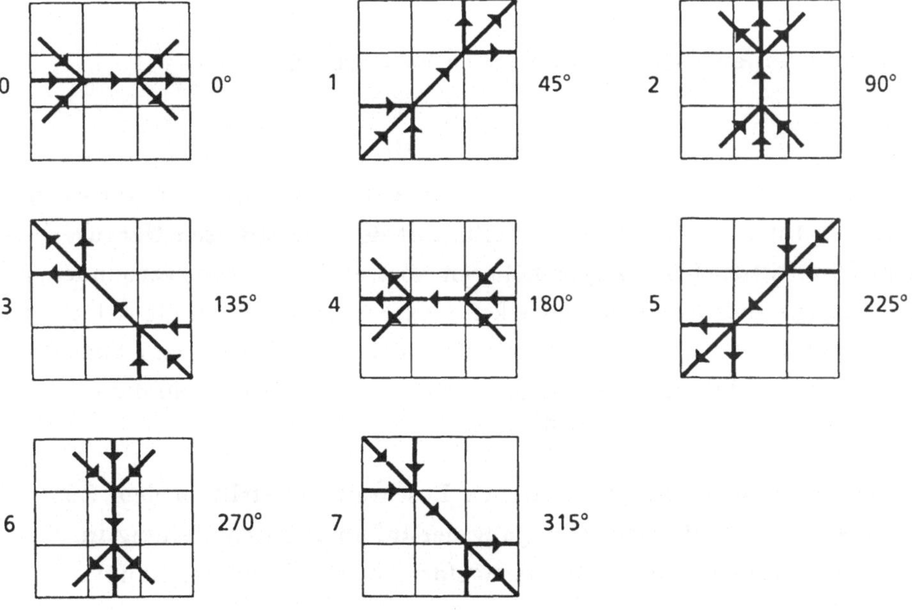

Abb.2.13. Konturrichtungen in der Umgebung einer Trennstelle zwischen Kontursegmenten, die die Einfügung eines Verknüpfungspunktes mit der in der Mitte angegebenen Konturrichtung zur Konturschließung unterstützen.

b) daß neu gebildete Kontursegmente an der Verknüpfungsstelle keine höhere Krümmung als in den zu verbindenden Segmenten aufweisen sollten.

In diesem Sinne sind auch die Interpolationsverfahren zur Gewinnung der fehlenden Verknüpfungspunkte zu wählen.

Signalabhängige Zusatzinformation läßt sich leicht gewinnen, wenn man zur Erhöhung der Uneinheitlichkeit in den relevanten Bildteilen Kantenoperatoren verwendet. Die Kantenoperatoren sind vektorielle Größen, die nicht nur ein Maß für die lokale Uneinheitlichkeit, sondern auch ein Maß für die Richtung der Uneinheitlichkeit liefern. In diesem Zusammenhang eignen sich solche Bildpunkte als Verknüpfungspunkte von Kontursegmenten, bei denen die Richtung der Uneinheitlichkeit ähnlich ist wie die, die an nächstliegenden Punkten der zu verknüpfenden Kontursegmente festgestellt worden sind. Abb.2.13 zeigt ein Beispiel, in welchem Bereich von Ähnlichkeit der Uneinheitlichkeitsrichtungen gesprochen werden kann.

2.3 Gewinnung einer ersten symbolischen Beschreibung

2.3.1 Einführung

Die bildliche Mustererkennung besteht aus einer schrittweisen Herausarbeitung der relevanten Information aus einem Bild. Mit der schrittweisen Herausarbeitung ist gleichzeitig der Übergang zu höheren Abstraktionsniveaus verbunden. Je höher das Abstraktionsniveau ist und je komplexer und vielfältiger die Relationen zwischen den gebildeten abstrakten Objekten sind, desto ungeeigneter ist das Bildpunktraster als Darstellungsform für die relevante Information und desto geeigneter sind symbolische Darstellungsformen.

Die Gewinnung einer ersten symbolischen Beschreibung stellt in dem Zusammenhang die Schnittstelle beim Übergang der Informationsdarstellung im Bildpunktraster zu symbolischen Darstellungsformen wie Graphen, Bäumen und Strings dar.

Die erste symbolische Beschreibung einer bildlichen Szene besteht aus der Beschreibung der in der Szene enthaltenen Primitive und dem diesen übergeordneten Datenobjekt "Bild", wie das in Abb.1.7a anschaulich dargestellt wurde. Die Primitive stellen dabei, entsprechend der in Kapitel 1.2 gewählten Nomenklatur, die Objekte auf der untersten Ebene des hierarchischen Bildbeschreibungszustandes dar, während "Bild" das Objekt auf der höchsten Ebene bildet.

Die Primitive, die die elementaren Objekte der Szene repräsentieren, werden durch ihre Eigenschaften in Form eines Merkmalsvektors und durch ihre Bedeutungen in Gestalt eines Bedeutungsvektors beschrieben.

Das Objekt "Bild" enthält die Beschreibung der strukturellen Beziehungen zwischen den Primitiven in Form von Relationen. Obwohl nach den in Kapitel 1.2 formulierten Definitionen für Datenobjekte jede denkbare Relation zwischen den Primitiven in der strukturellen Beschreibung zulässig ist, soll die erste symbolische Beschreibung sich auf solche Relationen beschränken, die direkt aus dem Bild gewonnen werden müssen und sich nicht in einfacher Weise im nachherein aus den Merkmalsvektoren oder den Bedeutungsvektoren herleiten lassen (z.B. könnte die photometrische Relation DUNKLER ALS sich im nachherein durch Vergleich entsprechender Grauwertmerkmale der betrachteten Objekte herleiten lassen). Wesentliche strukturelle Beziehungen werden ausgedrückt durch

- Nachbarschaftsrelationen und
- Lagerelationen.

Nachbarschaftsrelationen können bei flächenhaften Primitiven beispielsweise durch einen Nachbarschaftsgraphen ausgedrückt werden, der beschreibt, welches Primitiv welchem anderen Primitiv benachbart ist. Ein Beispiel findet sich in Abb.3.12 für die Szene aus Abb.3.11. Bei linienhaften Primitiven lassen sich Nachbarschaftsbeziehungen durch Relationen wie BERÜHRT, SCHNEIDET usw. ausdrücken.

Lagerelationen zwischen den Primitiven können als Ortsdifferenzen und Orientierungsdifferenzen beschrieben werden. Aus Effizienzgründen werden Ort und Orientierung häufig absolut in Bildkoordinaten angegeben. Als Ort kann bei flächenhaften Primitiven entweder der Schwerpunkt oder ein anderer ausgezeichneter Punkt, wie der am weitesten links liegende Punkt in der ersten Zeile, der oberste Punkt usw. bestimmt werden. Bei linienhaften Primitiven lassen sich ebenfalls ausgezeichnete Punkte finden. Beispielsweise bietet sich bei einer Ecke der Scheitel als ausgezeichneter Punkt zur Lagebeschreibung an. Die Angabe einer Orientierung setzt die Bestimmung einer Vorzugsrichtung voraus wie z.B. dem maximalen oder minimalen Durchmesser bei flächenhaften Primitiven. Bei dem oben bereits erwähnten Beispiel des linienhaften Primitivs einer Ecke könnte die Orientierung durch die Richtung der Winkelhalbierenden beschrieben werden.

Die folgenden Abschnitte 2.3.2 und 2.3.3 beschäftigen sich mit der Bildung der Primitive und der gleichzeitigen Ermittlung von Lageparametern aus dem segmentierten bzw. ikonischen Bild. Bei den Primitiven handelt es sich somit um die primitiven Bildbereichshinweise. Anschließend wird in Abschnitt 2.3.4 die Berechnung des Merkmalsvektors behandelt. Die Berechnung des Bedeutungsvektors ist Aufgabe der Klassifikation und wird in Kapitel 3 dargestellt.

2.3.2 Modellunabhängige Verfahren der Primitivenfindung

Ausgangspunkt für modellunabhängige Verfahren der Primitivenfindung ist das segmentierte Bild, in dem die Menge der Punkte einer Region X_i bzw. der sie umschließenden Kontursegmente K_i punktweise durch gleiche numerische Bedeutungswerte als zusammengehörig gekennzeichnet ist. Für die folgende Betrachtung wird davon ausgegangen, daß ein Primitiv immer durch eine einfach zusammenhängende Region gekennzeichnet ist. Die Region kann gegenüber dem Rest des Bildes durch eine Binärmaske dargestellt werden. Die Lage der Binärmaske im Bild kennzeichnet zugleich die Lage des Primitivs im Bild. Der Einfachheit halber werden im folgenden sowohl das Primitiv als auch die zugehörige Region im Bild und damit auch die Maske mit demselben Symbol X_i bezeichnet.

Zur Kennzeichnung der Punkte, die zur bildlichen Ausprägung genau <u>eines</u> Primitivs gehören, sind verschiedene Verfahren denkbar. Im folgenden soll das sog. *Zeilenkoinzidenzverfahren* besprochen werden. Der Zusammenhang zwischen den Punkten des segmentierten Bildes und den durch das Zeilenkoinzidenzverfahren identifizierten Primitiven ist in Abb.2.14 dargestellt.

<u>Zeilenkoinzidenzverfahren</u>

Die Punkte des segmentierten Bildes bilden die Eingangsdaten des Zeilenkoinzidenzverfahrens. Die Ausgangsdaten sind nicht-überlappende, einfach zusammenhängende Primitive, die durch die Mengen der ihnen zugeordneten Bildpunkte gekennzeichnet werden. Diese Mengen werden im folgenden mit X_i bezeichnet, wobei durch den Index i automatisch eine Numerierung der Primitive erfolgt. Die Mengen X_i der Primitive sind nicht notwendigerweise identisch mit den oben gleichlautend bezeichneten Punktmengen X_i des segmentierten Bildes der Ein-

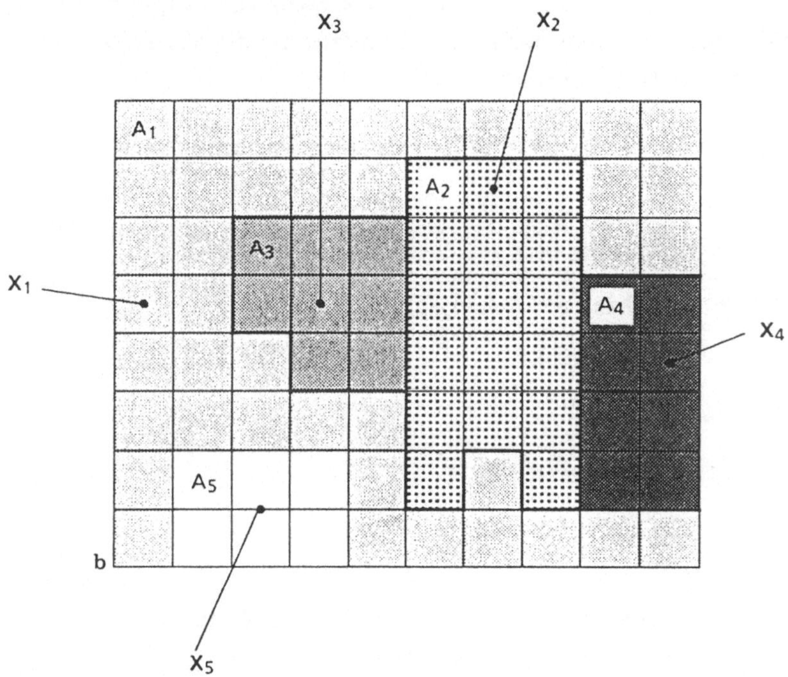

Abb.2.14.   Zusammenhang zwischen den Punkte eines segmentierten Bildes (a) und den Regionen X_i (b), die den Primitiven der ersten symbolischen Beschreibung zugeordnet werden. Die Positionen der Regionen X_i werden durch die charakteristischen Punkte A_i gekennzeichnet.

gangsdaten, wie das auch aus dem Vergleich von Abb.2.14a und 2.14b deutlich wird. Neben der automatischen Numerierung der Primitive liefert das Zeilen-koinzidenzverfahren zudem eine Kennzeichnung des Ortes im Bild. Die Position eines Primitives wird festgelegt als die Position des am weitesten links liegenden Punktes in der obersten Zeile der dem Primitiv X_i zugeordneten Region. Dieser Punkt wird im folgenden mit A_i bezeichnet.

Das Zeilenkoinzidenzverfahren verarbeitet das segmentierte Bild zeilensequen-tiell. Zur Beurteilung des aktuellen Punktes P_n in der Bildmatrix des segmen-tierten Bildes werden der in der Spalte darüber liegende Punkt P_N ($N = \underline{N}$ord) und der in derselben Zeile davor liegende Punkt P_W ($W = \underline{W}$est) betrachtet. Da für die Betrachtung jedes Punktes ein P_N und ein P_W vorhanden sein müssen, erfor-dert dies die Annahme, daß die oberste Zeile und die erste Spalte des Bildes zu einem Primitiv gehören. Dieses Primitiv wird als *Hintergrundprimitiv* X_1 bezeichnet. Wenn das Bild I Spalten und J Zeilen umfaßt hat die oberste Zeile den Index J-1 und die erste Spalte den Index 0.

Das in Abb.2.15 als Prozedur formulierte Zeilenkoinzidenzverfahren verwendet die folgenden Bezeichnungen:

X ist die Menge der Bildpunkte (g, i, j)

$P_O = (g_O, 0, J\text{-}1)$ Bildpunkt in der ersten Zeile und Spalte

$P_n = (g_n, i_n, j_n)$ betrachteter Punkt

$P_N = (g_N, i_N = i_n, j_N = j_n + 1$

$P_W = (g_W, i_W = i_n\text{-}1, j_W = j_n)$

$X_i = i$-te Region

Z $=$ Anzahl der Regionen

$A_i =$ der am weitesten links liegende Punkt der obersten Zeile einer
Region X_i zur Kennzeichnung der Position

Bei einer Region X_i handelt es sich <u>nicht</u> um eine Region des segmentierten Bil-des, das die Eingabe der Prozedur darstellt, sondern um eine Region, die die Lage des Primitives kennzeichnet und erst im Verlaufe der Prozedur aufgebaut wird.

Eine weitere Möglichkeit zur Kennzeichnung der Bildpunkte, die zu <u>einem</u> Pri-mitiv gehören, besteht in der Angabe eines Strings der Konturpunkte, die die zugehörige Region umschließen. Als sehr geeignete und effiziente Codierung des

PROZEDUR: <u>Zeilenkoinzidenz</u>

BEGIN

$A_l := P_0,\quad Z := 1,\quad l := 1$

$X_l = \{$Punkte der obersten Zeile und Punkte der ersten Spalte$\}$

DO zeilenweise von der zweitobersten bis zur untersten Zeile

    DO spaltenweise von der zweiten bis zur letzten Spalte

        IF $g_n = g_N = g_W \wedge P_N \in X_i \wedge P_W \in X_j \wedge X_i = X_j$ THEN
            $X_i := X_i \cup \{P_n\}$
        ENDIF

        IF $g_n = g_N = g_W \wedge P_N \in X_i \wedge P_W \in X_j \wedge X_i \neq X_j$ THEN
            $X_i := X_i \cup X_j \cup \{P_n\},\ Z := Z\text{-}1,\ X_j := \varnothing$
        ENDIF

        IF $g_n = g_N \neq g_W \wedge P_N \in X_i$ THEN
            $X_i := X_i \cup \{P_n\}$
        ENDIF

        IF $g_n = g_W \neq g_N \wedge P_W \in X_i$ THEN
            $X_i := X_i \cup \{P_n\}$
        ENDIF

        IF $g_n \neq g_N \wedge g_n \neq g_W$ THEN
            $Z := Z+1,\ l := l+1,\ X_l := \{P_n\},\ A_l := P_n$
        ENDIF

    ENDDO

    ENDDO

END

Abb.2.15.   Prozedur Zeilenkoinzidenz.

Strings hat sich der in Abb.2.16 wiedergegebene Kettencode herausgestellt. Die Lage der Region im Bild muß wiederum durch Angabe eines charakteristischen Punktes und die Orientierung durch Angabe einer Richtung festgelegt werden.

Sind im segmentierten Bild die Regionen von geschlossenen Kontursegmenten K_i umgeben, können diese direkt im Kettencode codiert werden. Sind die Regionen X_i durch Masken mit einheitlichem Bedeutungswert beschrieben, können die Kon-

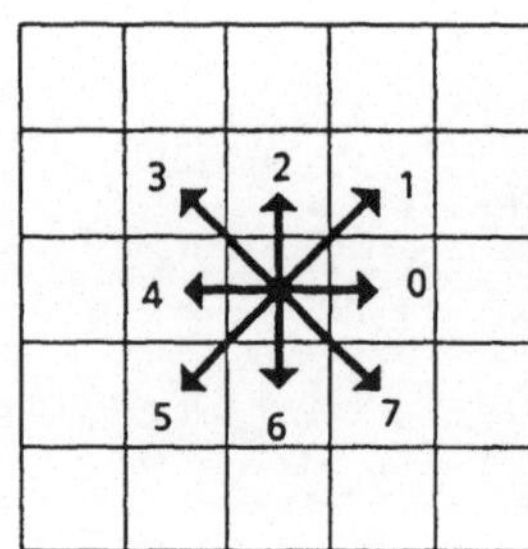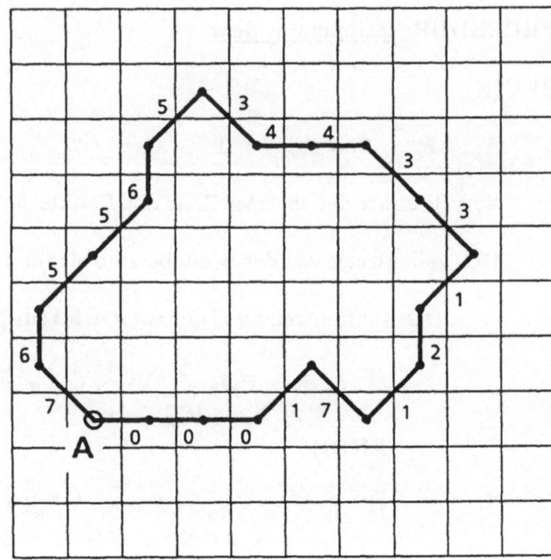

a

b Kettencode: 00017 12133 44356 5567

Abb.2.16.   Kettencodierung einer Kontur: (a) Codierung der Richtungen; (b) Anwendungsbeispiel.

turen durch eine Konturfolgung entsprechend Abb.2.17 gewonnen werden. Hierzu werden die Punkte eines Bildes zeilensequentiell eingelesen, bis eine Änderung des Bedeutungswertes einen ersten Konturpunkt innerhalb eines Primitives und einen davorliegenden Punkt - hier Anfangspunkt *A* genannt - außerhalb des Primitives erkennen läßt. Anschließend werden im Wechsel durch Suche im mathematisch positiven Sinn benachbarte Randpunkte außerhalb und durch Suche im mathematisch negativen Sinn benachbarte Randpunkte (= Konturpunkte) innerhalb des Primitivs gesucht. Der Übergang von *"innen"* nach *"außen"* und umgekehrt wird jeweils durch einen Wechsel des Bedeutungswertes erkannt. Das Konturfolgeverfahren wird beendet, wenn der Ausgangspunkt *A* wieder erreicht wird.

Die Vorgehensweise und das Ergebnis des Verfahrens wurden für ein flächenhaftes Primitiv anhand von Abb.2.17a und für ein linienhaftes Primitiv anhand von Abb.2.17b erläutert. Die Eingangsdaten für das Konturfolgeverfahren sind dabei durch den dick umrandeten Bereich im Bildraster vorgegeben. Die Pfeile markieren die Suchrichtung, wobei von einem willkürlich festgelegten Anfangspunkt *A* ausgegangen wird. Die zu dem jeweiligen Primitiv durch das Verfahren gefundenen Randpunkte (Innenrand) sind durch Schraffur gekennzeichnet.

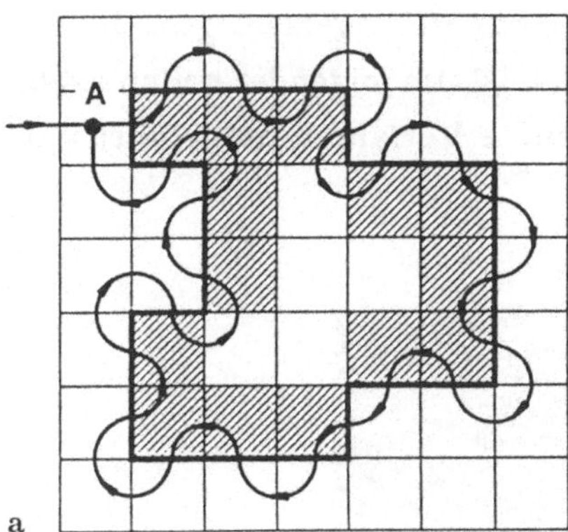

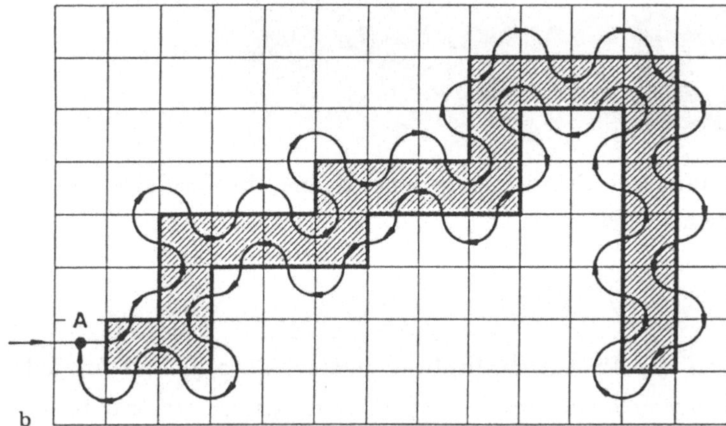

Abb.2.17. Anwendungsbeispiel eines Konturfolgeverfahrens mit dem Ausgangspunkt A für (a) ein flächenhaftes und (b) ein linienhaftes Primitiv. Die schraffierten Punkte stellen die zum jeweiligen Primitiv gehörenden Randpunkte dar.

Das Verfahren ist insofern nicht eindeutig, als die gefundenen Konturpunkte davon abhängig sein können, welcher Anfangspunkt gewählt wurde.

2.3.3 Modellabhängige Verfahren der Primitivenfindung

Bei modellabhängigen Verfahren der Primitivenfindung aus einem Bild $[g(i,j)]$ geht man davon aus, daß ein Vergleichsmuster $[a(i,j)]$ vorliegt, das die bildliche Ausprägung des Primitivs darstellt. Beispielsweise liege ein Bild mit einer Szene entsprechend Abb.2.18a vor und es sei in der Szene das Montageblech gesucht, von dem in Abb.2.18b ein Vergleichsmuster vorgegeben ist. Im folgenden sollen exemplarisch drei verbreitete und miteinander verwandte Verfahren aufgeführt werden.

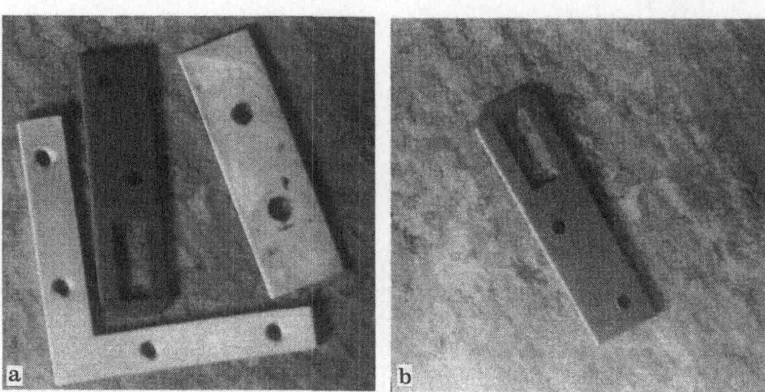

Abb.2.18. (a) Anordnung von Primitiven in einer Szene; (b) Vergleichsmuster eines gesuchten Primitivs.

Matchen

Ein einfaches Verfahren der Primitivenfindung basiert darauf, daß für jede Plazierung (l, m) des Vergleichsmusters $[a(i,j)]$ im Bild $[g(i,j)]$ ein Maß für die Ähnlichkeit $d(l, m)$ bestimmt wird.

$$d(l, m) = \sum_{(i,j) \in I_{lm}} [g(i,j) - a(i-l, j-m)]^2 \tag{2.58}$$

Dabei umfaßt I_{lm} die Menge aller Punkte (i,j), für die $(i-l, j-m)$ zum Gültigkeitsbereich des Vergleichsmusters gehört. Das Primitiv ist im Bild vorhanden und befindet sich am Ort (l, m), wenn $d(l, m)$ kleiner als eine vorgegebene Schwelle T_0 ist.

Kreuzkorrelation

Das Ähnlichkeitsmaß in Gl.2.58 kann wie folgt in Komponenten zerlegt werden:

$$d(l, m) = d_1(l, m) - 2 d_2(l, m) + d_3 \tag{2.59a}$$

$$d_1(l, m) = \sum_{(i,j) \in I_{lm}} [g(i,j)]^2 \tag{2.59b}$$

$$d_2(l, m) = \sum_{(i,j) \in I_{lm}} g(i,j) \cdot a(i - l, j - m) \qquad (2.59c)$$

$$d_3 = \sum_{(i,j) \in I_{lm}} [a(i,j)]^2 \qquad (2.59d)$$

Da sich i.a. $d_1(l, m)$ nur geringfügig mit l und m ändert und d_3 konstant ist, kann das Primitiv durch Maximierung der Größe $d_2(l, m)$ gefunden werden. Die folgende normierte Größe heißt die normierte Kreuzkorrelation $d_{ga}(l, m)$.

$$d_{ga}(l, m) = \frac{\displaystyle\sum_{(i,j)\in I_{lm}} g(i,j) \cdot a(i - l, j - m)}{\sqrt{\displaystyle\sum_{(i,j)\in I_{lm}} [g(i,j)]^2 \cdot \sum_{(i,j)\in I_{lm}} [a(i,j)]^2}} \qquad (2.60)$$

Das Primitiv ist im Bild am Ort (l, m) vorhanden, wenn $d_{ga}(l, m)$ größer als eine vorgegebene Schwelle T_l ist.

Hough-Transformation

Wenn man die Menge $\mathbf{p}$ der Parameterkombinationen einführt, für die das Ähnlichkeitsmaß berechnet werden soll

$$\mathbf{p} = \{(l, m) \mid l = 0, ..., L\text{-}1;\ m = 0, ..., M\text{-}1\} = \{p_0, p_1, ..., p_{P\text{-}1}\}$$

und wenn man eine bestimmte Parameterkombination durch $p_n = (l_n, m_n) \in \mathbf{p}$ ersetzt, dann läßt sich mit der Schreibweise

$$a'(i,j,p_n) = \begin{cases} a(i-l_n, j-m_n) & \text{für } (i-l_n, j-m_n) \in I_{lm} \\ 0 & \textit{sonst} \end{cases}$$

das Ähnlichkeitsmaß $d_2(l, m)$ aus Gl.2.59c folgendermaßen als P-dimensionaler Vektor darstellen:

$$\mathbf{d(p)} = \begin{bmatrix} d(p_0) \\ d(p_1) \\ \vdots \\ d(p_{P\text{-}1}) \end{bmatrix} = \begin{bmatrix} \sum g(i,j)\, a'(i,j,p_0) \\ \sum g(i,j)\, a'(i,j,p_1) \\ \vdots \\ \sum g(i,j)\, a'(i,j,p_{P\text{-}1}) \end{bmatrix} =$$

$$= \sum_{(i,j) \in I^*} g(i,j) \cdot \mathbf{H}_a(i,j,\mathbf{p}) \qquad (2.61)$$

Man nennt

$$H_a(i,j,\mathbf{p}) \;=\; \begin{bmatrix} a'(i,j,p_0) \\[4pt] a'(i,j,p_1) \\ \vdots \\ a'(i,j,p_{P-1}) \end{bmatrix}$$

die Houghtransformierte des Bildpunktes (i,j). Sie ist bestimmt durch das Vergleichsmuster a und die gewählte Menge der Parameterkombinationen $\mathbf{p}$.

In dem oben genannten Beispiel der Korrelation stellt d ein Ähnlichkeitsmaß zwischen einem betrachteten Bildausschnitt und einem gemäß dem Parametersatz p_n um l_n Zeilen und m_n Spalten verschobenen Vergleichsmuster dar. Außer einer Verschiebung sind auch andere geometrische Veränderungen des Vergleichsmusters denkbar, wie z.B. eine Rotation oder eine Formveränderung. Beispiele sind die Drehung einer Ecke oder die Radiusänderung eines Kreises. Durch entsprechende Erweiterung des Parametervektors $\mathbf{p}$ können bei der Houghtransformation derartige Änderungen des Vergleichsmusters berücksichtigt werden.

Mit Gl.2.61 läßt sich das Ähnlichkeitsfeld $d(\mathbf{p})$ berechnen, als mit dem Wert g des Bildpunktes (i,j) gewichtete Summe von Houghtransformierten $H_a(i,j,\mathbf{p})$. Bei Binärbildern mit einem Wertebereich $[0,1]$ ist

$$g(i,j)\cdot a'(i,j,p_n) \;=\; 1 \qquad \text{wenn}\;\; g(i,j) = a'(i,j,p_n) = 1$$
$$= 0 \qquad \text{sonst}$$

Daher läßt sich das Ähnlichkeitsfeld durch Akkumulation von binären Vektoren $H_a(i,j,\mathbf{p})$ als

$$d(\mathbf{p}) \;=\; \sum_{(i,j)\,f\ddot{u}r\,g(i,j)\,=\,1} H_a(i,j,\mathbf{p}) \tag{2.62}$$

berechnen. Diese Berechnung ist dann besonders effizient,

a) wenn wenige Binärpunkte $g(i,j) = 1$ vorliegen

b) wenn die Anzahl P der Parameterkombinationen
   eingeschränkt werden kann

c) wenn sich $H_a(i,j,\mathbf{p})$ einfach formulieren läßt.

Das Primitiv gilt als bei der Parameterkombination p_n gefunden, bei der die Komponente $d(p_n)$ eine vorgegebene Schwelle T_2 überschreitet.

Im folgenden sind zwei Beispiele für modellabhängige Verfahren der Primitivenfindung mit der Hough-Transformation wiedergegeben.

<u>Beispiel 1:</u>   Suche nach Geraden, d.h. kollinearen Punkten

$$H_{Gerade}(i,j,\{\theta,\rho\}) = 1 \qquad \text{für alle Punkte } (i,j), \text{ für die gilt}$$
$$i \cdot \cos\theta + j \cdot \sin\theta = \rho$$

$$= 0 \qquad \text{sonst} \tag{2.63}$$

Abb.2.19(b) stellt die bildliche Ausprägung der Houghtransformierten nach Gl. 2.63 für den Punkt in Abb.2.19(a) dar. Für drei kollineare Punkte P_1, P_2, P_3 in Abb.2.19(c) ist die Akkumulation im Ähnlichkeitsfeld als $d(\theta, \rho)$ dargestellt. Das

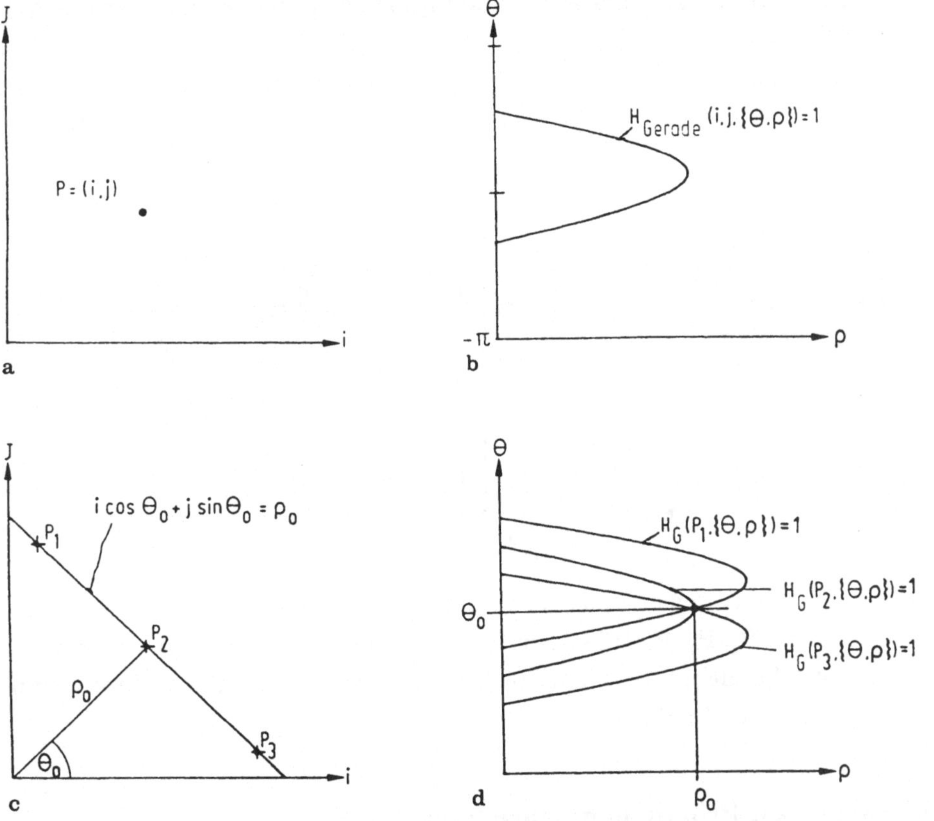

Abb.2.19.   Houghtransformation für geradenförmige Vergleichsmuster; (a) Punkt P = (i, j) im Bildbereich; (b) zugehörige Houghtransformierte im Ähnlichkeitsfeld; (c) kollineare Punkte P_1, P_2, P_3 im Bildbereich; (d) Summation der zugehörigen Houghtransformierten im Ähnlichkeitsfeld.

Maximum $d(\theta_0, \rho_0) = 3$ ergibt sich für die Parameterkombination θ_0, ρ_0, die die Gerade durch die drei kolinearen Punkte kennzeichnet.

Beispiel 2: Suche nach den Mittelpunkten von Kreisen mit dem Radius R

$$H_{Kreis}(i,j,\{x,y,R\}) = 1 \qquad \text{für alle Punkte } (i,j), \text{ für die gilt}$$
$$(i-x)^2 + (j-y)^2 = R^2$$

$$(2.64)$$

$$= 0 \qquad \text{sonst}$$

Die bildliche Ausprägung der Hough-Transformierten für einen Kreis nach Gl.2.64 ist ebenfalls ein Kreis. Die Zusammenhänge zwischen Bildbereich und Ähnlichkeitsfeld bei festem Parameterwert für R sind in Abb.2.20 dargestellt.

Spezielle Aspekte der Hough-Transformation finden sich in der Literatur u.a. bei [BRO83] und [DAVI82].

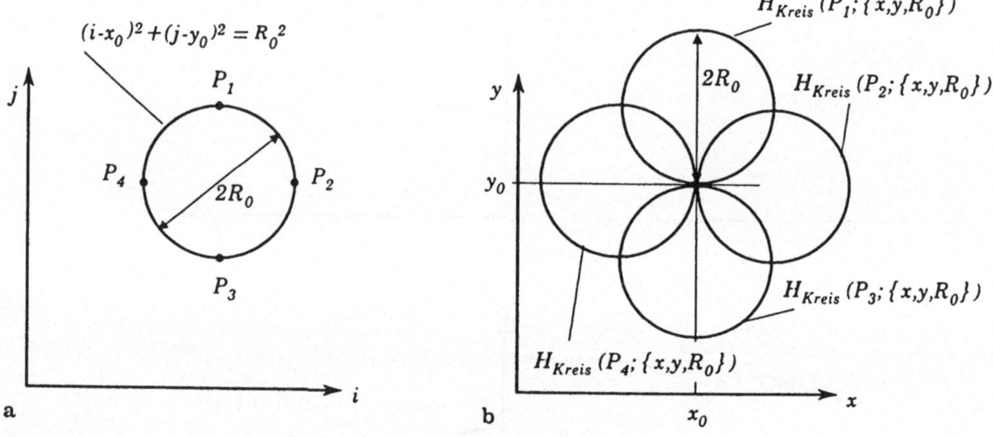

Abb.2.20. Houghtransformation für kreisförmige Vergleichsmuster: (a) Punkte P_1, P_2, P_3, P_4 auf einem Kreis mit den Parametern (x_0, y_0, R_0) im Bildbereich; (b) Summation der zugehörigen Houghtransformierten im Ähnlichkeitsfeld.

2.3.4 Merkmale zur Primitivenbeschreibung

Merkmale stellen aus dem Bild extrahierbare Eigenschaften eines Objektes bzw. Primitivs dar, die so gewählt werden sollten, daß sich in ihnen die Objekte bzw. Primitive in charakteristischer Weise unterscheiden. Die Merkmale bieten in den folgenden Schritten des Bildverstehens eine wesentliche, oft sogar die ausschließliche Unterstützung bei der Bedeutungsfindung. Es existiert eine umfangreiche Literatur, die sich mit der Findung von Merkmalen für die Unterscheidbarkeit oder die vereinfachte Beschreibung bestimmter Objekttypen beschäftigt. Viele dieser Merkmale stehen auch in direkter Beziehung zu den Seheigenschaften und zum visuellen Empfinden des Menschen wie Farb-, Textur- und Formempfinden. Hierzu sei auf die Literatur verwiesen.

Im folgenden werden lediglich einige grundsätzliche Anmerkungen gemacht und exemplarische Beispiele gegeben.

Bei den Merkmalen kann unterschieden werden zwischen

- rein photometrischen Merkmalen
- rein geometrischen Merkmalen und
- photometrisch-geometrischen Merkmalen.

<u>Photometrische Merkmale</u>

Rein photometrische Merkmale sind da von Bedeutung, wo die geometrischen Eigenschaften der Primitive für eine Bedeutungszuweisung nicht relevant sind oder für eine sichere Bedeutungszuweisung nicht ausreichen.

Die Berechnung der photometrischen Merkmale erfolgt in zwei Schritten:

Im ersten Schritt wird für jeden Punkt einer Region X_i aus dem Bild ein Wertevektor berechnet, der für die Region X_i charakteristisch ist und die Region von anderen Regionen $X_j \neq X_i$ unterscheidet. Zur Berechnung der Komponenten des Vektors sind im Prinzip alle linearen und nichtlinearen Punkt-, lokalen- und globalen Operationen geeignet.

Im zweiten Schritt werden aus allen Wertevektoren der Region die photometrischen Komponenten des Merkmalsvektors berechnet.

Hierzu eignen sich <u>Mittelwerte über die einzelnen skalaren Komponenten</u>, wie

linearer Mittelwert:

$$\overline{g}_i = \frac{1}{|X_i|} \sum_{(l,\,m)\in X_i} g(l,m) \tag{2.65}$$

Varianz:

$$\sigma_i^2 = \frac{1}{|X_i|} \sum_{(l,\,m)\in X_i} \left| g(l,m) - \overline{g}_i \right|^2 \tag{2.66}$$

usw..

<u>Mittelwerte über Paare von skalaren Komponenten</u> eignen sich ebenfalls, wie z.B. die
Autokorrelation

$$R_i(r) = \sum g_1(l_1, m_1) \cdot g_2(l_2, m_2)$$

$$\text{für alle Punktpaare} \quad (g_1, l_1, m_1), (g_2, l_2, m_2) \in \mathbf{X}_i \quad \text{für die gilt} \tag{2.67}$$

$$(l_1 - l_2)^2 + (m_1 - m_2)^2 = r^2 \ .$$

Eine weitere Möglichkeit ist die Verwendung von <u>Rangfolgeoperationen</u> über die Punkte $(g, l, m) \in \mathbf{X}_i$. wie z.B.

Minimalwert

$$g_{i,Min} = Min\ [g(l, m)] \ , \tag{2.68}$$

Medianwert

$$g_{i,Med} = Med\ [g(l, m)] \quad oder \tag{2.69}$$

Maximalwert

$$g_{i,Max} = Max\ [g(l, m)] \tag{2.70}$$

<u>Geometrische Merkmale</u>

Geometrische Merkmale sind von außerordentlich hoher Bedeutung, da photometrische Merkmale oft aufgrund der schlechten Eigenschaften des AD-Wandlers oder veränderlicher Beleuchtungsverhältnisse nicht mit der erforderlichen Genauigkeit reproduzierbar sind.

Die geometrischen Merkmale lassen sich in drei Gruppen einteilen: *Größe*, *Form* und *Topologie*.

<u>Größe:</u> Fläche A
     Umfang U
     Länge L
     Breite B
     usw.

<u>Form:</u> Rundheit M_{RUND}
     Länglichkeit M_{LANG}
     Parallelität M_{PAR}
     Rechtwinklichkeit M_{RECHT}
     Fourierdeskriptoren $\mathbf{X}_k$
     usw.

Berechnungsbeispiele:

a) Einige Formmerkmale lassen sich aus einem Bild einfach aus den Eigenschaften eines eine Region umschließenden Achtecks herleiten wie in Abb.2.21 dargestellt.

$$M_{RUND} = 4\pi \frac{A_i}{\left(\sum_{i=1...8} d_i \right)^2} \qquad (2.71)$$

$$M_{LANG} = Max \left\{ \frac{d_1 + d_5}{d_3 + d_7}, \frac{d_2 + d_6}{d_4 + d_8}, \frac{d_3 + d_7}{d_1 + d_5}, \frac{d_4 + d_8}{d_2 + d_6} \right\} \qquad (2.72)$$

A_i bezeichnet hier die Fläche der Region $\mathbf{X}_i$.

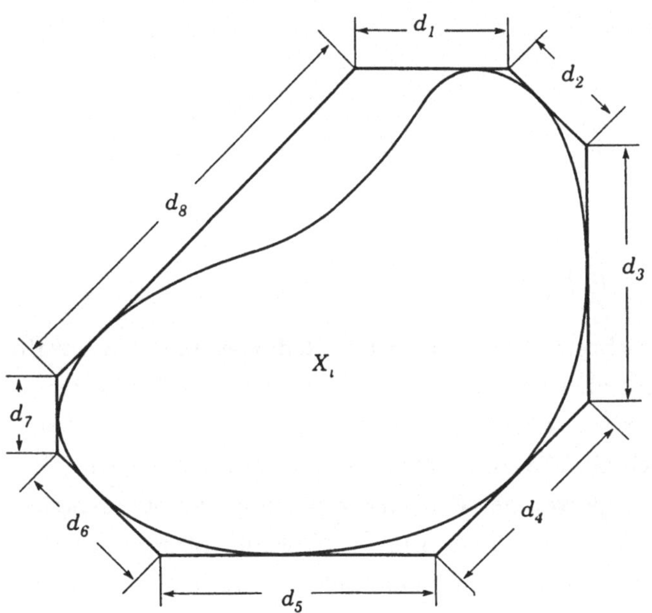

Abb.2.21.   Umschließendes Achteck einer Region $\mathbf{X}_i$.

b) Fourierdeskriptoren:

Gemäß Abb.2.22 läßt sich die geschlossene Kontur, die ein Objekt umgibt, als eine periodische Funktion der Bogenlänge s darstellen. Entlang des Umfangs U läßt sich der Ortsvektor $\mathbf{P}(s) = [x(s), y(s)]^T$ als Summe trigonometrischer Funktionen darstellen:

$$\mathbf{P}(s) = \sum_{k=0}^{\infty} C_k e^{j \frac{2\pi}{U} sk} \qquad (2.73)$$

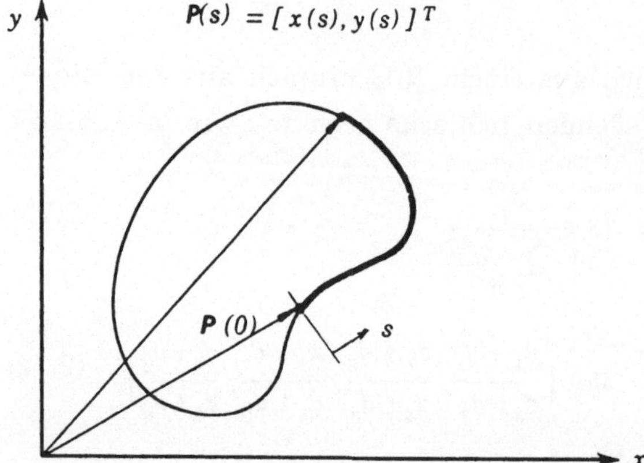

Abb.2.22.   Bildung einer periodischen Funktion aus dem Ortsvektor einer geschlossenen Kontur.

Die Koeffizienten C_k berechnen sich zu:

$$C_k = \frac{1}{U} \int_0^U P(s)\, e^{-j\frac{2\pi}{U} sk}\, ds \qquad (2.74)$$

und stellen eine eindeutige Beschreibung der Form dar. Reduziert man die Anzahl der Koeffizienten auf solche mit niedrigem Index k, die lange gerade Stücke repräsentieren und solche mit hohem Index k, die die Knicke repräsentieren, ergibt sich bei einer Rekonstruktion nach Gl.2.73 eine grobe Annäherung der Kontur. Die Annäherung wird umso gröber, je weniger Fourierkoeffizienten zur Rekonstruktion verwendet werden. Beispiele, die die Qualität der Formbeschreibung durch eine reduzierte Anzahl von Fourierkoeffizienten darstellen, sind in Abb.2.23 wiedergegeben.

<u>Topologie:</u>

Topologische Merkmale beschreiben Eigenschaften, die invariant gegenüber gummihautähnlichen Verformungen einer Ebene sind wie z.B.

Anzahl der Löcher einer Region A_{LOCH},
Geschlossenheit einer Linie G_{LINIE},
Anzahl der Seitenäste einer Linie $A_{\ddot{A}STE}$
usw.

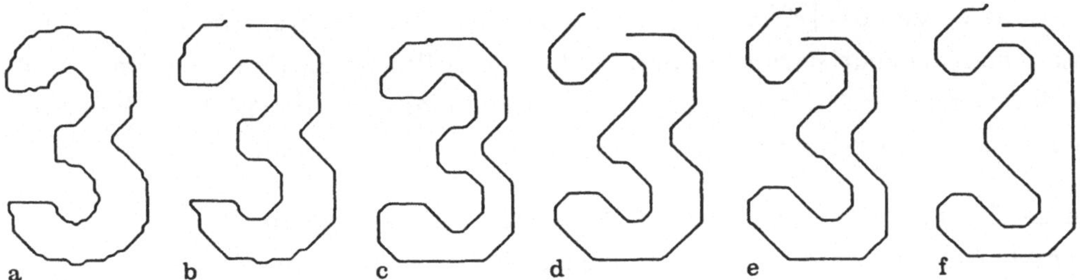

Abb.2.23.   Formbeschreibung durch Fourierkoeffizienten: (a) Original; (b) - (f) Beschreibung der Form durch zunehmend verminderte Anzahl von Fourierkoeffizienten.

Photometrisch-geometrische Merkmale

Als Beispiele seien hier Transformationsmerkmale genannt und zwar speziell Merkmale, die aus einer *Diskreten Fourier-Transformation* entsprechend Gl.2.46 gewonnen werden.

Die DFT der Bildpunkte, die zu einer Region X_l gehören, kann aufgefaßt werden als die Transformation einer Funktion

$$[g'(i,j)] = [w(i,j) \cdot g(i,j)] \qquad (2.75)$$

Dabei stellt $[w(i,j)]$ eine Fensterfunktion dar mit

$$w(i,j) = \begin{cases} 1 & \textit{für alle } (i,j) \in X_l \\ 0 & \textit{sonst.} \end{cases} \qquad (2.76)$$

Die Fouriertransformierte berechnet sich mit den Bezeichnungen

$$[G'(u,v)] = [F[g'(i,j)]]$$
$$[W(u,v)] = [F[w(i,j)]]$$
$$[G(u,v)] = [F[g(i,j)]] \qquad \text{zu}$$

$$[G'(u,v)] = [W(u,v)] ** [G(u,v)] \qquad (2.77)$$

und vereinigt damit Informationen über die geometrischen Eigenschaften $[W(u,v)]$ und die photometrischen Eigenschaften $[G(u,v)]$ der bildlichen Ausprägung des Objekts bzw. Primitivs. Da $[G'(u,v)]$ nicht nur einige wenige Merkmale sondern eine Matrix mit $I \cdot J$ komplexen Werten darstellt, werden oft einzelne spezielle Maße als Merkmale aus der Matrix hergeleitet.

Merkmale, die aus $\left[|G'(u, v)|^2\right]$ hergeleitet werden, sind translationsinvariant. Stellt man die Fouriertransformierte in Polarkoordinaten als Funktion von ρ und ϕ dar, so ergeben Maße, die durch Integration längs des Winkels ϕ bei konstantem Radius ρ gewonnen wurden, rotationsinvariante Merkmale.

In der Literatur findet sich eine Reihe weiterer Merkmale, die die wichtigen Eigenschaften der Translationsinvarianz und Rotationsinvarianz aufweisen, häufig in Verbindung mit dem Gebiet der Formanalyse (z.B. [PRAT78, BURK79, PAV78, OTT88]).

2.4 Literaturhinweise

Das Gebiet der digitalen Bildverarbeitungsverfahren wird seit über 20 Jahren intensiv bearbeitet und kann als abgeschlossen angesehen werden. In dem Zusammenhang gibt es auch bereits Bestrebungen, die grundlegenden Prozeduren der Bildverarbeitung zu standardisieren. Weiterentwicklungen und Forschungstätigkeiten betreffen zum einen Aspekte, die durch neuartige technologische Randbedingungen wie z.B. Fortschritte in der Mikroelektronik (Spezialprozessoren) aber auch in der Weiterentwicklung der bildgebenden Verfahren begründet sind (Computertomographie, NMR-Systeme, Ultraschallsensorik usw.). Zum anderen finden Neuentwicklungen von Bildverarbeitungsverfahren in einer Reihe von Spezialgebieten statt, die in letzter Zeit mehr an Interesse gewonnen haben, wie auf dem Gebiet der Extraktion einer symbolischen Beschreibung, der Analyse von Formen und Texturen und Verfahren, die im Zusammenhang mit der Analyse dreidimensionaler ruhender und zeitlich veränderlicher Szenen bestehen.

Es existiert für das Gebiet der digitalen Bildverarbeitungsverfahren eine Reihe von Lehrbüchern, von denen hier exemplarisch einige als Beispiel aufgeführt werden sollen. Als Übersichtsdarstellungen über das ganze Gebiet eignen sich [PRAT78, BALL82, PAV82, ROS82, WAHL84, GONZ87]. Darüberhinaus gibt es eine Reihe von Lehrbüchern, die für die Einarbeitung in spezielle Fragestellungen besonders geeignet sind, wie z.B. das Gebiet der Bildrestauration [AND77], der zweidimensionalen Signalverarbeitung [RAB75, DUDG84], der Extraktion von Strukturelementen [PAV77] usw.. Vielfach werden auch Zusammenfassungen von Beiträgen mehrerer Autoren zu ausgewählten Themenbeitägen angeboten, wie zur zweidimensionalen Signalverarbeitung [HUA75, HUA81], zu speziellen Anwendungsgebieten [ROS76] oder für spezielle technologische Randbedingungen [FU84].

Als weitere Literaturquellen sei hier auf die einschlägigen Fachzeitschriften wie
z.B.

- IEEE Transactions on Pattern Analysis and Machine Intelligence,
  IEEE Press, New York,
- IEEE Transactions on Medical Imaging, IEEE Press, New York,
- Pattern Recognition, Pergamon Press,
- Pattern Recognition Letters, North Holland,
- Computer Vision, Graphics and Image Processing, Academic Press,

sowie die Tagungsbände regelmäßig veranstalteter Tagungen, wie die der Deut-
schen Arbeitsgemeinschaft für Mustererkennung (DAGM), der International
Conference on Pattern Recognition (ICPR), oder der Computer Vision and Pattern
Recognition Conference hingewiesen.

Eine Übersicht über die aktuelle erschienene Literatur des jeweiligen vorange-
gangenen Jahres findet sich alljährlich in einem von A. Rosenfeld veröffentlichten
Beitrag in der oben erwähnten Zeitschrift "Computer Vision, Graphics and Image
Processing".

3 Bedeutungszuweisung

3.1 Grundlagen und Grundbegriffe

Ausgehend von einem vorliegenden hierarchischen Bildbeschreibungszustand (siehe z.B. Abb.1.7) wird dieser während der Phase der High-Level-Verarbeitung durch Einführung neuer Objekte schrittweise erweitert. Hierzu wird Modellwissen z.B. entsprechend der Darstellungsform von Abb.1.5c verwendet. Die Verarbeitung stützt sich

   a) auf Hypothesen über eine Ordnung, die den Objekten aufgeprägt ist (*top-down-Ansatz*) und

   b) auf Regeln, wie sich auf die Objekte eine Ordnung aufprägen läßt (*bottom-up-Ansatz*).

Dabei müssen die Objekte im Hinblick auf ihre

- Bedeutungen,
- Merkmale und
- Strukturen

bestimmt werden. Unter Struktur soll dabei die Menge der Objektteile und die Menge der für sie gültigen Relationen verstanden werden. Im Zusammenhang mit der Erweiterung des hierarchischen Bildbeschreibungszustandes soll unter *Bedeutungszuweisung* die Bestimmung des Bedeutungsvektors verstanden werden.

Def. 3.1:   <u>Bedeutung (Klasse)</u>

     Eine durch den Menschen festgelegte Bezeichnung. Die Anzahl der Bezeichnungen und damit der Bedeutungen (Klassen) ist endlich. Die möglichen Bedeutungen (Klassen) werden im allgemeinen durch ganze Zahlen codiert.

Def. 3.2: <u>Bedeutungszuweisung (Klassifikation)</u>

Zuordnung einer Bedeutung (Klasse) zu einem Objekt.

Das Fachgebiet, das die Bedeutungszuweisung zum Inhalt hat, ist das Gebiet der "Mustererkennung". In diesem Gebiet sind bestimmte Begriffe üblich, die von den bisher verwendeten abweichen, im folgenden aber gleichwertig verwendet werden sollen. So spricht man statt von *Objekten* bzw. *Primitiven* von *Mustern*, statt von *Bedeutungszuweisung* von *Klassifikation* und statt von *Bedeutung* von *Klasse*.

Objekte und deren Bedeutungen, Merkmale und Strukturen werden zum einen Teil aufgrund von a priori Wissen vorgegeben und zum anderen Teil aus dem zu analysierenden Bild gewonnen. Bei der Zuweisung der Bedeutungen zu den unbekannten Objekten geht man von der Prämisse aus,

- daß die Menge der möglichen Bedeutungen a priori bekannt ist und

- daß eine relevante Objektbeschreibung vorliegt, d.h. daß die Merkmale, Strukturen und Bedeutungen der im vorangegangenen Bildbeschreibungszustand bestimmten Objekte so weit bekannt sind, daß daraus auf die Bedeutungen neu hinzugefügter Objekte geschlossen werden kann.

Umgekehrt müssen bei der Bildanalyse für die Bedeutungszuweisung geeignete Merkmale, Strukturen und Objekte gewonnen werden.

In der Abb.3.1 und Abb.3.2 sind am Beispiel eines fiktiven Bildbeschreibungszustandes die Datenstrukturen unterschiedlicher Verfahren der Bedeutungszuweisung dargestellt. Die Verfahren werden nach kontextunabhängigen und kontextabhängigen unterschieden. Bei der kontextunabhängigen Klassifikation wird diese unabhängig von den Bezügen zu anderen Objekten, die das betreffende Objekt besitzt, durchgeführt. Das bedeutet gleichzeitig, daß mit einer einzelnen Klassifikation nur <u>einem</u> Objekt eine Bedeutung zugewiesen wird. Die Verfahren der kontextunabhängigen Klassifikation lassen sich in drei Gruppen einteilen und zwar in die

- numerischen,
- die syntaktischen und die
- kombiniert syntaktisch-numerischen

Verfahren.

Bei der in Abb.3.1a dargestellten numerischen Klassifikation wird zur Bedeutungszuweisung nur der Merkmalsvektor des zu klassifizierenden Objektes ausgewertet. Dementgegen wird bei der syntaktischen Mustererkennung entsprechend Abb.3.1b nur die strukturelle Beschreibung des Objektes genutzt. Die syntaktisch-numerischen Verfahren stellen eine Kombination beider Methoden dar.

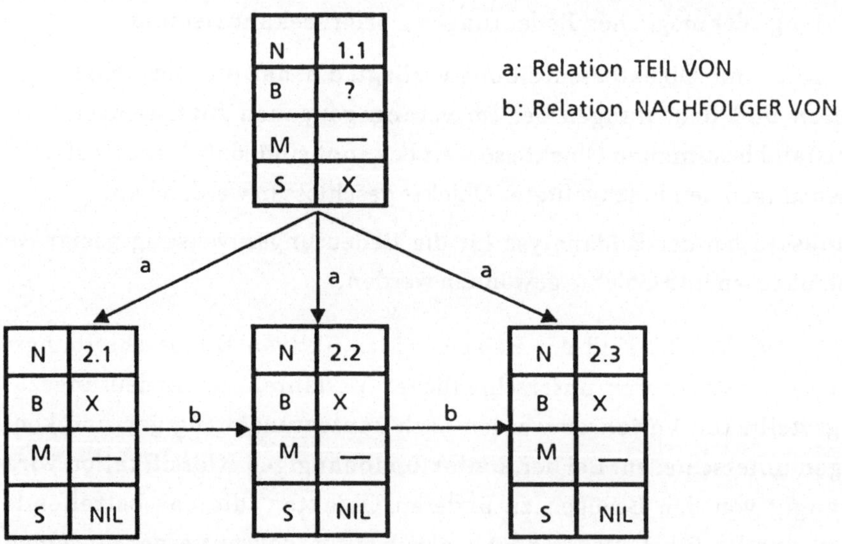

Abb.3.1. Datenstrukturen bei der Bedeutungszuweisung mit Hilfe von kontextunabhängigen Verfahren: (a) Numerische Klassifikation und (b) Syntaktische Klassifikation. Die Objekte sind gekennzeichnet durch den Namen (N), den Bedeutungsvektor (B), den Merkmalsvektor (M) und die Struktur (S). Die Vorgaben sind mit "x" und die zu ermittelnden Größen mit "?" gekennzeichnet.

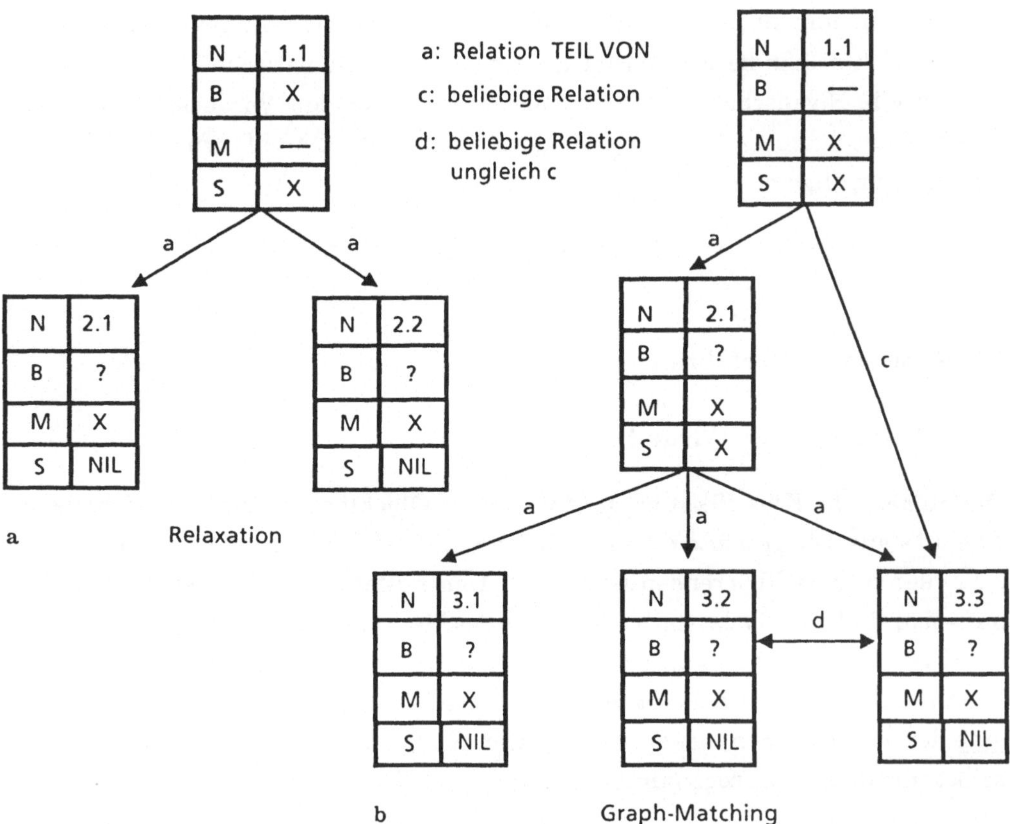

Abb.3.2.   Datenstrukturen bei der Bedeutungszuweisung mit Hilfe von kontextabhängigen Verfahren: (a) Relaxation und (b) Graph-Matching. Die Objekte sind gekennzeichnet durch den Namen (N), den Bedeutungsvektor (B), den Merkmalsvektor (M) und die Struktur (S). Die Vorgaben sind mit "x" und die zu ermittelnden Größen mit "?" gekennzeichnet.

Bei der kontextabhängigen Bedeutungszuweisung entsprechend Abb.3.2 wird zusätzlich zu der Information, die das zu klassifizierende Objekt beinhaltet, Information über mindestens ein Objekt der gleichen oder einer höheren Hierarchiestufe verwendet. Die Anwendung dieser Verfahren führt in der Praxis in der Regel dazu, daß mit der Durchführung eines Klassifikationsprozesses die Bedeutungszuweisung für <u>mehrere</u> Objekte gleichzeitig erfolgt. Bei der Relaxation, für die ein Beispiel in Abb.3.2a dargestellt ist, erfolgt die Bedeutungszuweisung für Objekte, deren Zusammenhang durch die Relation a gegeben ist, aufgrund von

Merkmalen, d.h. numerischen Werten. Das Graph-Matching-Verfahren entsprechend Abb.3.2b berücksichtigt hingegen sowohl numerische Werte als auch strukturelle Eigenschaften. Da hier die einschränkenden Voraussetzungen für eine Bedeutungszuweisung am geringsten sind, ist die Durchführung des Graph-Matching im allgemeinen Fall am aufwendigsten.

Im folgenden werden die Verfahren im Detail besprochen.

3.2 Numerische Verfahren

3.2.1 Grundlagen und Grundbegriffe

Die numerische Klassifikation geht von einer Objektbeschreibung entsprechend Abb.3.1a aus. Die gesamte relevante Information ist nur in den Merkmalen x_1, x_2, ..., x_n des zu klassifizierenden Objektes 1.1 enthalten, das, da es keine Struktur aufweist, ein Primitiv darstellt. Die Werte des Merkmalsvektors $\mathbf{x} = [x_1, x_2, ..., x_n]^T$ sind Maßzahlen für bestimmte Eigenschaften des Primitives. Bei der numerischen Klassifikation wird durch eine geeignete Vorschrift c jeder Merkmalsvektor $\mathbf{x}$ in eine der vorgegebenen, bekannten Klassen S_1, S_2, ... S_N abgebildet. Die Klassen selbst sind durch eine sogenannte Stichprobe Y definiert.

> **Def. 3.3:** <u>Stichprobe</u>
>
> Menge $\mathbf{Y}$ von Mustern $y_j^{(i)}$, bei denen (i) die Zugehörigkeit zur Klasse S_i anzeigt und j zur Numerierung der der Klasse S_i angehörenden Muster dient. Der Laufindex j läuft für jede Klasse S_i von $j=1$ bis $j=M_i$. Jedem Muster $y_j^{(i)}$ ist darüber hinaus ein Merkmalsvektor $[y_{j1}^{(i)}, y_{j2}^{(i)}, ..., y_{jn}^{(i)}]^T$ zugeordnet.

Ein Muster läßt sich durch einen Punkt im n-dimensionalen Merkmalsraum darstellen. In Abb.3.3 sind beispielhaft die Muster der Stichproben zweier Klassen, sowie ein zu klassifizierendes unbekanntes Muster dargestellt.

Aufgrund der natürlichen Variationen der Muster einer Klasse kommen diese im Merkmalsraum nicht auf einen Punkt, sondern eine Region zu liegen. Der generelle Ansatz für die Klassifikation eines unbekannten Musters besteht darin, das Muster der Klasse zuzuordnen, in dessen Region es sich im Merkmalsraum befindet. Anders ausgedrückt basiert die numerische Mustererkennung auf der Annahme, daß sich Ähnlichkeit von Mustern durch räumliche Nähe in einem Merk-

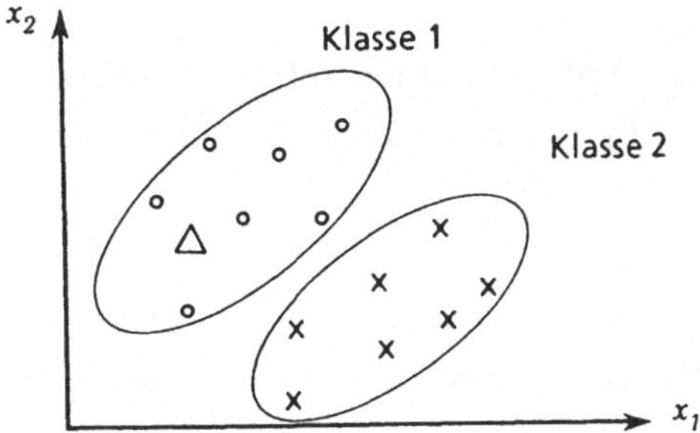

Abb.3.3.   Muster der Stichprobe (o, x) und unbekanntes zu klassifizierendes Muster (Δ) im Merkmalsraum.

malsraum ausdrücken läßt. Im Zusammenhang mit diesem einfachen Grundkonzept treten vier Probleme auf, die im folgenden besprochen werden sollen, nämlich die Probleme des *Abstandsmaßes*, der *Skalierung* und der *Dimensionalität* sowie das Problem *komplexer Verteilungen* von Stichproben.

<u>Abstandsmaß</u>

Das Abstandsmaß stellt den Kehrwert der Ähnlichkeit zweier Muster dar. Jedes Abstandsmaß $d(x, y)$ muß die folgenden Forderungen erfüllen:

1. $d(\mathbf{x}, \mathbf{x}) = 0$
2. $d(\mathbf{x}, \mathbf{y}) > 0$ für $\mathbf{x} \neq \mathbf{y}$ (3.1)
3. $d(\mathbf{x}, \mathbf{y}) = d(\mathbf{y}, \mathbf{x})$
4. $d(\mathbf{x}, \mathbf{y}) + d(\mathbf{y}, \mathbf{z}) \geq d(\mathbf{x}, \mathbf{z})$

Ein Maß, daß diese Bedingung erfüllt, ist der Minkowski-Abstand.

$$d_\gamma(\mathbf{x}, \mathbf{y}) = \left| \sum_{i=1}^{n} (|x_i - y_i|)^\gamma \right|^{\frac{1}{\gamma}}$$ (3.2)

Mit $\gamma = 1$ ergibt sich der sog. City-Block-Abstand

$$d_1(\mathbf{x}, \mathbf{y}) = \sum_{i=1}^{n} |x_i - y_i|$$

und mit $\gamma = 2$ ergibt sich der Euklidsche Abstand

$$d_2(\mathbf{x}, \mathbf{y}) = \sqrt{\sum_{i=1}^{n} (x_i - y_i)^2}$$

<u>Skalierung</u>

Da die Merkmale unterschiedliche Dimensionen haben können, entstehen Probleme, wenn die numerischen Werte in einem Abstandsmaß nach Gl.3.2 zusammengefaßt werden.

Beispiel:

Das wesentliche Unterscheidungsmerkmal zweier Klassen sei die Schichtdicke eines Kupferbelages von im Mittel $x_1 = 0,1\,mm = 0,0001m$; ein anderes, weniger aussagekräftiges Merkmal sei die Plattengröße von im Mittel $x_2 = 1\,m^2$. Bei Verwendung beider Merkmale im euklidschen Abstandsmaß ergibt sich:

$$d_2(\mathbf{x}, \mathbf{y}) \;=\; \sqrt{(x_1-y_1)^2 + (x_2-y_2)^2} \;\approx\; |x_2-y_2|, \quad weil \;\; x_2, y_2 \gg x_1, y_1$$

In diesem Falle würde das wesentliche Unterscheidungsmerkmal nicht zur Geltung kommen. Deswegen empfiehlt sich eine Skalierung. Zwei Möglichkeiten der Skalierung beruhen auf der Benutzung der Spannweite a_k oder der Standardabweichung σ_k. Das skalierte Merkmal $x_k{}'$ berechnet sich zu:

$$x_k^{'} = \frac{x_k}{a_k} \quad bzw. \quad x_k^{'} = \frac{x_k}{\sigma_k}\;.$$

Die <u>*Spannweite*</u> a_k berechnet sich wie folgt:

$$a_k = Max\left\{ y_{1k}^{(i)};\, y_{2k}^{(i)};\, ...;\, y_{M_i k}^{(i)};\; i = 1, 2, ...N \right\}$$

$$- Min\left\{ y_{1k}^{(i)};\, y_{2k}^{(i)};\, ...;\, y_{M_i k}^{(i)};\; i = 1, 2, ..., N \right\}$$

$$(3.3)$$

Die <u>*Standardabweichung*</u> σ_k berechnet sich wie folgt:

$$\sigma_k^2 = \frac{1}{M_1 + ... M_N} \sum_{i=1}^{N} \sum_{j=1}^{M_i} (y_{jk}^{(i)} - \overline{y}_k)^2; \quad k = 1, 2, ..., n \qquad (3.4)$$

mit

$$\overline{y}_k = \frac{1}{M_1 + ... M_N} \sum_{i=1}^{N} \sum_{j=1}^{M_i} y_{jk}^{(i)}$$

<u>Dimensionalität</u>

Das Grundprinzip der numerischen Mustererkennung besteht darin, daß ein unbekanntes Muster im Merkmalsraum durch Abstandsmessungen mit in der Nähe liegenden Mustern aus der Stichprobe verglichen wird. Das setzt natürlich voraus, daß in der Nähe des unbekannten Musters überhaupt Muster aus der Stichprobe liegen. Die Frage ist: Wie groß muß der Umfang M der Stichprobe sein, damit in die Nähe eines unbekannten Musters ein Muster aus der Stichprobe zu liegen kommt? Wenn davon ausgegangen wird, daß die Muster der Stichprobe den Merkmalsraum gleichmäßig ausfüllen, dann entsprechen der kargen Belegung von nur 2 Mustern pro Merkmal

$$
\begin{aligned}
2^2 &= 4 && \text{Muster in der Stichprobe bei 2 Merkmalen,} \\
2^3 &= 8 && \text{Muster in der Stichprobe bei 3 Merkmalen,} \\
2^4 &= 16 && \text{Muster in der Stichprobe bei 4 Merkmalen,} \\
2^8 &= 256 && \text{Muster in der Stichprobe bei 8 Merkmalen,} \\
2^{10} &\sim 10^3 && \text{Muster in der Stichprobe bei 10 Merkmalen,} \\
2^{20} &\sim 10^6 && \text{Muster in der Stichprobe bei 20 Merkmalen,} \\
2^{30} &\sim 10^9 && \text{Muster in der Stichprobe bei 30 Merkmalen.}
\end{aligned}
$$

In vielen Anwendungsbeispielen überschreitet die Anzahl der verwendeten Merkmale leicht die Zahl 20, ohne daß eine Stichprobe von 1 Mill. Mustern vorgewiesen werden kann. Die Dimensionalität n, d.h. die Anzahl der Merkmale, sollte durch den Umfang der Stichprobe M beschränkt sein. In jedem Fall muß gelten $M/n \gg 1$. Vielfach werden bei einem Umfang der Stichprobe, der kleiner als 2^n ist, dennoch vernünftige Ergebnisse erzielt, weil die Merkmale hoch korreliert sind und sowohl die unbekannten Muster als auch die Muster der Stichprobe nur einen verschwindend kleinen Teil des Merkmalsraumes ausfüllen und dort ausreichend dicht beieinander liegen.

<u>Komplexe Verteilungen</u>

Probleme ergeben sich vielfach, wenn in Abweichung von Abb.3.3 Musterverteilungen wie in Abb.3.4 vorliegen.

<u>Klassifikationsmethoden</u>

In Vorbereitung auf die Klassifikation wird der Merkmalsraum aufgrund der Stichprobe in Teilräume unterteilt, wobei jedem Teilraum eine eindeutige Klasse zugeordnet wird. Die Klassifikation basiert darauf, daß für ein unbekanntes Muster der zugehörige Teilraum im Merkmalsraum gesucht wird und die dem Teilraum zugeordnete Klasse dem unbekannten Muster zugewiesen wird.

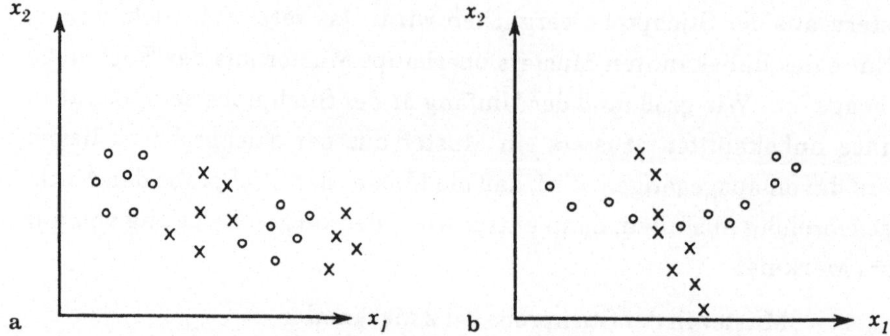

Abb.3.4. Komplexe Verteilungen von Mustern zweier Klassen (o, x) im Merkmalsraum: (a) Multimodale Verteilung, (b) linienhafte Verteilung.

Eine Möglichkeit, den Merkmalsraum zu unterteilen, besteht in der Festlegung von Grenzflächen zwischen den Klassen in der Form:

$$g(\mathbf{x}) = 0 \tag{3.5}$$

Die Klassifikationsregel für ein Zweiklassenproblem nimmt dann die folgende Form an:

$$c(\mathbf{x}) = \begin{cases} 1, & \text{wenn } g(\mathbf{x}) \geq 0 \\ 2, & \text{wenn } g(\mathbf{x}) < 0 \end{cases} \tag{3.6}$$

Derartige Grenzflächen sind bei einem Mehrklassenproblem zwischen jedem Klassenpaar zu definieren. Im N-Klassenfall sind demzufolge $N(N-1)/2$ Grenzflächen notwendig, um die Klassen zu trennen. So wären z.B. für 10 Klassen 45 Grenzflächen zu definieren, um die Klassen im Merkmalsraum trennen zu können.

Eine andere Möglichkeit, die einzelnen Klassen zu trennen, besteht durch Angabe je einer Diskriminanzfunktion $\rho_i(\mathbf{x})$ für jede Klasse i. Die Klassifikationsregel lautet dann:

$$c(\mathbf{x}) = i \,, \quad \text{wenn } \rho_i(\mathbf{x}) > \rho_j(\mathbf{x})$$

$$\text{für alle } j \neq i \tag{3.7}$$

Aus den Diskriminanzfunktionen läßt sich die Trennfläche zwischen den Klassen i und j gemäß

$$g_{ij}(\mathbf{x}) = \rho_i(\mathbf{x}) - \rho_j(\mathbf{x}) \tag{3.8}$$

berechnen. Bei einem N-Klassenproblem sind gegenüber dem Ansatz mit Grenzflächen lediglich N verschiedene Diskriminanzfunktionen zu definieren.

Lernstichprobe und Teststichprobe

Die Information über die Klassenzugehörigkeit von Mustern ist in der Stichprobe Y von Mustern enthalten. Es liegt deshalb nahe, die Gültigkeit einer Klassifikationsregel an der vorhandenen Stichprobe Y zu überprüfen. Die Aussagekräftigkeit des Resultats hängt davon ab, inwieweit dieselbe Stichprobe bereits zum Herleiten der Klassifikationsregel verwendet worden ist.

Im folgenden werden zwei häufig verwendete Testverfahren vorgestellt: die *Reklassifikation* und der *Jackknife Test*. $\mathbf{Y}_L$ bezeichnet dabei den Teil der Stichprobe Y, der zur Herleitung der Regel verwendet wird und $\mathbf{Y}_T$ den Teil, der zum Test benutzt wird.

Reklassifikation

Die Lernstichprobe ist mit der Teststichprobe identisch: $\mathbf{Y}_L = \mathbf{Y}_T = \mathbf{Y}$. Die Klassifikationsergebnisse fallen besser aus, als es den wahren Eigenschaften des Klassifikationsverfahrens entspricht. Es wird auch von einem "optimistischen Test" gesprochen. Bei manchen Klassifikationsverfahren wird bei Reklassifikation prinzipiell eine Korrektklassifikationsrate von 100% erreicht.

Jackknife Test

Die Gesamtstichprobe von Mustern bekannter Klassenzugehörigkeit wird in eine Teststichprobe $|\mathbf{Y}_T| = p \cdot |\mathbf{Y}|$ und eine Lernstichprobe $|\mathbf{Y}_L| = (1-p) \cdot |\mathbf{Y}|$ unterteilt. Häufige Werte für p liegen im Bereich von $p = 1...20[\%]$. Nach Durchführung des Tests wird ein anderer Teil zur Teststichprobe und der gesamte Rest zur Lernstichprobe erklärt. Das Verfahren wird so oft wiederholt, bis jedes Muster einmal in der Teststichprobe enthalten war. Die Ergebnisse aller Tests werden durch Mittelung zusammengefaßt. Das Ergebnis ist unter gewissen Bedingungen schlechter, als es den wahren Eigenschaften des Klassifikationsalgorithmus entspricht (siehe [COCH61]). Es wird auch von einem "pessimistischen Test" gesprochen.

Ein großes Problem in der praktischen Anwendung der Verfahren der numerischen Mustererkennung liegt in der Bereitstellung eines ausreichend großen repräsentativen Satzes von Mustern bekannter Klassenzugehörigkeit.

3.2.2 Statistische Entscheidungstheorie

3.2.2.1 Grundlagen der Statistischen Entscheidungstheorie

Die Statistische Entscheidungstheorie stellt das Gerüst zur Verfügung, um mittels eines statistischen Modells eine Entscheidungsregel zur Klassifikation abzuleiten. Im Zusammenhang mit der Herleitung der Klassifikationsregeln soll die folgende Nomenklatur verwendet werden:

P_i — Wahrscheinlichkeit für das Auftreten eines Musters bzw. in der Terminologie der Bildanalyse eines Primitivs der Klasse i. Diese Wahrscheinlichkeit wird oft auch mit *a-priori Wahrscheinlichkeit* bezeichnet.

$p(x/i)$ — bedingte Wahrscheinlichkeit für das Auftreten des Merkmalsvektors x, wenn nur Primitive der Klasse i auftreten können.

M_i — Anzahl der Primitive der Lernstichprobe, die der Klasse i angehören.

N — Anzahl der unterschiedlichen Klassen.

Bei der statistischen Entscheidungstheorie wird zur Ableitung einer Klassifikationsregel eine Kostenfunktion L eingeführt, die das Klassifikationsergebnis in Abhängigkeit von der tatsächlichen Klassenzugehörigkeit des klassifizierten Primitives bewertet.

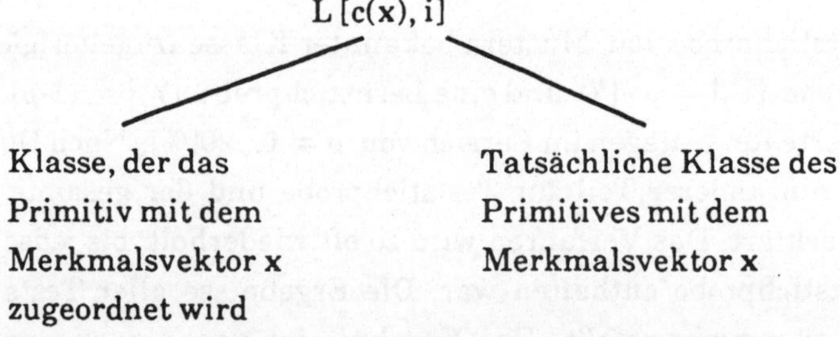

Der Erwartungswert der Kostenfunktion, das sog. Risiko

$$R = \int_X \left[\sum_{i=1}^{N} L[c(x), i] \cdot p(x|i) \cdot P_i \right] dx \tag{3.9}$$

wird bei der statistischen Entscheidungstheorie minimiert. X stellt dabei den Gültigkeitsbereich für den Merkmalsvektor x dar. Der zugehörige Klassifikator

$c(\mathbf{x})$ heißt *Bayes-Klassifikator*. Er stellt den im Sinne der statistischen Entscheidungstheorie optimalen Klassifikator dar.

Das in Gl.3.9 angegebene Integral wird genau dann minimal, wenn die Klassifikation gemäß

$$c(\mathbf{x}) = i,\; wenn \sum_{h=1}^{N} L\,[i,h]\,p(\mathbf{x}|h)\,P_h < \sum_{h=1}^{N} L\,[j,h]\,p(\mathbf{x}|h)\,P_h \qquad f\"uralle\; j \neq i \qquad (3.10)$$

durchgeführt wird. Der vorstehende Klassifikator entspricht der Klassifikation mittels Diskriminanzfunktionen, wenn diese gemäß

$$p_i(\mathbf{x}) = -\sum_{h=1}^{N} L\,[i,h]\,p(\mathbf{x}|h)\,P_h \qquad (3.11)$$

definiert werden.

Im folgenden soll ein Sonderfall betrachtet werden: Die Kostenfunktion

$$L\,[i,h] = 1 - \delta_{ih} \qquad (3.12)$$

mit dem Kroneckersymbol

$$\delta_{ih} = \begin{cases} 1, & f\"ur\; i = h \\ 0, & f\"ur\; i \neq h \end{cases} \qquad (3.13)$$

führt zu einer Minimierung der Klassifikationsfehlerwahrscheinlichkeit. Die Klassifikationsregel geht dann über in

$$c(\mathbf{x}) = i,\; wenn\; p(\mathbf{x}|i)\,P_i > p(\mathbf{x}|j)\,P_j \qquad f\"uralle\; j \neq i\; . \qquad (3.14)$$

Speziell für gleiche a priori Wahrscheinlichkeiten der einzelnen Klassen ergibt sich daraus die sogenannte Maximum-Likelihood Strategie

$$c(\mathbf{x}) = i,\; wenn\; p(\mathbf{x}|i) > p(\mathbf{x}|j) \qquad f\"uralle\; j \neq i \qquad (3.15)$$

Die zugehörige Diskriminanzfunktion ist dann

$$p_i(\mathbf{x}) = p(\mathbf{x}|i) \qquad (3.16)$$

Nach den vorstehenden Ausführungen ist die Klassifikationsregel in dem Moment festgelegt, in dem man die Kostenfunktion definiert hat. Das Problem besteht dann darin, die entsprechenden Wahrscheinlichkeiten aus der Lernstichprobe zu schätzen. Es wird dabei unterschieden zwischen der parametrischen Klassifikation, bei der der Typ der Wahrscheinlichkeitsdichteverteilungen vorgegeben wird und lediglich die Parameter dieser Verteilungen aus der Lernstichprobe geschätzt werden müssen, und der nichtparametrischen Klassifikation, bei der der Typ der Wahrscheinlichkeitsverteilungen nicht vorgegeben wird.

3.2.2.2 Parametrische Verfahren

Eine der wichtigsten Wahrscheinlichkeitsdichteverteilungen für die statistische Klassifikation ist die mehrdimensionale Normalverteilung.

$$p(\mathbf{x}|i) = \frac{1}{(2\pi)^{n/2} \, |C_i|^{1/2}} \, exp\left[-\frac{1}{2} (\mathbf{x} - \mathbf{m}_i)^T \, C_i^{-1} (\mathbf{x} - \mathbf{m}_i) \right] \tag{3.17}$$

Dabei stellen $\mathbf{m}_i$ den Mittelwertvektor, C_i die Kovarianzmatrix der Merkmale und $|C_i|$ die zugehörige Determinante für die Klasse i dar.

$$\mathbf{m}_i = E_i[\mathbf{x}]$$

$$C_i = E_i\left[(\mathbf{x} - \mathbf{m}_i)(\mathbf{x} - \mathbf{m}_i)^T \right] \tag{3.18}$$

wobei die Erwartungswerte jeweils über die Klasse i zu bilden sind. Der Mittelwertsvektor sowie die Kovarianzmatrix lassen sich aus der Lernstichprobe schätzen:

$$\mathbf{m}_i \approx \frac{1}{M_i} \sum_{p=1}^{M_i} \mathbf{y}_p^{(i)} \tag{3.19}$$

$$c_{hl}^{(i)} \approx \frac{1}{M_i} \sum_{p=1}^{M_i} y_{ph}^{(i)} y_{pl}^{(i)} - m_{ih} m_{il}$$

Damit ergibt sich bei Verwendung einer Kostenfunktion nach Gl. 3.12 als Diskriminanzfunktion

$$\rho_i(\mathbf{x}) = ln P_i - \frac{1}{2} ln |C_i| - \frac{1}{2} (\mathbf{x} - \mathbf{m}_i)^T C_i^{-1} (\mathbf{x} - \mathbf{m}_i) \tag{3.20}$$

Der Bayes-Klassifikator führt somit für normalverteilte Merkmale zu Diskriminanzfunktionen und damit auch zu Grenzflächen von maximal zweiter Ordnung. Sind zudem die Kovarianzmatrizen für alle Klassen identisch

$$C_i = C, \tag{3.21}$$

so lassen sich die Diskriminanzfunktionen zu

$$\rho_i(x) = ln\,P_i + x^T\,C^{-1}\,m_i - \frac{1}{2}\,m_i^T\,C^{-1}\,m_i \tag{3.22}$$

reduzieren. Es ergeben sich lineare Grenzflächen. Ist darüber hinaus die Kovarianzmatrix eine Einheitsmatrix, d.h. alle Merkmale sind statistisch unabhängig und auf ihre Varianz normiert, und sind zudem die a priori Wahrscheinlichkeiten für die einzelnen Klassen gleich, so ergeben sich die Diskriminanzfunktionen

$$\rho_i(x) = x^T\,m_i - \frac{1}{2}\,m_i^T\,m_i \tag{3.23}$$

die der sogenannten Prototypenklassifizierung entsprechen, wobei ein Prototyp dem Mittelwertsvektor einer Klasse entspricht.

3.2.2.3 Nichtparametrische Verfahren

Den nichtparametrischen Verfahren liegt wie bei den oben genannten Verfahren ein statistisches Modell zugrunde. Jedoch werden nicht Parameter einer Wahrscheinlichkeitsdichteverteilung geschätzt, sondern die Verteilung selbst. Für die Schätzung der Wahrscheinlichkeitsdichten sind verschiedene Verfahren von Bedeutung.

<u>Approximation durch orthogonale Funktionen</u>

Es sollen die folgenden Bezeichnungen verwendet werden:

$c_r^{(i)}$	Koeffizienten der Reihenentwicklung
$\Phi_r(x)$	vorgegebene beliebige Funktionen
R	Anzahl der Reihenglieder
$p_s(x\|i)$	Schätzwert der bedingten Wahrscheinlichkeitsdichte $p(x\|i)$

Der Ansatz zur Approximation lautet:

$$p_s(x|i) = \sum_{r=0}^{R-1} c_r^{(i)}\,\Phi_r(x) \tag{3.24}$$

Es wird das Optimierungskriterium der Minimierung des quadratischen Fehlers zur Bestimmung der Koeffizienten verwendet:

$$\int_x \left[p(x|i) - \sum_{r=0}^{R-1} c_r^{(i)}\,\Phi_r(x) \right]^2 dx \;\rightarrow\; Min \tag{3.25}$$

Die Spezialisierung auf orthogonale Funktionen

$$\int_X \Phi_r(\mathbf{x})\,\Phi_s(\mathbf{x})\,dx = \begin{cases} A_r & f\ddot{u}r \ \ r = s \\ 0 & f\ddot{u}r \ \ r \neq s \end{cases} \tag{3.26}$$

liefert als Lösung der Optimierung

$$c_r^{(i)} = \frac{1}{A_r}\,E_i\,[\Phi_r(\mathbf{x})] \tag{3.27}$$

$$f\ddot{u}r \ \ r = 0, ..., R - 1$$

Dabei bezeichnet $E_i[\Phi_r(\mathbf{x})]$ den Erwartungswert der Funktion $\Phi_r(\mathbf{x})$, wenn der Erwartungswert nur über Primitive der Klasse i gebildet wird. Bei diesem Schätzverfahren hängt das Schätzergebnis $p(\mathbf{x}|i)$ nur von den Primitiven der Lernstichprobe ab, die zur Klasse i gehören.

Der Erwartungswert kann durch Mittelung über die Stichprobe approximiert werden:

$$c_r^{(i)} \approx \frac{1}{A_r}\,\frac{1}{M_i}\,\sum_{j=1}^{M_i} \Phi_r(y_j^{(i)}) \tag{3.28}$$

j-tes Primitiv der Stichprobe, das zur Klasse i gehört

Regressionsanalyse

Den linearen Ansatz, der sich ergibt, wenn in Gl.3.24 als Funktionen

$$\Phi_0(\mathbf{x}) = 1$$
und
$$\Phi_r(\mathbf{x}) = x_r \quad f\ddot{u}r \quad r = 1, ..., R\text{-}1 \tag{3.29}$$
$$\text{mit } R\text{-}1 = \text{Anzahl der Merkmale}$$

d.h. die Merkmale selbst gewählt werden, heißt im Zusammenhang mit Gl.3.25 eine lineare Regression.

Mit der Momentenmatrix

$$\mathbf{M} = \begin{bmatrix} 1 & E[x_1] & E[x_2] & \cdots\cdots & E[x_{R1}] \\ E[x_1] & E[x_1^2] & E[x_1 x_2] & & \vdots \\ E[x_2] & & \ddots & & \vdots \\ \vdots & & & \ddots & \vdots \\ E[x_{R1}] & \cdots\cdots\cdots\cdots\cdots & E[x_{R1}^2] \end{bmatrix}$$

der Streumatrix

$$S = \begin{bmatrix} s_0^{(1)} & s_0^{(2)} & \cdots\cdots & s_0^{(N)} \\ s_1^{(1)} & s_1^{(2)} & \cdots\cdots & s_1^{(N)} \\ \vdots & \vdots & & \vdots \\ s_{R\,1}^{(1)} & s_{R\,1}^{(2)} & \cdots\cdots & s_{R\,1}^{(N)} \end{bmatrix} \qquad \text{mit}\quad \begin{aligned} s_0^{(i)} &= E[p(\mathbf{x}|i)] = P_i \\ s_l^{(i)} &= E[x_l \cdot p(\mathbf{x}|i)] \end{aligned}$$

und der Koeffizientenmatrix

$$C = \begin{bmatrix} c_0^{(1)} & c_0^{(2)} & \cdots\cdots & c_0^{(N)} \\ c_1^{(1)} & c_1^{(2)} & \cdots\cdots & c_1^{(N)} \\ \vdots & \vdots & & \vdots \\ c_{R\,1}^{(1)} & c_{R\,1}^{(2)} & \cdots\cdots & c_{R\,1}^{(N)} \end{bmatrix}$$

läßt sich das Ergebnis der Approximation als

$$C = M^{-1} \cdot S \tag{3.30}$$

schreiben. Die Probleme der linearen Regressionsanalyse sind, die Momenten-matrix und den Streuvektor aus der Stichprobe zu schätzen.

Die Schätzung erfolgt aus den entsprechenden Werten der Stichprobe zu

$$m_{kl} = E[x_k\, x_l] \approx \frac{1}{M} \sum_{m=1}^{M} y_{mk}\, y_{ml} \tag{3.31}$$

Anzahl der Primitive der Stichprobe

k-te und l-te Komponente des Merkmalsvektors des m-ten Primitives der Stichprobe

$$P_i = M_i/M \tag{3.32}$$

$$s_l^{(i)} = E[x_l \cdot p(\mathbf{x}|i)] \approx \frac{1}{M} \sum_{m=1}^{M_i} y_{ml}^{(i)} \tag{3.33}$$

l-te Komponente des m-ten Primitives der Stichprobe, das zur Klasse i gehört

Mit Hilfe der linearen Regression lassen sich auch nichtlineare Approximationen durchführen, wenn der Merkmalsvektor geeignet erweitert wird. Soll in der Approximationsfunktion z.B. ein additiver Term $x_1^2 x_2$ auftreten, so ist der Merkmalsvektor um das Merkmal $x_R = x_1^2 x_2$ zu erweitern und danach auf den derart erweiterten Merkmalsvektor die lineare Regression anzuwenden.

<u>Approximation durch Potentialfunktionen</u>

Eine direkte Approximation der Wahrscheinlichkeitsdichte erhält man durch Superposition sogenannter Potentialfunktionen $\gamma(\mathbf{x}, \mathbf{y})$:

$$p_s(\mathbf{x}|i) = \frac{1}{M_i} \sum_{j=1}^{M_i} \gamma(\mathbf{x}, \mathbf{y}_j^{(i)}) \tag{3.34}$$

Typische Potentialfunktionen sind z.B.

$$\gamma(\mathbf{x}, \mathbf{y}) = \frac{1}{(2\pi)^{n/2} \sigma^n} \exp\left(-\frac{\|\mathbf{x}-\mathbf{y}\|^2}{2\sigma^2}\right) \tag{3.35}$$

3.2.3 Verteilungsfreie Verfahren

Bei den verteilungsfreien Klassifikationsverfahren wird zur Ableitung der Klassifikationsregel kein statistisches Modell zugrunde gelegt. Es kommen vielmehr heuristische Ansätze wie die *Naheste-Nachbar-Klassifikation* oder die *Prototypenklassifizierung* zum Einsatz.

<u>Naheste-Nachbar-Klassifikation</u>

Klassifikationsregel: Ordne ein Primitiv der Klasse zu, der sein nahester Nachbar aus der Stichprobe angehört.

Bezeichnet P_B die Fehlerwahrscheinlichkeit des optimalen Bayes Klassifikators und P_F die der Nahesten-Nachbar-Regel, so gilt für jede Metrik und nahezu beliebige bedingte Wahrscheinlichkeitsverteilungen für N Klassen und einer Stichprobe von $M \rightarrow \infty$ Primitiven:

$$P_B \leq P_F \leq P_B\left(2 - P_B \frac{M}{M-1}\right) \tag{3.36}$$

Wenn man statt des nahesten Nachbarn die gesamte Stichprobe zur Klassifikation heranzieht, kann man die Fehlerwahrscheinlichkeit also bestenfalls halbieren. Details hierzu finden sich in der Literatur, z.B. bei [FUK72].

Eine Erweiterung der Nahesten-Nachbar-Regel besteht darin, zur Klassifikation die K nahesten Nachbarn hinzuzuziehen und eine Entscheidung für die Klasse zu treffen, zu der die meisten der K Nachbarn gehören.

Prototypenklassifikation

Liegt von jeder Klasse ein "idealer Prototyp" m_i vor und kann man jedes Primitiv als eine gestörte Version dieses Prototypen auffassen, so erscheint die Klassifikation entsprechend der Regel der Prototypenklassifizierung

$$c(\mathbf{x}) = i, \quad wenn \quad d(\mathbf{x}, \mathbf{m}_i) < d(\mathbf{x}, \mathbf{m}_j) \quad für\,alle\,j \neq i \tag{3.37}$$

einleuchtend. Dies entspricht der Klassifikation mittels der Diskriminanzfunktion

$$\rho_i(\mathbf{x}) = -d(\mathbf{x}, \mathbf{m}_i) \tag{3.38}$$

Wird die euklidsche Metrik verwendet, so reduzieren sich die Diskriminanzfunktionen zu linearen Diskriminanzfunktionen:

$$\rho_i(\mathbf{x}) = \sum_{k=1}^{n} m_{ik} x_k - \frac{1}{2} \sum_{k=1}^{n} m_{ik}^2 \tag{3.39}$$

Eine Schätzung der Prototypen ist durch Mittelung über die Primitive der Stichprobe möglich, die zu der entsprechenden Klasse gehören:

$$\mathbf{m}_i \approx \frac{1}{M_i} \sum_{j=1}^{M_i} \mathbf{y}_j^{(i)} \tag{3.40}$$

3.2.4 Merkmalsauswahl

3.2.4.1 Grundlagen der Merkmalsauswahl

Beim Entwurf eines Klassifikationsverfahrens lassen sich Merkmale i.a. heuristisch definieren. Die Aufgabe der Merkmalsauswahl ist es, die Dimensionalität des Merkmalsraumes herabzusetzen. Dies ist notwendig, weil viele Klassifikationsverfahren nur bei geringer Dimensionalität mit vertretbarem Rechenaufwand arbeiten. Außerdem erfordert in den meisten Fällen auch der endliche Lernstichprobenumfang eine Merkmalsauswahl.

Die Merkmalsauswahl sollte darin bestehen, daß die "wichtigsten" Merkmale herausgesucht werden. Die zugehörigen Verfahren der Bewertung und der Auswahl werden im folgenden unter dem Begriff der Merkmalsselektion zusammengefaßt.

Oft wird vor der Auswahl der "wichtigsten" Merkmale durch eine Transformation des Merkmalsraumes erreicht, daß die Güteunterschiede zwischen den wichtigen und unwichtigen Merkmalen erhöht werden. Dadurch kann der Teil der Information in der Beschreibung der Primitive, der bei der Merkmalsauswahl notwendigerweise verloren geht, auf ein Minimum beschränkt werden.

Bei der letztgenannten Gruppe von Verfahren unterscheidet man zwischen den direkten und den indirekten Verfahren. Bei den direkten Verfahren werden heuristisch mehrere Merkmale, häufig durch Linearkombination, zu einem neuen Merkmal zusammengefaßt. Im Gegensatz dazu wird bei den indirekten Verfahren mit Hilfe eines Qualitätsmaßes eine Optimierung bei der Transformation durchgeführt. Die Optimierung erfolgt dabei über die Primitive der Stichprobe.

Im folgenden werden exemplarisch einige wichtige indirekte Verfahren der Merkmalsauswahl und der Merkmalsselektion vorgestellt. Für eine vollständigere und detailliertere Darstellung sei auf die Standardliteratur auf diesem Gebiet verwiesen (z.B. [MEI72, FUK72, DUDA73, TOU74, AGR77, DEVI82, NIE83]).

3.2.4.2 Indirekte Verfahren

Für die folgenden Betrachtungen wird davon ausgegangen, daß der nicht reduzierte Merkmalsraum Z die Dimension m und der reduzierte Merkmalsraum X die Dimension $n < m$ aufweist. Die Primitive der Lernstichprobe werden, wie oben, mit y bezeichnet.

Die indirekten Verfahren der Merkmalsauswahl benötigen eine parametrische Transformation des Merkmalsraumes und ein Gütekriterium, das angibt, wie die Güte der Transformation ist. Eine gebräuchliche Transformation ist die Lineartransformation

$$x = W z , \qquad (3.41)$$

wobei die Zeilenvektoren w_i^T der Transformationsmatrix untereinander orthogonale Einheitsvektoren sind. Aufgabe der Optimierung ist es, diese Einheitsvektoren festzulegen. Im folgenden sollen exemplarisch drei Ansätze für ein Gütekriterium besprochen werden.

Trennung der Klassen

Die Klassen lassen sich im Merkmalsraum umso besser trennen, je kompakter sich die Klassen im Merkmalsraum ausprägen und je weiter sie voneinander entfernt sind. Ziel der Optimierung ist es daher, den Abstand zwischen den Klassen, den sog. Intersetabstand zu maximieren und den Abstand innerhalb der Klassen, den sog. Intrasetabstand zu minimieren.

Bezeichnet $y_q^{(i)}$ die Primitive der Klasse i der Lernstichprobe und $y_q^{(j)}$ die Primitive der Klasse j der Lernstichprobe, so wird der *Intersetabstand* definiert als

$$S_{ij} = \frac{1}{M_i M_j} \sum_{q=1}^{M_i} \sum_{p=1}^{M_j} d\left[W y_q^{(i)}, W y_p^{(j)} \right] \tag{3.42}$$

und der *Intrasetabstand* als

$$R_i = \frac{2}{M_i (M_i - 1)} \sum_{q=1}^{M_i} \sum_{p>q}^{M_i} d\left[W y_q^{(i)}, W y_p^{(i)} \right] \tag{3.43}$$

Dann kann z.B. als Gütekriterium für den Zweiklassenfall

$$Q = \frac{R_i + R_j}{S_{ij}} \tag{3.44}$$

minimiert oder

$$Q = S_{ij} \quad \text{mit} \quad S_{ij} + R_i + R_j = \text{const.} \tag{3.45}$$

maximiert werden.

Sind aus der Lernstichprobe im Merkmalsraum Z die a priori Wahrscheinlichkeiten P_i und die bedingten Wahrscheinlichkeiten $p_z(z|i)$ geschätzt worden, so lassen sich Gütekriterien aus statistischen Maßen herleiten. Ein Beispiel sei der *Bhattacharyya Abstand*

$$Q = -\ln \int_X \sqrt{p_x(x|1)\, p_x(x|2)} \, dx \ . \tag{3.46}$$

Dabei ergeben sich die Wahrscheinlichkeiten $p_x(x|i)$ durch Umrechnung aus den $p_z(z|i)$ wie folgt:

$$p_x(x|i) = \int_{x_{n+1}} \cdots \int_{x_m} p_x(x_m|i) \, dx_{n+1} \cdots dx_m$$

mit

$$p_x(\mathbf{x}_m|i) = \left| \mathbf{W}_m^{-1} \right| \cdot p_z\left(\mathbf{W}_m^{-1} \cdot \mathbf{x}_m|i \right)$$

wobei $\mathbf{x}_m = [x_1, x_2, ..., x_n, x_{n+1}, ..., x_m]^T$ den auf m Komponenten erweiterten Vektor $\mathbf{x}$ und

$$\mathbf{W}_m = \left| \begin{matrix} \mathbf{W} \\ \mathbf{W}_{m-n} \end{matrix} \right| \quad \text{die um } m\text{-}n \text{ Zeilen erweiterte}$$

Transformationsmatrix darstellen.

Erhaltung der Struktur des Merkmalsraumes

Da für die Kennzeichnung der Ähnlichkeit von Primitiven deren Abstände voneinander im Merkmalsraum maßgeblich sind, kann der Verlust relevanter Information bei der Merkmalsreduktion dadurch minimiert werden, daß ein Optimierungskriterium gewählt wird, das die Abstandsdifferenzen der Muster der Lernstichprobe vor und nach der Merkmalsreduktion erhält.

Bezeichnet d_z die Maßzahl für den Abstand im Merkmalsraum Z und d_x für den Abstand im Merkmalsraum X, so ist

$$Q = \frac{2}{M(M-1)} \sum_{q=1}^{M} \sum_{p>q}^{M} \left\{ d_x[\mathbf{W}\,\mathbf{y}_p, \mathbf{W}\,\mathbf{y}_q] - d_z[\mathbf{y}_p, \mathbf{y}_q] \right\}^2 \tag{3.47}$$

ein Maß für den mittleren quadratischen Fehler der korrespondierenden Abstände.

Approximation des Merkmalsraumes

Eine weitere Möglichkeit den höherdimensionalen Raum Z durch den niederdimensionalen Raum X zu approximieren stellt die *Karhunen-Loeve-Transformation* dar.

Der Approximationsansatz lautet:

$$z^* = \sum_{h=1}^{n} x_h \mathbf{w}_h + \mathbf{w}_0$$

$$Q = E\{\|z - z^*\|\} \rightarrow Min$$

Der Ansatz führt zu dem bekannten Eigenwertproblem mit der Kovarianzmatrix

C, den Eigenvektoren $\mathbf{w}_h$ und den zugehörigen Eigenwerten λ_h

$$
\begin{aligned}
\mathbf{C}\,\mathbf{w}_h &= \lambda_h\,\mathbf{w}_h \\
\mathbf{C} &= [c_{ij}] \\
c_{ij} &= E\{(y_i - E\{y_i\}) \cdot (y_j - E\{y_j\})\}
\end{aligned}
$$

wobei die Werte als Mittelwerte über die Lernstichprobe abzuschätzen sind.

Die Merkmale im reduzierten Merkmalsraum berechnen sich zu

$$
x_h = \mathbf{w}_h^T \cdot \mathbf{z} \tag{3.48}
$$

Zur Auswahl der "besten" Merkmale x_h und damit der wichtigsten Eigenvektoren $\mathbf{w}_h$ dient der Wert des Gütekriteriums

$$
Q = \sum_{h=n+1}^{m} \lambda_h \ , \tag{3.49}
$$

das den Approximationsfehler darstellt und zu minimieren ist.

Die Karhunen-Loeve-Transformation stellt eines der bedeutendsten Verfahren zur Merkmalsreduktion dar.

3.2.4.3 Merkmalsselektion

Bei der Merkmalsselektion werden aus einer vorgegebenen Menge von m Merkmalen eine Anzahl $n < m$ Merkmale ausgesucht, die für die relevante Beschreibung der Primitive am wichtigsten sind. Zur Beurteilung der Güte der Beschreibung durch die Merkmale muß ein Gütekriterium eingeführt werden, das bei den vorgegebenen zu unterscheidenden Klassen eine Funktion der zur Beschreibung verwendeten Merkmale ist:

$$
Q = Q(x_1, x_2, ..., x_m) \tag{3.50}
$$

Sind die vorgegebenen Merkmale statistisch unabhängig (sowohl allgemein als auch klassenbedingt), dann lassen sich Gütekriterien herleiten, bei denen die Güte einer Merkmalskombination gleich der Summe der Güten für die einzelnen Merkmale ist:

$$
Q(x_1, x_2, ..., x_m) = \sum_{i=1}^{m} Q(x_i) \tag{3.51}
$$

Ordnet man die Merkmale so, daß gilt

$$Q(x_1) > Q(x_2) > \ldots > Q(x_m)$$

stellen die ersten n Merkmale im Sinne des Gütekriteriums die beste Kombination dar.

Sind die Merkmale nicht statistisch unabhängig, so ist es im allgemeinen Fall nicht möglich zur Berechnung der Güte einer Merkmalskombination eine zu Gl.3.51 äquivalente einfache Vorschrift zu finden. Im Extremfall muß jede der m *über* n möglichen Merkmalskombination gebildet und einzeln bewertet werden.

Da das sehr rechenaufwendig und nur bei kleinen Werten von m, n oder m-n durchführbar ist, werden in der Praxis meist die einfacheren Verfahren der Vorwärts- und Rückwärtsselektion gewählt, die oft nur unwesentlich vom Optimum abweichen. Bei der Vorwärtsselektion geht man von dem Merkmal mit dem höchsten Gütewert aus. Aus den restlichen Merkmalen wird das Merkmal ausgesucht, das in Verbindung mit dem ersten den höchsten Gütewert liefert usw.. Bei der Rückwärtsselektion wird entsprechend zunächst das Merkmal eliminiert, bei dem die Güte der verbleibenden m-1 Merkmale am höchsten ist, dann das, bei dem die Güte der verbleibenden m-2 Merkmale am höchsten ist, usw. Aus Gründen des Rechenaufwandes der Verfahren verzichtet man i.a. auf Kriterien, die die Trennbarkeit der Klassen explizit beschreiben und beschränkt sich auf suboptimale und einfacher zu handhabende Verfahren, die darauf hinzielen, die statistischen oder sogar nur die linearen Abhängigkeiten der ausgewählten Merkmale zu minimieren.

3.3 Syntaktische Verfahren

3.3.1 Beschreibung bildlicher Objekte durch Symbolketten

Im vorherigen Kapitel 3.2 wurden einzelnen Objekten aufgrund von charakteristischen, sie beschreibenden Merkmalen Bedeutungen zugewiesen. Im folgenden werden Verfahren besprochen, mit denen eine Bedeutungszuweisung dann möglich wird, wenn die Objekte durch eine Aneinanderreihung von Objektteilen beschrieben werden können. Dabei kann sowohl die Art der Objektteile, als auch die Art der Aneinanderreihung für die Bedeutung des Objektes relevant sein.

Der einfachste Fall der Objektbeschreibung durch eine Kette von Objektteilen liegt dann vor, wenn der Aufbau von Objekten aus den zugehörigen Objektteilen naturgemäß eindimensional ist. Abb.3.5 stellt hierzu ein Beispiel dar, bei dem Blechteile eines speziellen Typs aus den mit den Symbolen a und b bezeichneten Teilstücken zusammengesetzt werden.

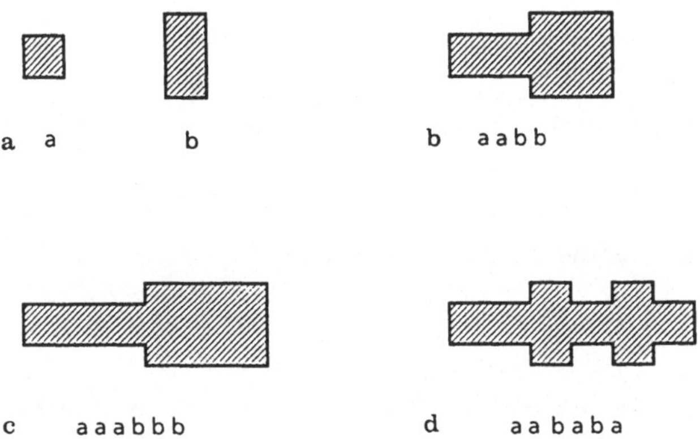

Abb.3.5.   (a) Teilstücke eines Blechteiles, (b) - (d) Darstellung unterschiedlicher Blechteile desselben Typs durch Symbolketten.

Allgemein wird davon ausgegangen, daß ein Objekt durch einfache Aneinanderreihung von links nach rechts aus den Objektteilen zusammensetzbar ist. Wenn die Verknüpfung aufeinanderfolgender Objektteile auf andere Art erfolgt, muß der zugehörige Verknüpfungsoperator durch ein eigenes Symbol gekennzeichnet werden. Beispielsweise könnte die Hochstellung der Symbole x und y in der Form x^y mit Hilfe des Verknüpfungsoperators h als xhy beschrieben werden.

In Anlehnung an die in der Literatur verbreitete Nomenklatur werden im folgenden sowohl die Objektteile als auch ggf. verwendete Verknüpfungsoperatoren als "Symbole" bezeichnet.

Wenn Objekte in charakteristischer Weise durch die Form ihrer Silhouette beschrieben werden können, dann kann die Beschreibung eines Objektes leicht mit Hilfe von Symbolen erfolgen, die charakteristische Linienelemente auf der Kontur der Silhouette repräsentieren. Ein Beispiel dafür ist das in Abb.3.6 aufgeführte Winkelstück, das sich mit Hilfe charakteristischer Linienelemente in Form von Ecken und Geradenstücken beschreiben läßt.

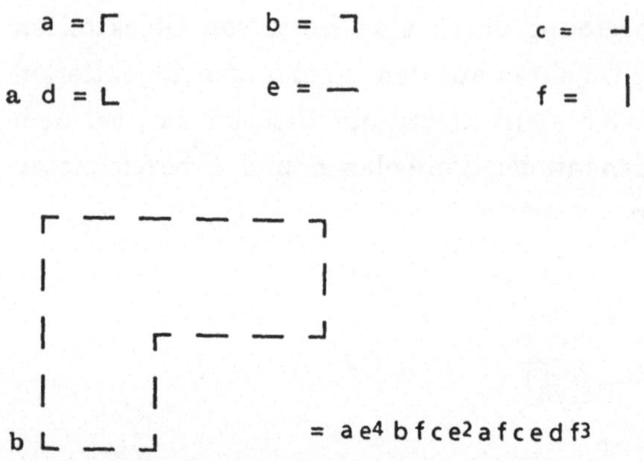

Abb.3.6. Charakteristische Linienelemente (a), die zur Beschreibung eines Objektes durch seine Silhouettenkontur (b) herangezogen werden können.

Der Merkmalsfindung in der numerischen Mustererkennung entspricht in der syntaktischen Mustererkennung die Findung geeigneter Objektteile und Verknüpfungsoperatoren. Im Hinblick auf die Bildauswertung kann die Darstellung von Objekten durch Symbolketten als die Approximation abgebildeter Objekte durch ein- oder zweidimensionale graphische Elemente aufgefaßt werden. Relevant für die Beschreibung sind nicht notwendigerweise solche graphischen Elemente, die zu einer subjektiv "guten" bildlichen Approximation der zu klassifizierenden Objekte führen, sondern solche, mit deren Hilfe sich signifikant unterschiedliche Symbolketten in Bezug auf die zu unterscheidenden Klassen bilden lassen. Bei der Auswahl derartiger Elemente sollte berücksichtigt werden, daß sich diese durch effiziente Verfahren aus dem Bild extrahieren lassen.

Für die Auswahl relevanter Graphikelemente sind keine systematischen Ansätze bekannt, die mit den in Kapitel 3.2.4 besprochenen Verfahren zur Merkmalsauswahl für numerische Klassifikationsverfahren vergleichbar sind.

Die syntaktischen Verfahren der Bedeutungszuweisung lassen sich auch auf höhere strukturelle Beschreibungsformen, wie Felder, Bäume und Graphen anwenden. Ein Ansatz besteht darin, diese höheren Beschreibungsformen auf einzelne Symbolketten, ungeordnete Mengen von Symbolketten oder geordnete Mengen von Symbolketten zurückzuführen. Die sich aus höheren Beschreibungsformen ergebenden Klassifikationsverfahren sind allerdings derart komplex, daß sie in der Praxis bisher keine Bedeutung erlangen konnten.

<u>Beispiel:</u> Der in Abb.1.5c unter Berücksichtigung der Teil-von-Relation enthaltene Baum soll als Symbolkette dargestellt werden. Hierbei werden folgende Vereinbarungen getroffen: Der Baum wird nach einem "Depth-first"-Schema durchlaufen. Der Übergang auf eine tiefere Hierarchieebene wird durch das Symbol [und der Übergang zu einer höheren Hierarchieebene durch das Symbol] bezeichnet. Dann kann der Baum, so wie er graphisch in Abb.1.5c dargestellt ist, in die folgende Symbolkette überführt werden:

SZENE [MONTAGEBLECH1 [BOHRUNG1 BOHRUNG2 RECHTECK-SCHLITZ] MONTAGEBLECH2 [BOHRUNG3 BOHRUNG4]]

Da die Teil-von-Relation ungerichtet ist, dürfen die Blätter des Baumes permutiert werden, ohne daß der Baum verändert wird. Dadurch entsteht für das Beispiel statt einer eindeutigen Symbolkette eine endliche Menge von Symbolketten.

3.3.2 Formale Beschreibung von Symbolketten

Es werden zwei Arten von Symbolen unterschieden: die terminalen und die nichtterminalen Symbole. Die terminalen Symbole

$$v_1, v_2, ..., v_n \in V_T \tag{3.52}$$

stehen für Verknüpfungsoperatoren oder für "Primitive", d.h. Objektteile, die selbst keine Struktur besitzen. Die Kennzeichnung der terminalen Symbole erfolgt im weiteren durch kleine Buchstaben.

Die nichtterminalen Symbole,

$$V_1, V_2, ..., V_n \in V_N \tag{3.53}$$

die durch Großbuchstaben gekennzeichnet werden, stellen Variable dar, die im Rahmen einer Symbolverarbeitung durch Symbole und Symbolketten nach vorgegebenen Regeln ersetzt werden können.

Eine Symbolkette wird definiert als Folge von Symbolen und wird bezeichnet mit $u = u_1 u_2 u_3 ... u_n$.

Die Zusammensetzung xy der Symbolketten x und y ist wie folgt festgelegt:

$$x = x_1 x_2 ... x_i ... x_n \qquad y = y_1 y_2 ... y_j ... y_m \qquad x_i, y_j \in V_T$$
$$xy = x_1 x_2 ... x_n y_1 y_2 ... y_m \tag{3.54}$$

Als neutrales Element wird die leere Kette eingeführt und mit λ bezeichnet. λ ist neutral im Hinblick auf die Operation "Zusammensetzung", d.h. $x\lambda = x = \lambda x$.

Die Menge aller möglichen Symbolketten einschließlich der leeren Symbolkette heißt $\mathbf{V}^*$. Mit $\mathbf{V}^+$ wird die Menge $\mathbf{V}^* - \{\lambda\}$ bezeichnet.

Beispiel: $\mathbf{V}_T = \{a, b\}$; $\mathbf{V}_T^* = \{\lambda, a, b, aa, ab, bb, ...\}$; $\mathbf{V}_N = \{T\}$
$\mathbf{V}_T^+ = \{a, b, aa, ab, bb, ...\}$; $(\mathbf{V}_N \cup \mathbf{V}_T)^* = \{\lambda, T, aa, bT, ...\}$

Die Länge einer Symbolkette x wird als Anzahl der Symbole in x definiert und mit $|x|$ bezeichnet. Dabei gilt:

$$|\lambda| = 0$$
$$|v| = 1 \quad \textit{für } v \in \mathbf{V}_T \tag{3.55}$$
$$|xy| = |x| + |y|$$

Ist $\mathbf{V}_T$ eine Menge terminaler Symbole und $\mathbf{V}_T^*$ die Menge aller möglichen Symbolketten über $\mathbf{V}_T$ einschließlich der leeren Kette, so wird jede Teilmenge $L \subseteq \mathbf{V}_T^*$ als *formale Sprache* über $\mathbf{V}_T$ bezeichnet.

Da die syntaktischen Verfahren der Bedeutungszuweisung ihren Ursprung in der Analyse natürlicher Sprache haben, sind auch folgende Begriffe eingebürgert, die im folgenden verwendet werden sollen:

$\mathbf{V}_T$, die Menge der terminalen Symbole, heißt *Alphabet*. Die Symbolkette $x \in \mathbf{V}_T^+$ über ein Alphabet $\mathbf{V}_T$ heißt *Wort*.

Die Menge der Objekte derselben Bedeutung wird in der numerischen Mustererkennung mit "Klasse" bezeichnet. Dem Begriff "Klasse" entspricht bei den syntaktischen Verfahren der Begriff der "formalen Sprache" L. Ziel der Bedeutungszuweisung ist es, herauszufinden, zu welcher Sprache L_t ein vorgegebenes Wort gehört.

Eine formale Sprache L kann beschrieben werden durch explizite Angabe der Menge aller möglichen Worte. Eine kompaktere Beschreibungsmöglichkeit für eine Sprache besteht darin, die Regeln anzugeben, nach denen aus einem vorgegebenen terminalen Alphabet alle Worte einer Sprache erzeugt werden können. Die Formulierung und Anwendung von Regeln setzt die Einführung von Variablen, d.h. die Verwendung eines nichtterminalen Alphabetes $\mathbf{V}_N$ voraus.

Beispiel: Terminales Alphabet $V_T = \{a, b\}$

Nichtterminales Alphabet $V_N = \{S, T\}$

Menge der Regeln $R = \{r_1, r_2, r_3\}$

mit $r_1:\ S \to a\,T\,b$

$r_2:\ T \to a\,b$

$r_3:\ T \to a\,T$

Mit $S \in V_N$ wird das sog. Startsymbol bezeichnet. Ausgehend von dem Startsymbol S können durch sequentielle Anwendung von Regeln folgendermaßen Worte erzeugt werden:

$r_1:\ aTb$

$r_3:\ aaTb$

$r_3:\ aaaTb$

$r_2:\ aaaabb$

Die Sprache, die hierdurch definiert wird, beinhaltet Worte wie *aabb*, *aaabb*, *aaaabb*, *aaaaabb*, usw..

Dieses Beschreibungsverfahren für eine Sprache $L \in V_T{}^*$ heißt eine *Grammatik*.

Nach Chomsky [CHOM59] ist eine Grammatik ein 4-Tupel der Form

$$G = (V_N, V_T, S, R),\qquad\qquad (3.56)$$

wobei $S \in V_N$ die Menge der Startsymbole beinhaltet.

Jede Regel hat allgemein die Form:

$$r_i:\ \beta_i \to \gamma_i \qquad i = 1, ..., M \qquad\qquad (3.57)$$

mit $\beta_i \in (V_N \cup V_T)^*\, V_N\, (V_N \cup V_T)^*$ und
$\gamma_i \in (V_N \cup V_T)^*$.

Statt dem Begriff der Regel wird in der Literatur häufig der gleichwertige Begriff der Produktion verwendet. Gl.3.57 besagt, daß auf der linken und rechten Seite der Regel Symbolketten aus terminalen und nichtterminalen Symbolen stehen, wobei auf der linken Seite mindestens <u>ein</u> nichtterminales Symbol stehen muß.

Gegeben seien die Teilketten

$$\beta_h, \beta_i, \beta_j, \gamma_i \in (V_N \cup V_T)^* .$$

Dann ergibt sich durch Anwendung der Regel nach Gl.3.57

$$\beta_v = \beta_h \beta_i \beta_j \rightarrow \beta_{v+1} = \beta_h \gamma_i \beta_j. \qquad (3.58)$$

Dies wird auch so ausgedrückt, daß β_{v+1} <u>direkt</u> aus β_v ableitbar ist und abgekürzt gekennzeichnet durch $\beta_v \rightarrow \beta_{v+1}$. Mit $\beta_\mu \rightarrow^* \beta_v$ wird dementgegen die Folge von Regelanwendungen

$$\beta_\mu = \beta_1 \rightarrow \beta_2 \rightarrow \beta_3 \rightarrow .... \rightarrow \beta_n = \beta_v \qquad \text{gekennzeichnet.}$$

Die Gesamtheit aller Worte v aus dem terminalen Alphabet V_T^*, die mit der Grammatik G über die Menge der Regeln R aus dem Startsymbol S erzeugt werden können, bilden die Sprache L(G).

$$L(G) = \{v \,|\, S \rightarrow^* v \text{ und } v \in V_T^*\} \qquad (3.59)$$

Durch Einschränkung der Regeln nach Gl.3.57 kann man eine Hierarchie von Grammatiken festlegen derart, daß eine Grammatik vom Typ i keine Sprache vom Typ i-1 erzeugen kann. Eine formale Sprache heißt dabei vom Typ i, wenn sie von einer Grammatik des entsprechenden Typs erzeugt werden kann.

Grammatiken werden wie folgt bezeichnet:

<u>Typ-0-Grammatik</u>, wenn die Regeln keinerlei Einschränkung unterliegen, d.h.

$$\beta_i \rightarrow \gamma_i \text{ mit } \beta_i \in (V_N \cup V_T)^* \, V_N (V_N \cup V_T)^* \text{ und}$$
$$\gamma_i \in (V_N \cup V_T)^* \qquad (3.60)$$

<u>Typ-1-Grammatik</u> oder <u>kontextsensitive</u> Grammatik, wenn sie nur Regeln der Gestalt

$$\beta_i \rightarrow \gamma_i \text{ mit } \beta_i \in (V_N \cup V_T)^* \, V_N (V_N \cup V_T)^*,$$
$$\gamma_i \in (V_N \cup V_T)^+ \text{ und } |\beta_i| \le |\gamma_i| \qquad (3.61)$$

enthält

<u>Typ-2-Grammatik</u> oder <u>kontextfreie</u> Grammatik, wenn sie nur Regeln der Gestalt

$$\beta_i = A_i \rightarrow \gamma_i \text{ mit } A_i \in V_N \text{ und } \gamma_i \in (V_N \cup V_T)^+ \qquad (3.62)$$

enthält, d.h. die linke Seite jeder Regel ein Nichtterminalsymbol darstellt.

<u>Typ-3-Grammatik</u> oder <u>reguläre Grammatik</u>, wenn nur Regeln der Gestalt

$$\beta_i = A_i \rightarrow \gamma_i = B_i a_i \text{ oder } \beta_i = A_i \rightarrow \gamma_i = a_i$$

oder
$$\beta_i = A_i \rightarrow \gamma_i = a_i B_i \text{ und } \beta_i = A_i \rightarrow \gamma_i = a_i$$
$$\text{mit } A_i, B_i \in V_N \text{ und } a_i \in V_T \cup \{\lambda\} \tag{3.63}$$

vorliegen.

Ein Ziel der syntaktischen Bedeutungszuweisung ist es, zu entscheiden, ob ein spezielles Wort zu einer bestimmten formalen Sprache gehört, d.h. wenn die Sprache durch eine Grammatik G beschrieben wird, ob die Grammatik G das spezielle Wort erzeugen kann oder nicht. Dies ist durch syntaktische Analyse - sog. Parsen - des zu analysierenden Wortes möglich. Für beliebige Grammatiken vom Typ 0 ist nicht grundsätzlich entscheidbar, ob ein bestimmtes Wort von dieser Grammatik erzeugt werden kann oder nicht. Für die Bedeutungszuweisung durch syntaktische Analyse sind Grammatiken vom Typ 0 deshalb nicht geeignet.

Für Sprachen vom Typ 1 ist beweisbar, daß mindestens ein Algorithmus existiert, mit dem nachweisbar ist, daß die zugehörigen Worte durch eine bestimmte Typ-1-Grammatik erzeugt werden können. Es treten beim Parsen jedoch erhebliche Probleme auf und deshalb scheiden für praktische Probleme der Bedeutungszuweisung Typ-1-Grammatiken weitgehend aus.

Von größter Bedeutung für den Bereich der syntaktischen Bedeutungszuweisung sind die Sprachen vom Typ 2, da eine Aussage über die Zugehörigkeit zu einer bestimmten Grammatik in einer endlichen Zeit möglich ist.

Für Grammatiken vom Typ 3 sind wegen der Einfachheit der erzeugten Sprache die Einsatzmöglichkeiten in der Praxis sehr beschränkt.

3.3.3 Klassifikation von Symbolketten

<u>Klassifikation aufgrund von Ähnlichkeitsmaßen</u>

Eine Möglichkeit, einem Wort eine Bedeutung zuzuweisen, besteht darin, daß man eine endliche Zahl von Worten bekannter Bedeutung vorgibt und überprüft, mit welchem Wort das unbekannte identisch ist oder wem es am ähnlichsten ist. Letzteres setzt die Verfügbarkeit eines geeigneten Ähnlichkeitsmaßes oder Abstandsmaßes voraus.

Ein derartiges Abstandsmaß ist der *Levenshtein*-Abstand. Führt man folgende Fehleroperationen ein

mit $\qquad \alpha, \beta \in V_T^*$ und $a, b \in V_T$

    1. Substitution: $\alpha\, a\, \beta \;\rightarrow\; \alpha\, b\, \beta$

    2. Auslassung: $\alpha\, a\, \beta \;\rightarrow\; \alpha\, \beta$

    3. Einfügung: $\alpha\, \beta \;\rightarrow\; \alpha\, a\, \beta$

so ist der Levenshtein-Abstand $d_L(x, y)$ zwischen zwei Worten x und y die minimale Anzahl der Fehleroperationen, die notwendig ist, um das Wort x in das Wort y zu überführen. Mit Fehleroperationen werden hier Produktionen bezeichnet, die Fehlerquellen simulieren.

Die Menge der Objekte einheitlicher Bedeutung kann in diesem Sinne durch Vorgabe einer oder mehrerer Referenzworte charakterisiert werden.

Klassifikation durch Parsen

Die Menge der Worte einer Bedeutung wird durch eine zugehörige Grammatik gekennzeichnet. Soll ein Wort in eine von N Klassen klassifiziert werden, so muß zunächst einmal für jede der N Klassen eine Grammatik G_1, G_2, ..., G_N entwickelt werden. Es muß dann für jede Grammatik individuell überprüft werden, ob das zu klassifizierende Wort v durch die Grammatik erzeugbar ist. Wie in Abb.3.7 dargestellt ist, wird das Wort den Klassen zugeordnet, durch deren Grammatik es erzeugbar ist:

$$c(v) = j_1, j_2, \ldots \quad \text{für} \quad v \in L(G_{j1}) \;\wedge\; v \in L(G_{j2}) \;\wedge\; \ldots$$

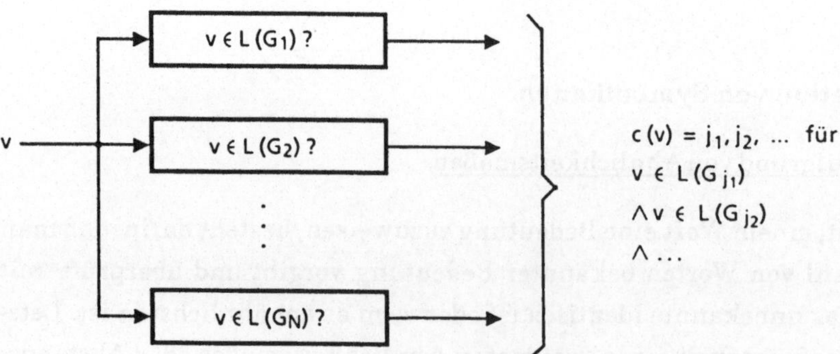

Abb.3.7.   Klassifikation eines Wortes v in N Klassen.

Wenn v zu keiner der Sprachen $L(G_1) ... L(G_N)$ gehört, muß das Wort als nicht klassifizierbar zurückgewiesen werden.

Die Überprüfung, ob ein Wort Element einer Sprache ist, bezeichnet man mit Parsen. Es wurde bereits darauf hingewiesen, daß für die Praxis die kontextfreien Sprachen gegenwärtig von größter Bedeutung sind. Es gibt für die grammatikalische Analyse kontextfreier Sprachen eine Reihe unterschiedlicher Algorithmen. Neben allgemeinen Verfahren, die für beliebige kontextfreie Grammatiken anwendbar sind, existiert eine Vielzahl von Verfahren, die jeweils nur für eine bestimmte Teilklasse von kontextfreien Grammatiken anwendbar sind. Für diese Teilklasse sind die entsprechenden Verfahren dann jedoch meist effizienter, als die allgemeinen Verfahren.

Bei der rein syntaktischen Klassifikation wird häufig zur syntaktischen Analyse eine Methode nach Early [EARL70] angewendet. Der Earleysche Parser ist auf beliebige kontextfreie Grammatiken anwendbar und hat in seiner ursprünglichen Form einen Zeitbedarf proportional zu n^3, wobei n die Länge des zu parsenden Strings darstellt. Eine Modifikation des Verfahrens kommt mit dem Zeitbedarf proportional zu $n^3/log\, n$ aus. Dieses Verfahren hat damit im Vergleich zu anderen den geringsten Zeitbedarf bei der Erkennung beliebiger kontextfreier Grammatiken.

Um Verständnis für den Prozeß des Parsens und die mit ihm verbundenen Schwierigkeiten zu vermitteln, sollen hier einige Ansätze und ein sehr einfaches Beispiel vorgeführt werden.

Die allgemeine Aufgabe des Parsens besteht darin, zu einer gegebenen Symbolkette v die Folge von Anwendungen der Regeln einer bestimmten Grammatik, auch Produktionen genannt, zu bestimmen, mit denen v aus S abgeleitet werden kann. Wenn in einer Symbolkette mehrere Alternativen zur Ersetzung von Symbolen bestehen, wird das am weitesten links bzw. rechts stehende zuerst ersetzt. Diese Vorgehensweise wird als Links- bzw. Rechtsableitung bezeichnet.

<u>Top-down-Parsen</u>

Das Top-down-Verfahren beginnt mit dem Symbol S und versucht durch aufeinanderfolgende Ersetzungen der nichtterminalen Symbole das vorgegebene Wort zu erzeugen. Es ist daher zielorientiert. Wenn die zu parsende Symbolkette die Form $v = v_1\, v_2\, ... \, v_v$ hat, besteht eine Vorgehensweise darin, von den zulässigen

Produktionen diejenigen für S auszuwählen, die links v_1 als terminales Symbol aufweisen. Ist keine derartige Regel vorhanden, wird die erste ausgewählt, die links ein nichtterminales Symbol erzeugt. Jetzt werden weitere Regeln so gesucht, daß links v_1 als terminales Symbol erzeugt wird. Ist man schließlich erfolgreich, wird die Restkette $v_2 v_3 \dots v_\nu$ in derselben Weise von links behandelt. Ist das Ziel noch nicht erreicht, und gibt es keine Regeln mehr, die weiterführen, müssen rückwärts die (offensichtlich fehlerhaften) Regelanwendungen rückgängig gemacht und Alternativen gesucht werden.

<u>Beispiel:</u> Gegeben sei eine Grammatik $G_B = (\mathbf{V}_N, \mathbf{V}_T, S, \mathbf{R})$, die zur Beschreibung von Blechteilen der Formen entsprechend Abb.3.5b und 3.5c geeignet ist,

mit $\mathbf{V}_N = \{S\}, \quad \mathbf{V}_T = \{a, b\}$

und $\mathbf{R} = \{r_1\colon S \to ab, \quad r_2\colon S \to aSb\}.$

Teilziel	anzuwendende Regel	Zwischenergebnis	Kommentar
a a a b b b		S	Start
	1	a b	String zu kurz, zurück
		S	
[a] a a b b b	2	[a] S b	Teilergebnis erreicht
a a b b b		S b	Start von Teilergebnis
			mit neuem Teilziel
	1	a b b	String zu kurz, zurück
		S b	
[a] a b b b	2	[a] S b b	Teilergebnis erreicht
a b b b		S b b	Start von Teilergebnis
			mit neuem Teilziel
[a b b b]	1	[a b b b]	Teilergebnis erreicht
			Neues Teilziel leer $\longrightarrow$
			Volle Übereinstimmung
			der Strings

Abb.3.8a. Top-Down-Parsen für v = aaabbb $\in$ L(G_B).

Das Parsen der Worte $aaabbb \in L(G_B)$ und $aaabb \notin L(G_B)$ nach den Regeln der Grammatik G_B ist für das Top-down-Verfahren in der Abb.3.8 dargestellt.

Durch häufiges Rückgängigmachen von Regelanwendungen und Suchen neuer Wege kann das Parsing ineffizient werden. Deswegen geht man bei der Auswahl einer Regel nicht nur nach der Reihenfolge in der Liste der Regeln vor, sondern führt vorher Tests durch, die eine bessere Anpassung an die momentane Situation gestatten. So können beispielsweise Regeln zurückgewiesen werden,

- weil sie auf mehr terminale Symbole führen, als in v vorhanden sind,

- weil sie auf weniger terminale Symbole führen, als in v vorhanden sind,

- weil sie ein terminales Symbol erzwingen, das in v nicht vorhanden ist,

- weil sie ein terminales Symbol verhindern, das in v vorhanden ist,

Teilziel	anzuwendende Regel	Zwischenergebnis	Kommentar
a a a b b		S	Start
	1	a b	String zu kurz, zurück
		S	
[a] a a b b	2	[a] S b	Teilergebnis erreicht
a a b b		S b	Start von Teilergebnis
			mit neuem Teilziel
	1	a b b	String zu kurz, zurück
		S b	
[a] a b b	2	[a] S b b	Teilergebnis erreicht
a b b		S b b	Start von Teilergebnis
			mit neuem Teilziel
	1	a b b b	String zu lang, zurück
		S b b	
	2	a S b b b	String zu lang, zurück
		S b b	Keine weiteren Regeln
			⟶ Abbruch

b

Abb.3.8b.   Top-Down-Parsen für v = aaabb $\notin L(G_B)$.

- weil das erste Symbol in der Produktion auch nach weiteren Ableitungen nicht auf das erste Symbol der Symbolkette v zurückgeführt werden kann.

Die Geschwindigkeit des Parsens wird entscheidend beeinflußt durch die Zurückweisung falscher Produktionen.

<u>Bottom-up Parsen</u>

Im Gegensatz zum top-down-Verfahren, bei dem durch sukzessive Anwendung der Produktionen ausgehend von S die terminale Symbolkette v gefunden wird, beginnt die bottom-up Methode mit dem Wort v und versucht durch rückwärtige Anwendung der Produktionen S zu erzeugen. Mit anderen Worten: Zunächst die terminale Symbolkette v und später die Zwischensymbolketten werden nach Teilketten durchsucht, die rechte Seiten einer Produktion sind. Dann werden sie durch die linke Seite der Produktion ersetzt.

3.3.4 Kombinierte syntaktisch-numerische Verfahren

Bei den Verfahren der syntaktischen Bedeutungszuweisung muß jede Variation der zu klassifizierenden Objekte durch entsprechende Produktionen abgedeckt werden. Das führt i.a. zu einer Aufblähung der Menge der Produktionen, die zum einen zu einem erhöhten Aufwand beim Parsen und zum anderen dazu führt, daß die durch die Grammatiken beschriebenen Sprachen nicht mehr disjunkt sind. Eine Möglichkeit, das Problem in den Griff zu bekommen, besteht darin, die Vielfalt der Erscheinungsmöglichkeiten der Objekte durch Verwendung von zusätzlichen numerischen Größen zu beschreiben. Hierzu sollen exemplarisch drei Ansätze dargestellt werden:

Beim *fehlerkorrigierenden Parsen* wird die Klassifikation eines Wortes aufgrund des numerischen Maßes des minimalen Abstandes des Wortes zu einer der infrage kommenden formalen Sprachen durchgeführt. Als numerisches Abstandsmaß kann der Levenshtein-Abstand $d_L(x, \mathrm{L}(G))$ eines Wortes x von einer Sprache $\mathrm{L}(G)$ dienen:

$$d_L(x, \mathrm{L}(G)) = Min\{d_L(x, z) \mid z \in \mathrm{L}(G)\} \tag{3.64}$$

Die Klassifikation in eine von L Klassen erfolgt dann nach der Regel

$$c(x) = i, \quad \text{wenn} \quad d_L(x, \mathrm{L}(G_i)) < d_L(x, \mathrm{L}(G_j)) \tag{3.65}$$

für alle $\quad i \neq j$ und $d_L(x, \mathrm{L}(G_i)) \leq D_{grenze}.$

Bei den *stochastischen Grammatiken* trägt ein numerisches Maß zur korrekten Klassifikation solcher Worte bei, die von mehreren Grammatiken gleichzeitig erzeugt werden können. Ordnet man jeder Produktionsregel einer Grammatik eine Wahrscheinlichkeit für ihre Anwendung zu, so läßt sich für jedes von ihr erzeugbare Wort der Sprache durch Multiplikation der Wahrscheinlichkeiten der zur Anwendung gekommenen Regeln die bedingte Wahrscheinlichkeit berechnen, daß das Wort durch die betrachtete Grammatik erzeugt worden ist. Das Wort wird dann der Klasse zugeordnet, für die die klassenbedingte Wahrscheinlichkeit am größten ist.

Sowohl beim fehlerkorrigierenden Parsen als auch bei den stochastischen Grammatiken ist mit jeder Anwendung einer Produktionsregel eine numerische Operation verbunden (Abstandsbestimmung oder Wahrscheinlichkeitsbestimmung). Die endgültige Klassifikation erfolgt bei beiden Verfahren mit Hilfe einer ermittelten numerischen Größe. Dieses Konzept der Bestimmung von numerischen Größen bei der Anwendung von Produktionen läßt sich verallgemeinern, wobei mit den numerischen Werten nicht unbedingt die Bedeutung des Wortes verbunden ist. Man gelangt dann zu den sogenannten *attributierten Grammatiken*.

Bei einer attributierten Grammatik wird jede Produktionsregel um eine sogenannte semantische Regel erweitert. Jedem Terminal und Nichtterminal wird eine Menge von Attributen zugeordnet. Die semantische Regel beschreibt, wie bei Anwendung der Produktionsregeln die Attribute der an der Produktionsregel beteiligten Terminale und Nichtterminale verändert werden. Geeignete Attribute werden in einem Merkmalsvektor zusammengefaßt, der nach erfolgreicher syntaktischer Analyse zur Verfügung steht. Aufgrund dieses Merkmalsvektors wird die endgültige Klassifikation mit Methoden der numerischen Mustererkennung durchgeführt. Attributierte Grammatiken stellen eine Hintereinanderschaltung von syntaktischer und numerischer Klassifikation dar.

Die Klassifikation durch fehlerkorrigierendes Parsen und mittels stochastischer Grammatiken sind Spezialfälle der Klassifikation mittels attributierten Grammatiken. Verfahren der syntaktischen Mustererkennung allgemein incl. attributierter Grammatiken, stochastischer Grammatiken und fehlerkorrigierender Grammatiken werden im Detail von Fu [FU82b] behandelt.

3.4 Kontextabhängige Verfahren

3.4.1 Prinzipien der kontextabhängigen Klassifikation

Bei der kontextabhängigen Klassifikation wird ein Objekt nie für sich allein klassifiziert, sondern, wie der Name bereits sagt, im Kontext mit einem oder mehreren anderen Objekten. Unter diesen anderen Objekten muß dabei mindestens <u>ein</u> Objekt der gleichen oder einer höheren Hierarchiestufe wie das betrachtete Objekt angehören.

Bei der kontextabhängigen Klassifikation findet also stets die Klassifikation einer *Struktur* statt. Im folgenden soll eine Struktur durch den 2-Tupel (S, R) beschrieben werden, wobei S die Menge der Objekte und R die Menge der zwischen den Objekten gültigen Relationen angibt.

Das Klassifikationsverfahren richtet sich im wesentlichen danach, in welcher Form die Struktur beschrieben ist. Von allen Möglichkeiten der Strukturbeschreibung sollen hier zwei Extremfälle unterschieden werden.

Im ersten Fall sei die Variabilität der Strukturen, die zu einer Klasse gehören, sehr groß. Die Strukturen werden dann durch ihre invarianten Eigenschaften beschrieben. Dazu gehören Relationen zwischen Nachbarn wie

- darf unmittelbar benachbart sein

- darf nicht unmittelbar benachbart sein

- muß ...

- größer als ...   usw..

Für die Objekte werden gleichzeitig mehrere Bedeutungen angenommen. Diese werden codiert als Likelihoodwerte oder Wahrscheinlichkeiten für eine Klassenzugehörigkeit. Die Likelihoodwerte bzw. Wahrscheinlichkeiten können zu Beginn beispielsweise mit den in Kapitel 3 beschriebenen Verfahren zur Ermittlung von $p(x|i)$ für die einzelnen Klassen i aus photometrischen und/oder geometrischen Merkmalen bestimmt werden. Durch iterative Verfahren wird dann versucht, die Objekte so zu klassifizieren, daß die vorgegebenen Relationen erfüllt werden. Die zugehörigen Verfahren sind die der *Relaxation*.

Im zweiten Fall sind die Strukturen der zu erwartenden Objekte bekannt. Das bedeutet, daß es eine Anzahl von Hypothesen über das Auftreten bestimmter Strukturen gibt. Letztere sollen Prototypen genannt werden.

Gegeben seien entsprechend Abb.3.9 die Struktur (S, R) und die Prototypen (B_i, R_i). Wenn wie dort die Struktur (S, R) dem Prototypen (B_1, R_1) ähnlicher ist als dem Prototypen (B_2, R_2), dann folgt für die Klassifikation der Objekte

$$c(S_i) = B_{1i} \qquad \text{für } i = 1 \dots 7 \tag{3.66}$$

Das wesentliche Problem besteht hierbei darin, die Ähnlichkeit von Strukturen auszudrücken. Die Ähnlichkeit beruht auf dem Vergleich

    1. der Objekte und deren Relationen, d.h. der Struktur und

    2. der Merkmale der Objekte.

Die Ähnlichkeit aufgrund der Merkmale wird üblicherweise bei kompatiblen Merkmalssätzen durch einen Abstand im n-dimensionalen Merkmalsraum ausgedrückt.

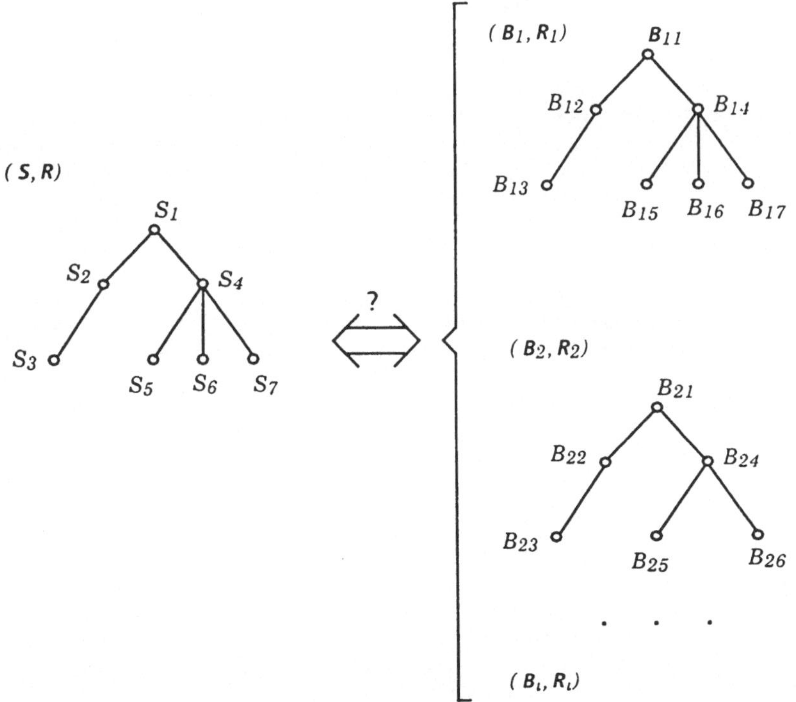

Abb.3.9.   Vergleich zwischen einer vorgegebenen Struktur (S, R) und bekannten prototypischen Strukturen (B_i, R_i).

Die Ähnlichkeit der Struktur läßt sich aufgrund systematischer Änderungen wie

- Einfügen von Knoten
- Auslassen von Knoten
- Vertauschen von Knoten

als minimale ggf. gewichtete Zahl von Modifikationen ausdrücken.

Die Ähnlichkeit bezüglich *beider* Komponenten wird sequentiell überprüft:

Zuerst wird die Struktur überprüft, damit dann im zweiten Schritt klar ist, welches Objekt mit welchem aufgrund seiner Merkmale verglichen werden soll. Das Problem wird dadurch wesentlich erschwert, daß die zu klassifizierende Struktur oder der Prototyp nur eine Teilstruktur oder eine gestörte Struktur darstellen können, wie das in Abb.3.10 angedeutet ist.

Die vorstehenden Probleme bestehen darin, sog. Morphismen zwischen Graphen zu finden. Die zugehörigen Verfahren sind die des Graph-Matching. Die Verfahren

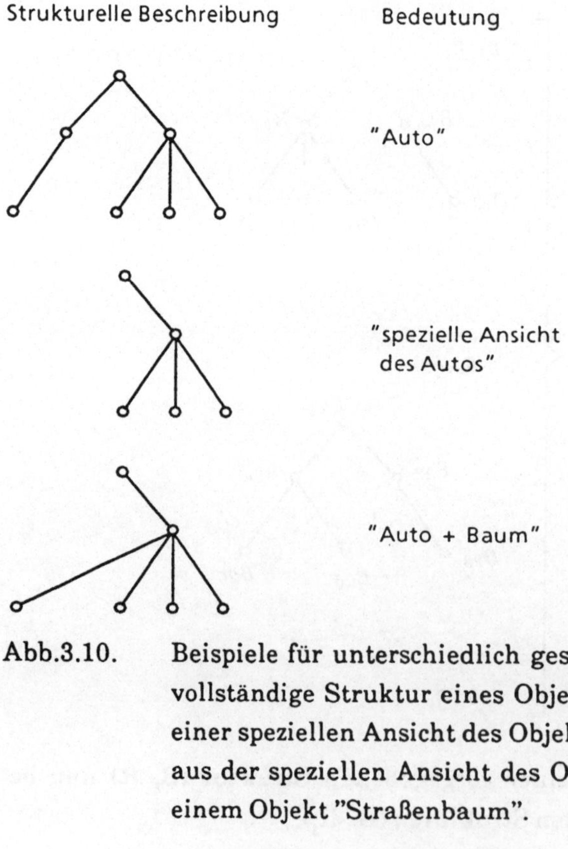

Abb.3.10. Beispiele für unterschiedlich gestörte Strukturen: (a) Vorgegebene vollständige Struktur eines Objektes "Auto"; (b) Störung aufgrund einer speziellen Ansicht des Objektes "Auto"; (c) Struktur bestehend aus der speziellen Ansicht des Objektes "Auto" in Verbindung mit einem Objekt "Straßenbaum".

sind i.a. recht aufwendig und sollen hier nicht weiter behandelt werden. Relevante Arbeiten finden sich in der unter 3.5 aufgeführten Literatur.

Schließlich ist es denkbar, daß die Prototypen aufgrund eines Verfahrens zu deren Erzeugung (z.B. Produktionssysteme) beschrieben sind. Klassifikationsverfahren sind in diesem Zusammenhang nur in den ersten Ansätzen bekannt.

3.4.2 Relaxation

3.4.2.1 Diskrete Relaxation

Die Relaxation geht von der in Abb.3.2a dargestellten Situation aus. Die Objekte 2.1 und 2.2, deren Bedeutungen ermittelt werden sollen, werden nur durch ihre Merkmale, nicht aber durch eine Struktur beschrieben. Sie stellen somit Primitive dar. Ziel der Relaxation ist es, den beteiligten Primitiven gleichzeitig eine Bedeutung zuzuweisen. Damit die diskrete Relaxation anwendbar ist, muß folgende Voraussetzung erfüllt sein:

Jedem Primitiv muß in Form eines Bedeutungsvektors eine Teilmenge der möglichen Bedeutungen zugeordnet werden. Dies kann z.B. dadurch geschehen, daß für jede mögliche Bedeutung ein zugehöriger Wert 0 oder 1 gesetzt wird, je nachdem ob das Primitiv die entsprechende zugeordnete Bedeutung besitzen kann oder nicht. Diese Voraussetzung kann beispielsweise durch eine vorangegangene numerische Klassifikation geschaffen werden.

Wenn die Voraussetzung erfüllt ist, kann die Bestimmung der Bedeutungen der einzelnen Primitive unter Berücksichtigung komplexer Abhängigkeiten zwischen den einzelnen Primitiven erfolgen. Ein wesentliches Merkmal der Relaxation ist, daß die Bedeutungsbestimmung iterativ durchgeführt wird.

Die Prinzipien der diskreten Relaxation sollen an einem Beispiel anschaulich erläutert werden. Gegeben sei das Bild eines Montageblechs gemäß Abb.3.11 zusammen mit dem segmentierten Bild und einer ersten symbolischen Beschreibung.

Die Primitive S_1-S_8 seien durch das Merkmal ihrer Grauwerte im ikonischen Bild gekennzeichnet. Die Primitive sollen klassifiziert werden in die Klassen $B_1 =$ Hintergrund $= H$, $B_2 =$ Metallfläche $= M$ und $B_3 =$ Lochbereich $= L$, wobei der räumliche Zusammenhang der Primitive als Kontext herangezogen wird.

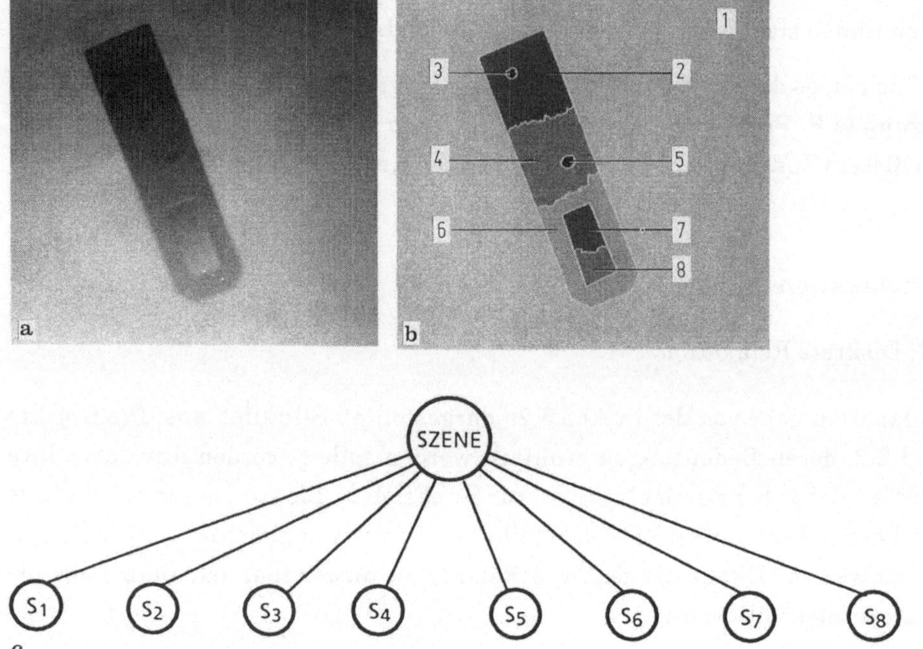

Abb.3.11.   Montagewinkel unter teilgerichteter Beleuchtung: (a) Ikonisches Bild, (b) Segmentiertes Bild, (c) erste symbolische Beschreibung.

Allgemein sei die Menge der Primitive wie folgt definiert:

$$S = \{S_1, S_2, ..., S_{|S|}\} \tag{3.67}$$

und die Menge der Bedeutungen

$$B = \{B_1, B_2, ..., B_{|B|}\} \tag{3.68}$$

Mit der Menge **B*** wird die Menge **B** zuzüglich des neutralen Elementes λ bezeichnet.

Die Primitive und ihre Bedeutung können durch einen |S|-Tupel beschrieben werden.

$$\{(S_1, B_\alpha), (S_2, B_\beta), ..., (S_{|S|}, B_\gamma)\} \quad mit\, B_b \in \mathbf{B^*} \tag{3.69}$$

Eine Verträglichkeit läßt sich darstellen durch eine Menge **V** aller |S|-Tupel, für die alle Bedeutungszuweisungen B_b zu den Primitiven S_s miteinander verträglich sind.

Aus rechentechnischen Gründen und Gründen der Dimensionalität des Problems wird folgende das Problem vereinfachende Hypothese eingeführt:

<u>Hypothese 1</u>: Es läßt sich eine Nachbarschaftsrelation zwischen den Primitiven definieren, derart, daß eine *lokal* richtige Bedeutungszuweisung der Primitive zu einer *global* richtigen Bedeutungszuweisung führt.

Lokalität stellt hierbei eine Beschränkung auf jeweils ein Primitiv und dessen Nachbarn dar. Die Hypothese 1 reduziert das Problem zu dem der Bedeutungszuweisung zu den Knoten eines Graphen. Jeder Knoten des Graphen stellt dabei ein Primitiv dar, während die Kanten zwischen den Knoten die Nachbarschaftsrelation widerspiegeln. Die Relaxation wird von den meisten Autoren in dieser Weise behandelt. Der Nachbarschaftsgraph für die Szene in Abb.3.11 ist in Abb.3.12 dargestellt.

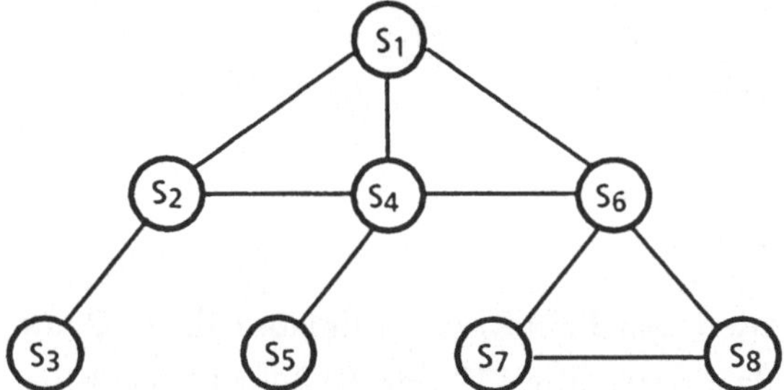

Abb.3.12.　　Nachbarschaftsgraph der in Abb.3.11c dargestellten Primitive.

Hat jedes Primitiv n Nachbarn, so müßte eine Verträglichkeitsrelation durch die Menge aller miteinander verträglichen $(n+1)$-Tupel

$$[(S_s,B_b), ((S_{s'},B_{b'}), s'\in N_s)] = [(S_s,B_b), \text{ für alle } s'\in N_s^*] \tag{3.70}$$

beschrieben werden. Dabei stellt N_s die Menge der Indizes aller n Nachbarn und N_s^* die Menge der Indizes aller n Nachbarn <u>einschließlich</u> des betrachteten Primitivs S_s selbst dar.

Die Problematik dieser Art der Verträglichkeitsüberprüfung besteht darin, daß die Anzahl n der Nachbarn für jedes Primitiv gleich sein muß, wenn nicht für jedes Primitiv eine eigene Verträglichkeitsrelation definiert werden soll. Aus diesem Grunde wird bei der diskreten Relaxation i.a. eine weitere Hypothese zugrundegelegt:

<u>Hypothese 2</u>: Zur Erzielung lokaler Verträglichkeit ist es ausreichend, die Verträglichkeit von Paaren benachbarter Primitive zu fordern.

Die Verträglichkeit, d.h. in diesem Fall die Menge V aller verträglichen Bedeutungszuweisungen zu benachbarten Primitiven, enthält dann nur noch 2-Tupel

$$V = \{(S_s, B_b), (S_s, B_b,)\} \tag{3.71}$$

Die 2-Tupel lassen sich auch in Form einer Verträglichkeitsmatrix formulieren. Für das Beispiel von Abb.3.11 kann man die Tatsache, daß B_1 = "Hintergrund" nie einem B_3 = "Lochbereich" benachbart sein darf wie folgt als Verträglichkeitsmatrix entsprechend Tabelle 3.1 ausdrücken.

Tabelle 3.1.　　　　Verträglichkeitsmatrix für das Beispiel nach Abb.3.11.

	B_1 = H	B_2 = M	B_3 = L
B_1' = H	1	1	0
B_2' = M	1	1	1
B_3' = L	0	1	1

In einem Vorverarbeitungsschritt werden den Primitiven aufgrund ihrer Grauwerte in Abb.3.11a die in Tabelle 3.2a durch eine "1" des Bedeutungsvektors gekennzeichneten Bedeutungen zugewiesen.

Bei der diskreten Relaxation wird anschließend für alle Primitive iterativ die Teilmenge der möglichen Bedeutungen reduziert. Diese Reduzierung erfolgt nach dem "Waltz-Filteralgorithmus" entsprechend Abb.3.13.

PROZEDUR: <u>Waltz-Filteralgorithmus</u>

BEGIN

    DO UNTIL globale Konsistenz erreicht ist

        behalte eine Bedeutung in der Teilmenge der möglichen Bedeutungen für ein Primitiv dann und nur dann, wenn für jedes Nachbarprimitiv eine verträgliche Bedeutung in der zugehörigen Teilmenge der möglichen Bedeutungen enthalten ist.

    ENDDO

END

Abb.3.13.　　　　Prozedur Waltz-Filteralgorithmus.

Angewendet auf das Beispiel ergibt sich das in Tabelle 3.2b dargestellte Resultat, das sich auch durch weitere Iterationen nicht mehr ändert. Für die Primitive S_4 und S_6 konnte die Mehrdeutigkeit der Bedeutungszuweisungen auf die eindeutige Bedeutung "Metallfläche" reduziert werden. Für das Primitiv S_7 ist keine eindeutige Bedeutungszuweisung möglich. Hier könnte zusätzlich a priori Wissen, z.B. über die Form oder Größe des auftretenden Schlitzes von Nutzen sein. Es ist auch prinzipiell möglich, daß einem Primitiv keine Bedeutung zugewiesen werden kann.

Tabelle 3.2.   Diskrete Relaxation nach dem Waltz-Filteralgorithmus für das Beispiel der Abb.3.11.

Primitiv	(a) Anfangswerte der Bedeutungszuweisung			(b) Ergebnis des ersten Iterationsschrittes		
	$B_1 = H$	$B_2 = M$	$B_3 = L$	$B_1 = H$	$B_2 = M$	$B_3 = L$
S_1	1	0	0	1	0	0
S_2	0	1	0	0	1	0
S_3	0	0	1	0	0	1
S_4	1	1	0	0	1	0
S_5	0	0	1	0	0	1
S_6	1	1	0	0	1	0
S_7	1	1	0	1	1	0
S_8	1	0	0	1	0	0

Das Verfahren der diskreten Relaxation weist insbesondere zwei Schwachstellen auf:

1.   Eine Bedeutung, die einmal eliminiert worden ist, läßt sich später nicht mehr zurückgewinnen.

2.   Es gibt praktisch keine Möglichkeiten der differenzierten Wichtung bei der iterativen Berechnung der Bedeutungswerte.

Diese Probleme können dadurch gelöst werden, daß man Bedeutungen durch kontinuierliche Werte kennzeichnet. Das Verfahren wird dann als "kontinuierliche Relaxation" bezeichnet.

3.4.2.2 Kontinuierliche Relaxation

Statt den Primitiven in einem Vektor die möglichen Bedeutungen zuzuweisen, kann man auch wie folgt vorgehen:

Jedem Primitiv ist in Form eines Bedeutungsvektors für jede Bedeutung eine Verträglichkeit zugeordnet, die ein Maß dafür ist, mit welcher Erwartung das Primitiv die entsprechende Bedeutung besitzt.

Bei der kontinuierlichen Relaxation werden für alle Primitive iterativ die Werte der zugeordneten Verträglichkeiten verändert. Zu jedem Primitiv aus der Menge der zu klassifizierenden Primitive $S = \{S_s;\ s = 1, ..., |S|\}$ gehört ein Verträglichkeitsvektor p mit $|B|$ Komponenten, wobei die b-te Komponente $p_s(b)$ angibt, mit welcher Verträglichkeit das Primitiv S_s die Bedeutung B_b besitzt.

Die Bestimmung der Verträglichkeiten $p_s(b)$ erfolgt in einem iterativen Prozeß. Die Verrträglichkeit $p_s^{k+1}(b)$ für den Schritt $k+1$ berechnet sich aus den Verträglichkeitsvektoren p_s^k des vorangegangenen k-ten Schrittes gemäß

$$p_s^{k+1}(b) = F_b^* \left[p_1^k, ..., p_{|S|}^k \right] \tag{3.72}$$

mit geeigneten Anfangswerten $p_1^0, ..., p_{|S|}^0$.

Die Anfangswerte müssen in einem Vorverarbeitungsschritt, z.B. durch eine numerische Klassifikation mit den in Kapitel 3.2 beschriebenen Verfahren unter Zuhilfenahme der in Kapitel 2.3.4 beschriebenen Merkmalen, ermittelt werden.

Die Berechnung von Gl.3.72 kann für alle Objekte und alle Bedeutungen gleichzeitig erfolgen. Die Relaxation ist danach ein Verfahren, das gut parallelisierbar ist.

Die allgemeine Formulierung der Iterationsvorschrift nach Gl.3.72 erlaubt eine sehr vielfältige Berücksichtigung der Interaktion der verschiedenen Verträglichkeitsvektoren der Primitive. Aus rechentechnischen Gründen, und aus Gründen der Dimensionalität des Problems werden bei der praktischen Anwendung der kontinuierlichen Relaxation Vereinfachungen durchgeführt, die den oben formulierten Hypothesen 1 und 2 bei der diskreten Relaxation entsprechen. Dann ergibt sich vereinfachend

$$p_s^{k+1}(b) = F_b \left(\left| c_{ss'}(b, b') \right|, p_{s'}^k\ mit\ s' \in N_s^* \right) \tag{3.73}$$

Dabei stellt $[c_{ss'}(b, b')]$ eine vierdimensionale Verträglichkeitstabelle für Paare benachbarter Primitive dar, die angibt, wie verträglich die Bedeutungszuweisung B_b zu dem Primitiv S_s mit der Bedeutungszuweisung $B_{b'}$ zu dem benachbarten Primitiv $S_{s'}$ ist. Nimmt man zusätzlich an, daß die Iterationsvorschrift für die Berechnung aller Komponenten des Verträglichkeitsvektors dieselbe ist, ergibt sich

$$p_s^{k+1}(b) = F\left(\left[c_{ss'}(b, b')\right], \mathbf{p}_{s'}^k, \quad mit \quad s' \in N_s^*\right). \tag{3.74}$$

Ein Beispiel stellt der sog. Rosenfeld-Ansatz [PELE78, PELE80, WANG82] dar.

$$q_{ss'}^k(b) = \sum_{b'} c_{ss'}(b, b') \cdot p_{s'}^k(b') \tag{3.75a}$$

$$q_s^k(b) = \sum_{s' \in N_s^*} a_{ss'} \cdot q_{ss'}^k(b) \tag{3.75b}$$

$$p_s^{k+1}(b) = \frac{p_s^k(b)\left[1 + q_s^k(b)\right]}{\sum_{b'} p_s^k(b')\left[1 + q_s^k(b')\right]} \tag{3.75c}$$

Gl.3.75a berechnet für *einen* Nachbarn $S_{s'}$ einen Faktor, der die Berücksichtigung aller $|B|$ möglichen Bedeutungen $B_{b'}$ beinhaltet. In Gl.3.75b wird ein gewichteter Mittelwert des Faktors mit dem Gewicht $a_{ss'}$ über alle Nachbarn berechnet. In Gl.3.75c erfolgt sowohl die Iteration des Verträglichkeitsvektors als auch gleichzeitig die Normierung auf den Wertebereich [0,1].

Neben Gl.3.75 gibt es eine Vielzahl anderer arithmetischer und nichtarithmetischer Ansätze in der Literatur.

3.5 Literaturhinweise

<u>Numerische Verfahren:</u>

Das Gebiet der numerischen Verfahren der Bedeutungszuweisung kann als grundsätzlich abgeschlossenes Gebiet angesehen werden. Dementsprechend existiert auch bereits eine Reihe von Lehrbüchern, die auch entsprechende Literaturübersichten enthalten. Exemplarisch seien hier folgende Lehrbücher aufgeführt: [FUK72, MEI72, TOU74, AGR77, DEVI82, NIE83].

Syntaktische Verfahren:

Die meisten Probleme der syntaktischen Verfahren der Bedeutungszuweisung können, abgesehen von dem automatischen Lernen der Produktionsregeln einer Grammatik, als weitgehend gelöst betrachtet werden. Für die Darstellung der grundlegenden Probleme der syntaktischen Mustererkennung gibt es eine Reihe von Lehrbüchern wie z.B. [FU74, SALO78, FU82a, FU82b, MAY82, NIE83]. Die folgenden Veröffentlichungen können als Ergänzung für spezielle Aspekte dienen:

- Distanzmaße zwischen Strings: [ABE82],
- Fehlerkorrigierendes Parsing: [ABE82, YOU80],
- Stochastische Sprachen: [FU73],
- Attributierte Grammatiken: [FU82a, FU82b, TSAI80, YOU79, YOU80],
- Bildbeschreibungssprachen: [WINK78].

Kontextabhängige Verfahren:

Von allgemein besonderer Bedeutung sind hier die Relaxationsverfahren. Die folgende Übersicht gibt tabellarisch wichtige Arbeiten auf diesem Gebiet wieder:

- zur Theorie der Relaxation
  a) lineare Relaxation: [PAV77],
  b) diskrete Relaxation: [KIT79, ZUCK76],
  c) kontinuierliche Relaxation: [FAUG81a, FAUG81b, FEK81, HAR79, HAR83a, HAR83b, PAV77, PELE79, PELE80, ROS77, ZUCK76, ZUCK78a, ZUCK78b],

- zu Verträglichkeitskoeffizienten und Konvergenz: [FAUG81a, FAUG81b, HAR80, ZUCK78a, ZUCK78b],

- zum Vergleich verschiedener Ansätze, hier Ansatz von Rosenfeld und Ansatz von Peleg: [PELE78, PELE80, WANG82],

- zur Relaxation als Optimierung: [FAUG80, FAUG81a, FAUG81b, FAUG82],

- zur Verallgemeinerung der Relaxation: [HAR83a, HAR83b, HAY80, KUS82, ZUCK78],

- zu Anwendungen der Relaxation auf Pixel und Regionen: [EKLU80, FEK81, KUS82, PRAG80, PELE80, RICH81a, RICH81b, ROS77, ZUCK76, ZUCK77, DANK81],

- zu Anwendungen auf relationale Strukturen: [KIT79],

- zu Anwendungen zur Formbestimmung: [DAVI79, RUTK81],

- zu sonstigen Anwendungen: [HAY80, ROS77, ZUCK76, ZUCK78].

Die Graph-Match-Verfahren bauen darauf auf, einen Vergleich zwischen attribuierten relationalen Graphen durchzuführen. In dem Zusammenhang finden sich Literaturbeispiele

- über relationale attribuierte Graphen bei [BALL82, BUNK83, SHAP81, TSAI79],

- über die Durchführung eines exakten Match bei [HAR79, SHAP78, SHAP81, SHAP82],

- über die Durchführung eines inexakten Match bei [BUNK83, SHAP81, TSAI79, TSAI83],

- über Suchstrategien zum Matchen bei [GHA80, KIT80, SHAP81, TSAI79],

- und über Anwendungen bei [BUNK83, SANF83, TSAI79, TSAI83].

4 Wissensdarstellung und Wissensnutzung

4.1 Einführung

Als Vorgaben für eine wissensbasierte Bildanalyse werden benötigt

- das zu analysierende Bild,

- die Prozeduren zur Bildverarbeitung und Bedeutungszuweisung,

- die Wissensbasis, die die für die Analyse des Bildes relevanten
  Wissensinhalte enthält,

- die Spezifikation des Zieles der Bildanalyse.

Die Zusammenhänge sind in Abb.4.1 dargestellt. Die Prozeduren der Bildanalyse
werden benutzt, um aus einem Bild den in Kapitel 1 beschriebenen hierarchischen
Bildbeschreibungszustand (HBBZ) schrittweise abzuleiten. Der schrittweisen Entwicklung von Folgeknoten im HBBZ entspricht die Aufstellung von Hypothesen
zur verfeinerten Beschreibung, wobei die Hypothesen aus den Wissensinhalten der
Wissensbasis und dem HBBZ hergeleitet werden. Bei der Aufstellung der Hypothesen sind die Anforderungen an den HBBZ zu beachten, d.h. Objekte müssen
durch Teil-von Relationen verknüpft sein. Wenn man diese Bedingung fallen läßt,
kommt man zu Interpretationen, die u.U. losgelöst von Bildern sind. Da wir uns
hier aber ausschließlich mit der Interpretation von Bildern beschäftigen wollen,
sollen derartige Möglichkeiten hier nicht verfolgt werden.

Da das Bild in der Regel einer 3D-Szene entspringt, lassen sich in Anlehnung an
Abb.1.11 im HBBZ Bild, Bildbereichshinweise und Szenenbereichshinweise unterscheiden. Dem HBBZ steht das Modell bestehend aus dem synthetischen Bild, der
Bildskizze und der Szenenskizze gegenüber. Das Modell entspringt der sog. generi-
schen Modellbeschreibung, die einen wesentlichen Teil der Wissensbasis darstellt.

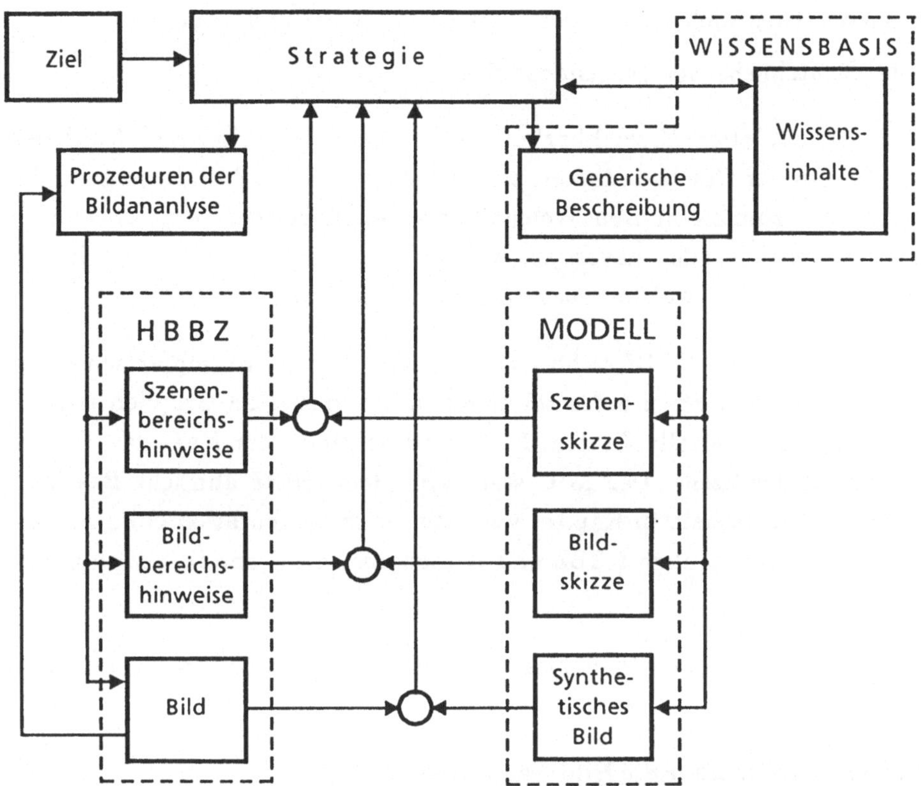

Abb.4.1.   Komponenten der wissensbasierten Bildanalyse.

Das Grundprinzip der Bildanalyse besteht hier darin, in systematischer Weise auf der einen Seite den HBBZ und auf der anderen Seite das Modell so lange zu modifizieren, bis sich diese beiden Komponenten entsprechen. Dann gilt das Bild als durch das Modell und dessen Eigenschaften erklärt bzw. verstanden. Die Ähnlichkeit zwischen HBBZ und Modell wird dabei durch Vergleich auf den drei einander zugeordneten Ebenen, der Bildpunktebene, der Bildsegmentebene und der Szenenbereichsebene, durchgeführt. Die Aufgabe der Strategie der Bildanalyse ist es, im Hinblick auf das spezifizierte Ziel und unter Berücksichtigung der gegebenen Wissensinhalte in der Wissensbasis die Analyse zu steuern.

Die verschiedenen Anwendungen der Bildanalyse unterscheiden sich u.a. darin

- inwieweit der HBBZ und das Modell explizit oder implizit repräsentiert sind,

- ob nur das Modell, nur der HBBZ oder beide im Laufe der Bildanalyse entwickelt werden und inwieweit die Entwicklung erfolgt,

- in der Wahl des Maßes für die Ähnlichkeit von HBBZ und Modell,

- in der Strategie bei der Vorgehensweise.

Neben der prinzipiellen Erreichbarkeit des Zieles spielen bei der Wahl der Strategie Fragen der Geschwindigkeit eine erhebliche Rolle, d.h. Strategien, die möglichst schnell zum Ziel führen. Welche Verfahren in welcher Form anwendbar sind hängt wesentlich auch davon ab, welcher Art die Wissensinhalte in der Wissensbasis sind und in welcher Form sie repräsentiert sind.

In Kapitel 1 wurde ein HBBZ (Abb.1.7) in einem Beispiel exemplarisch einer Modellbeschreibung in Form eines relationalen attributierten Graphen (RAG), (Abb.1.5c) gegenübergestellt. In dem Falle repräsentierte der RAG das Wissen über den Inhalt der Szene. Der RAG stellt eine dem HBBZ ähnliche Beschreibungsform dar, die deshalb in Kapitel 1 zur Wissensrepräsentation gewählt worden war, weil sie anschaulich HBBZ und Wissen über die Szene in Beziehung zu setzen gestattet.

Wissensinhalte, die für die Bildanalyse von Bedeutung sind, lassen sich einteilen in:

- **Wissensinhalte über die Bilderzeugung**

    (a) Wissen über die für die Bildentstehung relevanten Objekte, deren Eigenschaften und Beziehungen,

    (b) Wissen über die Beleuchtung,

    (c) Wissen über die Kameraposition, deren Orientierung, die abbildenden Eigenschaften und sonstigen relevanten Eigenschaften des physikalischen Wandlers

- **Wissensinhalte über die Zusammenhänge zwischen den Objekten** und deren Erscheinungsformen auf verschiedenen Abstraktionsniveaus,

- **allgemeine Wissensinhalte** über die Bereiche der Physik, Mathematik, Chemie, Biologie, Logik usw. Das beinhaltet u.a. Wissen über die Physik der Abbildung, d.h. Perspektive, Reflexion sowie Schattenwurf und Wissen über Strategien wie Maximierung, Minimierung usw.

- **Wissen über die Verfahren der Bildanalyse**

    (a) welche Verfahren sind wofür geeignet,

(b) welche Verfahren sind vorhanden,

(c) wie werden die Verfahren verwendet (Datenstruktur und Datentyp
     für Eingangs- und Ausgangsgrößen, Parameter, deren
     Wertebereiche und Defaultwerte, Initialisierung der Verfahren,
     mögliche nachfolgende Verfahren usw.)

(d) Strategien, um bestimmte Ziele zu erreichen (Objekte zählen,
     Kreise finden usw.)

Zur Repräsentation der Wissensinhalte gibt es außer dem relationalen attributierten Graphen (RAG) noch andere Formen, die u.U. zur Codierung geeigneter
sind. Deshalb soll das Problem der Wissensdarstellung und Wissensnutzung im
Zusammenhang mit Aufgaben der Bildanalyse im folgenden detaillierter behandelt werden.

4.2 Grundbegriffe der Wissensdarstellung

Wissen beinhaltet stets zwei Komponenten. Es besteht aus

a) Daten und/oder Fakten und

b) Wissen darüber, wie die Daten bzw. Fakten genutzt werden können.

Das sei an einem Beispiel erläutert: Gegeben sei das segmentierte Bild eines Mon-
tageblechs nach Abb.1.5b. Zur Findung der Bohrungen, d.h. von kreisförmigen
Konturen im Bild steht eine Hough-Transformation nach Gl.2.64 zur Verfügung.
Die Prozedur "Hough-Transformation für Kreise" und das Datum "segmentiertes
Bild", das von der Hough-Transformation verarbeitet werden kann, stellen zu-
sammen Wissen über das Vorhandensein von Kreisen im Bild dar.

Die Daten bzw. Fakten werden als *deklarative Wissensrepräsentationsform*, die
Verfahren zur Nutzung der Daten bzw. Fakten als *prozedurale Wissensrepräsentationsform* bezeichnet. Jeder Wissensinhalt kann sowohl bevorzugt deklarativ als
auch bevorzugt prozedural ausgedrückt werden. Beispielsweise könnte der Wissensinhalt über die runde Form eines Objektes im Rahmen einer bevorzugt
deklarativen Wisensrepräsentationsform durch das Faktum

$$\text{"Das Objekt ist rund"} \tag{A 4.1}$$

ausgedrückt werden. Derselbe Wissensinhalt könnte im Rahmen einer bevorzugt
prozeduralen Wissensrepräsentationsform wie folgt lauten:

"Bestimme den Schwerpunkt des Objektes. Miß den   (A 4.2)
Abstand vom Schwerpunkt zu jedem Punkt am Ob-
jektrand. Vergleiche die Abstände miteinander.
Wenn alle Abstände innerhalb eines vorgegebenen
Toleranzbereiches liegen, dann ist das Objekt rund."

Die beiden Wissensrepräsentationsformen dienen zwar der Beschreibung desselben Wissensinhaltes, sind aber von verschiedener Qualität.

Ein Qualitätsunterschied betrifft die Austauschbarkeit der Wissensinhalte. Wenn in einem anderen Beispiel das Objekt nicht rund, sondern eckig ist, braucht bei der deklarativen Wissensrepräsentationsform in der Deklaration (A 4.1) das Attribut "rund" nur durch das Attribut "eckig" ersetzt zu werden, um wieder zu einer korrekten Darstellung des Wissensinhaltes über die Form zu führen. Wird die prozedurale Wissensrepräsentationsform gewählt, ist es sehr schwer, den Wissensinhalt auszutauschen. Das kann man sich dadurch klar machen, indem man selbst einmal versucht, eine der prozeduralen Form nach Ausdruck (A 4.2) äquivalente Form für "eckig" zu finden.

Ein anderer Qualitätsunterschied betrifft die Effizienz der Wissensrepräsentationsformen bei der Anwendung. Für die Praxis hat die prozedurale Repräsentationsform oft den großen Vorteil, daß sie angibt, wie der Wissensinhalt überprüft werden muß. Die Formulierungen sind darüber hinaus meist so, daß der angegebene Weg effizient hinsichtlich der Verarbeitungsgechwindigkeit ist. Im Falle der deklarativen Wissensrepräsentationsform wird nicht direkt angegeben, wie der Wissensinhalt zu überprüfen ist. Die allgemeinere deklarative Form führt meist zu ineffizienten Verfahren.

Damit ergibt sich folgende Gegenüberstellung: Deklarativ repräsentierte Wissensinhalte sind leicht austauschbar, aber ineffizient überprüfbar. Diese Repräsentationsform sollte dort gewählt werden, wo hohe Flexibilität gefordert ist. Prozedural repräsentierte Wissensinhalte sind schwerer austauschbar, aber effizient überprüfbar. Diese Repräsentationsform sollte in den Fällen gewählt werden, in denen große Datenmengen zu verarbeiten sind und Flexibilität von untergeordneter Bedeutung ist.

Meist gibt es aber eine im Hinblick auf die weitere Nutzung zweckmäßigste Repräsentationsform.

Da Daten bzw. Fakten ohne ein Verfahren zu ihrer Nutzung oder ein Daten-
nutzungsverfahren ohne zu nutzende Daten bzw. Fakten sinnlos sind, ist es auch
nicht sinnvoll einen Wissensinhalt ausschließlich in deklarativer oder ausschließlich in prozeduraler Form darstellen zu wollen.

Wissensinhalte, die so formuliert sind, daß sie vom Menschen unmittelbar
verstanden werden, heißen *explizit repräsentierte Wissensinhalte*. Beispielsweise
wird durch die Formulierung

$$\text{OBJEKT (RUND)} = \text{WAHR} \qquad\qquad (A\ 4.3)$$

der Wissensinhalt, daß das Objekt rund ist, unmittelbar verständlich. Wird der
Wissensinhalt erst aus dem Ergebnis einer Handlung, wie z.B. der Transformation
einer Sammlung von Fakten, einer umfangreichen Analyse oder im Zusammenhang mit einer prozeduralen Repräsentationsform erst aus der Anwendung
ersichtlich, dann wird von einem *implizit repräsentierten Wissensinhalt* gesprochen. Ein Beispiel stellt die Folge in FORTRAN codierter Anweisungen in (A 4.4)
dar.

```
        . . .
NPUNKT = 90
CALL DIST(A, D, NPUNKT)


F = 0.
DO INDEX = 1, NPUNKT
    F = F + D(INDEX)                    (A 4.4)
ENDDO


IF (F .LT. 1.E-2) THEN
    KREIS = .TRUE.
ELSE
    KREIS = .FALSE.
ENDIF
        . . .
```

Die Tatsache, daß mit dieser Repräsentation der Wissensinhalt über die Überprüfung einer Objektform auf Rundheit verknüpft ist, ist nicht unmittelbar
veständlich, und daher gilt der Wissensinhalt durch (A 4.4) als *implizit* repräsentiert.

Zur Formulierung von Wissensinhalten in den heute verbreiteten informationsverarbeitenden Systemen haben sich, je nachdem ob die Wissensinhalte implizit oder explizit, deklarativ oder prozedural repräsentiert werden, die in der Tabelle 4.1 aufgeführten Codierungsformen als besonders nützlich herausgestellt. Sie sollen im folgenden näher erläutert werden.

Tabelle 4.1.   Wissenscodierungsformen.

Wi-Repräs.	prozedural	deklarativ
implizit	Algorithmen	Parameter
explizit	Regeln	Fakten

Algorithmen

Algorithmen stellen komplette Handlungsvorschriften zur Manipulation von Datenbeständen dar. Sie unterstützen damit insbesondere die Formulierung prozedural repräsentierter Wissensinhalte. In informationsverarbeitenden Systemen wird die Implementierung von Algorithmen vorzugsweise anweisungsorientiert durch Programmiersprachen wie FORTRAN, C, PASCAL usw., bzw. vorzugsweise funktionsorientiert durch Programmiersprachen wie LISP unterstützt. Die Darstellung und Nutzung eines Wissensinhaltes in der Form eines Algorithmusses mit Hilfe einer sog. algorithmischen Programmiersprache stellt die effizienteste Möglichkeit im Zusammenhang mit den derzeit verfügbaren informationsverarbeitenden Systemen dar und wird deshalb immer dann bevorzugt, wenn hohe Verarbeitungsgeschwindigkeiten gefordert sind.

Der mit dem Algorithmus verknüpfte Wissensinhalt ist i.a. implizit repräsentiert. Die Modifikation des Wissensinhaltes gestaltet sich in der Regel schwierig und erfolgt i.a. durch Neuschreiben des Algorithmusses. Die Nutzung eines in Form eines Algorithmusses codierten Wissensinhaltes erfolgt durch dessen Anwendung.

Parameter

Parameter sind ein an einen Algorithmus gebundener Datenbestand. Sie stellen eine Möglichkeit zur deklarativen Formulierung implizit repräsentierter Wissensinhalte dar. Der Gebrauch von Parametern wird auf den eingeführten Rechenanlagen durch die verbreiteten Programmiersprachen in großem Umfang unterstützt.

Die Modifikation des Wissensinhaltes ist leicht und erfolgt durch Ersetzen des Parameterwertes . Die Nutzung des durch einen Parameter codierten Wissensinhaltes erfolgt durch Lesen des entsprechenden Wertes.

Algorithmen und deren Parameter stellen die klassischen Hilfsmittel zur Formulierung und Manipulation von Wissensinhalten dar. Ihre hohe Verbreitung verdanken sie wesentlich den technischen Eigenschaften der heute üblichen und verbreiteten Rechenanlagen.

Während Algorithmen und Parameter zur Codierung implizit repräsentierter Wissensinhalte führen, ermöglichen die Codierungsformen *Regeln* und *Fakten* die Codierung explizit formulierter Wissensinhalte.

Fakten

Eine Möglichkeit Fakten auszudrücken besteht in der Formulierung einer Relation zwischen Konzepten, wie in dem Beispiel (A 4.5):

$$\text{Die-Montageleiste enthält Bohrungen.} \qquad (A\,4.5)$$

Ein *Konzept* stellt die Einheit dessen dar, was ein Mensch unter einem Begriff zusammenfaßt. Die Begriffe können sowohl physikalische Objekte wie "Gerüst", "Haus", als auch beliebige abstrakte Begriffe wie "Gefühl", "Qualität" oder "Kontur zu breit" beinhalten. In dem genannten Beispiel stellen "Die-Montageleiste" und "Bohrungen" Konzepte dar.

Relationen stellen allgemeine Beziehungen zwischen Konzepten auf. Sie haben einen Namen und lassen sich durch eine Menge von n-Tupeln beschreiben, z.B.:

BESITZT{(Haus, Räume), (Auto, Motor), (Montageleiste, Bohrungen), ... }

Zur Nutzung des durch eine Relation beschriebenen Faktums ist es zweckmäßig, eine Vorschrift L_K einzuführen, die eine Abbildung der Relation auf die Menge {WAHR, FALSCH} in einem Kontext K darstellt. Der Kontext wird durch den Anwender festgelegt. So ist es sinnvoll, für den Kontext der Montageleiste nach Abb.1.5 in Verbindung mit der Relation BESITZT, anzusetzen

$$L_K[\text{BESITZT(Montageleiste, Bohrungen)}] = \text{WAHR}$$

und beispielsweise für den Kontext eines Schreibstiftes

$$L_K[\text{BESITZT(Schreibstift, Motor)}] = \text{FALSCH}.$$

Ein Faktum läßt sich auch als *Konzept-Attribut-Wert-Tripel* darstellen, z.B.:

Der-Bohrungsdurchmesser beträgt 5-cm.   (A 4.6)

Die Nutzung von Fakten geschieht durch Interpretation unter Ausnutzung allgemeiner Folgerungsregeln. Diese sind in ihrer Eigenschaft als prozedural repräsentierte Wissensinhalte in Form von Algorithmen oder Regeln codiert. Mit diesen Folgerungsregeln lassen sich aus Fakten neue Fakten herleiten.

Bei der praktischen Anwendung muß man das Faktenwissen strukturieren. So hat es sich als zweckmäßig herausgestellt, die Vielzahl der Fakten, die zu einem Konzept Bezug nehmen, zu einem Datenobjekt zusammenzufassen. Die Menge des Faktenwissens läßt sich dann darstellen als die Menge der Datenobjekte und die Menge der zwischen den Datenobjekten gültigen Relationen. Spezielle Ausprägungsformen dieser Datenobjekte werden in der Literatur als *Schema, Frame* oder *Knoten eines semantischen Netzes* bezeichnet.

Codierungsverfahren und Folgerungsverfahren für Faktenwissen sind durch den Prädikatenkalkül beschreibbar. Das Faktenwissen läßt sich anschaulich beispielsweise in Form eines relationalen, attributierten Graphen (RAG, Abb.1.5c) darstellen. Die Wissensrepräsentationsform des Faktenwissens ist explizit und deklarativ. Das bedeutet auch, daß die Wissensinhalte leicht austauschbar sind. Werkzeuge zum Aufbau und zur Manipulation von Faktenwissen bieten sowohl Datenbanksysteme als auch Expertensysteme.

<u>Regeln</u>

Zur expliziten Formulierung prozedural repräsentierter Wissensinhalte eignen sich Regeln. Eine Regel besteht aus einem Bedingungsteil und einem Aktionsteil und wird wie folgt formuliert:

> WENN   eine wohldefinierte Situation vorhanden ist,
> DANN   wird eine bestimmte Aktion durchgeführt.

In Form von Regeln können allgemeine, prozedural repräsentierte Wissensinhalte codiert werden, ohne daß festgelegt wird, in welcher Reihenfolge die Regeln Anwendung finden. Hierin unterscheidet sich diese Wissenscodierungsform wesentlich von der eines Algorithmusses. Die Wissenscodierungsform Regel ist erst in

Tabelle 4.2. Codierungsformen für Wissensinhalte und deren Eigenschaften.

Eigenschaften \ Codierungsformen	Algorithmus	Parameter	Regel	Faktum
Repräsentationsform der Wissensinhalte	implizit prozedural	implizit deklarativ	explizit prozedural	explizit deklarativ
Werkzeuge zur Codierung	Algorithmische Programmiersprachen, wie FORTRAN, PASCAL		Expertensystemshell regelbasierte Sprachen	Datenbanksystem Expertensystemshell framebasierte Sprachen
Modifizierbarkeit der Wissensinhalte	schwer i.a. durch Neu-formulierung	leicht durch Ersetzen des Wertes	mittel durch Neu-formulierung	leicht durch Veränderung von Objekten und Relations-tabellen
Nutzung der Wissensinhalte	durch Anwendung	durch Lesen des Wertes bzw. Symbols	durch Interpretation mit einem Regel-interpreter und Anwendung	durch Interpretation mit Regel oder Algorithmus
Effizienz der Verfahren	hoch	hoch	niedrig	niedrig
Schwerpunktmäßiger Einsatz in der Bildanalyse	Bildvorverarbeitung, Segmentierung, Gewinnung einer ersten symbolischen Beschreibung allgem.: vorwiegend mathematisch formulierbare Zusammenhänge		Beschreibung von Objekten und deren Zusammenhängen, Strategien, Hypothesen, Folgerungen, Planungen allegem.: vorwiegend heuristisch formulierbare Zusammenhänge	

Verbindung mit einer Prozedur, die erkennt, ob der Bedingungsteil einer Regel erfüllt ist, dem sog. Patternmatcher, und einer Prozedur die den Aktionsteil ausführt, nutzbar. Die Wissensinhalte, die mit einer Regel verknüpft sind, lassen sich leicht durch Abwandlung der Regel modifizieren.

Es hat sich häufig als zweckmäßig herausgestellt, zur expliziten Formulierung deklarativ repräsentierter Wissensinhalte eine Verkettung von Datenobjekten, z.B. in Form eines semantischen Netzes, und zur expliziten Formulierung prozedural repräsentierter Wissensinhalte Regeln zu verwenden. Der Bedingungsteil der Regeln wird dann am Zustand des semantischen Netzes überprüft und der Aktionsteil führt normalerweise zu Modifikationen des semantischen Netzes.

In Tabelle 4.2 sind die Eigenschaften der unterschiedlichen Codierungsformen von Wissensinhalten noch einmal gegenübergestellt.

Mit jeder Bild- und Datenverarbeitung sind Manipulationen von Wissensinhalten verknüpft. Im Prinzip läßt sich jede Codierungsform für Wissensinhalte für jede Teilaufgabe der Bildanalyse einsetzen. In der Praxis wird der Anwendungsbereich der einzelnen Codierungsverfahren jedoch durch die individuellen Anforderungen an Effizienz und Flexibilität eingeschränkt. Für die mit der Verarbeitung großer Datenmengen verknüpften Wissensinhalte im Bereich der Low-Level-Verarbeitung und der Gewinnung einer ersten symbolischen Beschreibung wird man aus Gründen der Effizienz eine implizit-prozedurale Repräsentationsform wählen. Im Bereich der High-Level-Verarbeitung, in dem Hypothesen erstellt, verifiziert, verworfen, Planungen aufgestellt, Strategien verfolgt und Schlußfolgerungen gezogen werden, wird zur Bewältigung der hohen Komplexität eine leicht verständliche Art der Wissensrepräsentation benötigt. Hier erscheint die explizite Wissensrepräsentationsform am zweckmäßigsten. Der damit verbundene hohe Rechenaufwand fällt oft weniger ins Gewicht, da aufgrund der vorausgegangenen Datenreduktion der Datenumfang meist wesentlich geringer geworden ist.

4.3 Mechanismen zur expliziten Wissensrepräsentation

4.3.1 Codierung von Wissen durch Fakten

Der Prädikatenkalkül

Eine formale Sprache, die zur Codierung von Fakten besonders geeignet ist, ist die Prädikatenlogik. Sie basiert auf der Beschreibung von Fakten als Relation zwischen Konzepten. Konzepte werden als Konstante, Variable und Funktionen codiert und Relationen als sog. Prädikate, die entweder WAHR oder FALSCH sein können. So läßt sich das Faktum "W ist ein Winkel" in der Schreibweise der Prädikatenlogik ausdrücken durch das einstellige Prädikat

$$L_K[\text{WINKEL(W)}] = \text{WAHR} \qquad (A\,4.7)$$

oder durch das zweistellige Prädikat

$$L_K[\text{IST-EIN(W, WINKEL)}] = \text{WAHR}. \qquad (A\,4.8)$$

Im Ausdruck (A 4.7) stellen WINKEL eine einstellige Relation und W eine Konstante, in (A 4.8) IST-EIN eine zweistellige Relation und WINKEL und W Konstanten dar. Werden alle Fakten in Form eines Ausdrucks formuliert, der WAHR ist, kann üblicherweise bei der Codierung der Teil "=WAHR" weggelassen und statt (A 4.7) und (A 4.8) geschrieben werden:

WINKEL(W)
IST-EIN(W, WINKEL)

Man muß sich dabei vor Augen halten, daß dies nur im Kontext K gilt.

Komplexere Ausdrücke werden durch Verknüpfung einfacherer Ausdrücke mit Hilfe der aus der Aussagenlogik bekannten Konnektive wie

$\wedge$ = Konjunktion
$\vee$ = Disjunktion
$\Rightarrow$ = Implikation
$\neg$ = Negation, usw.

gebildet. So läßt sich das Faktum "W ist ein Winkel und W hat die Farbe schwarz" in der Syntax der Prädikatenlogik ausdrücken durch

$$\text{WINKEL(W)} \wedge \text{FARBE(W, SCHWARZ)} \qquad (A\,4.9)$$

oder das Faktum "Wenn W ein Winkel ist, dann besitzt der Winkel W die Bohrung B" durch

$$\text{WINKEL(W)} \Rightarrow [\text{BESITZT(W, B)} \wedge \text{BOHRUNG(B)}]. \qquad (A\,4.10)$$

Allgemeine Fakten werden mit Hilfe des sog. Existenzquantors $\exists x$ (= es gibt mindestens ein x, für das gilt) und des Generalisierungsquantors $\forall x$ (= es gilt für alle x) ausgedrückt, so z.B. "Alle Winkel haben eine schwarze Farbe" durch

$$(\forall x)\ [\text{WINKEL(x)} \Rightarrow \text{FARBE(x, SCHWARZ)}] \qquad (A\,4.11)$$

oder "Alle Winkel besitzen mindestens eine Bohrung" durch

$$(\forall x)\ \{WINKEL(x) \Rightarrow (\exists y)\,[BESITZT(x, y) \wedge BOHRUNG(y)]\} \qquad (A\ 4.12)$$

Ausdrücke der Prädikatenlogik lassen sich in unterschiedlichster Weise zu äquivalenten Ausdrücken umformen. Es gelten dabei Gesetzmäßigkeiten wie das Distributivgesetz, Kommutativgesetz, Assoziativgesetz und die de Morganschen Regeln.

Die Menge des durch logische Ausdrücke codierten Faktenwissens stellt eine Wissensbasis dar. Mit Hilfe von Folgerungsregeln lassen sich aus dieser Wissensbasis neue Fakten herleiten. Bei der Hinzunahme von Folgerungsregeln zur Prädikatenlogik wird von *Prädikatenkalkül* gesprochen.

In der Tabelle 4.3 sind Folgerungsregeln der Prädikatenlogik dargestellt, wobei W1 und W2 Ausdrücke der Prädikatenlogik darstellen.

Tabelle 4.3.　　　　Folgerungsregeln des Prädikatenkalküls.

Nr.	Prämissen	Folgerung
1	W1 W2	W1 $\wedge$ W2
2	W1 $\wedge$ W2	W1 W2
3	(W1 $\Rightarrow$ W2) W1	W2

Die Nutzung der Wissensbasis geschieht üblicherweise dadurch, daß eine Anfrage nach einem neuen Faktum in Form einer logischen Aussage formuliert wird, die dann aufgrund des Inhaltes der Wissensbasis und mit Hilfe der Folgerungsregeln beantwortet wird. Das soll an einem Beispiel erläutert werden:

Die Wissensbasis möge die folgenden Aussagen beinhalten:

(a) WINKEL(W)

(b) BOHRUNG(B)   (A 4.13)

(c) (WINKEL(W) $\wedge$ BOHRUNG(B)) $\Rightarrow$ BESITZT(W, B)

Die Anfrage an die Wissensbasis "Besitzt der Winkel W die Bohrung B?" würde in Form eines Ausdruckes der Prädikatenlogik als ein sog. Theorem folgendermaßen formuliert werden:

BESITZT(W, B) ?   (A 4.14)

Die Anfrage läßt sich mit Hilfe der in Tabelle 4.3 dargestellten Folgerungsregeln wie folgt aus der Wissensbasis beantworten:

Aus Regel 1 folgt mit den Aussagen (a) und (b):

WINKEL(W) $\wedge$ BOHRUNG(B)

Mit Hilfe der Folgerungsregel 3 und der Aussage (c) folgt dann:

BESITZT(W, B)

bzw. im Kontext der Prädikatenlogik ist das gleichwertig zu

L_K[BESITZT(W, B)] = WAHR.

Die Schlußfolgerungen können durch sog. Theorembeweiser vollautomatisch durchgeführt werden. Die Theorembeweiser selbst arbeiten nach allgemeinen Regeln und nutzen kein Wissen über den Objektbereich. Sie sind zwar allgemeingültig, arbeiten aber aufgrund dieser Allgemeingültigkeit ineffizient.

Der Prädikatenkalkül läßt im Prinzip die Formulierung aller Fakten und sämtlicher daraus zu folgernder Schlüsse zu. Für praktische Anwendungen im Zusammenhang mit der Bildinterpretation ist er schwerfällig und umständlich. Das vorhandene Faktenwissen läßt sich häufig effizienter in anderen Repräsentatonsmechanismen formulieren. Das betrifft beispielsweise die Formulierung aller Rechenoperationen. Die Schlußfolgerungsverfahren des Theorembeweisers sind, wie bereits oben erwähnt, ineffizient und aufwendig und können oft den meisten praktischen Zeitanforderungen nicht genügen. Eine Programmiersprache, die den Prädikatenkalkül unterstützt, ist PROLOG. In PROLOG lassen sich Fakten als logische Aussagen ausdrücken und als Theoreme formulierte Anfragen beantworten. Die Auswertestrategie ist als Baumsuche realisiert und läßt sich durch Eigenschaften wie "zielgetrieben", "rückwärtsverkettend" und "depth-first" charakterisieren, die in Kapitel 4.4 noch näher behandelt werden.

Konzept-Attribut-Wert-Tripel

Ein Konzept-Attribut-Wert-Tripel stellt eine gebräuchliche Methode zur Codierung von Fakten dar. Es läßt sich stets durch eine äquivalente Aussage der Prädikatenlogik darstellen.

Beispiele für Konzept-Attribut-Wert-Tripel sind:

        BOHRUNG   HAT-DURCHMESSER   5-CM
        WINKEL   BESITZT-PRIMITIV-TYP ECKE

Semantisches Netz

Eine Wissensbasis möge aus einer großen Anzahl von als Prädikate codierten Fakten bestehen, wie das als Beispiel in Abb.4.2 dargestellt ist. Für die Nutzung der Wissensbasis hat es sich als zweckmäßig herausgestellt, diese zu strukturieren. So lassen sich beispielsweise die auf das Konzept X bezogenen Prädikate zu einem Datenobjekt X und die auf das Konzept Y bezogenen Prädikate zu einem Datenobjekt Y zusammenfassen. Die Datenobjekte sind durch deren Namen und i.a. unterschiedliche Mengen von Merkmalen (Prädikaten) gekennzeichnet. Sie repräsentieren wiederum Konzepte, im o.g. Beispiel die Konzepte X und Y. Bestimmte Prädikate wie z.B. "Abstand" in der Abb.4.2 können als Relation zwischen den Objekten X und Y gedeutet werden. Auf diese Weise läßt sich eine Wissensbasis durch die Menge der Konzepte, codiert als Datenobjekte, und die Menge der Relationen zwischen den Datenobjekten ausdrücken. Man bezeichnet eine derartige Struktur auch als ein *semantisches Netz*, wobei die Konzepte die Knoten und die Relationen die Kanten des Netzes darstellen.

Semantische Netze werden oft zur Darstellung hierarchischer Strukturen verwendet. Dabei treten als Verbindungen zwischen den Hierarchiestufen die Relationen IST-EIN und TEIL-VON auf. Die Möglichkeit in semantischen Netzen Eigenschaften der Konzepte wie z.B. die Farbe, das Erstellungsdatum usw., zwischen den Hierarchieniveaus zu übertragen, wird als *Vererbung* bezeichnet. Die Vererbung kann dabei über mehrere Hierarchiestufen erfolgen.

Obwohl semantische Netze ihrer Natur nach rein deklarative Wissenscodierungsverfahren darstellen, findet man in der Literatur häufig auch Erweiterungen

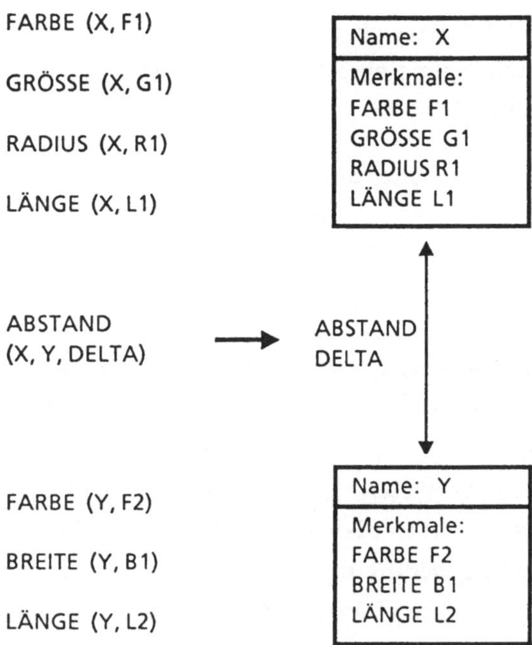

Abb.4.2. Eine Wissensbasis bestehend aus Fakten, die als Prädikate codiert sind, wird in Objekte und Relationen zwischen Objekten strukturiert.

semantischer Netze um prozedurale Komponenten. Man spricht in diesem Falle von *procedural attachement*. So kann beispielsweise mit einem Merkmal innerhalb eines Objektes die Prozedur verknüpft werden, die den Wert für das Merkmal aus den Daten, z.B. dem Bild, berechnet. Das bedeutet dann, daß durch das Auslesen eines Merkmals, dessen Wert bis dahin noch gar nicht bestimmt worden war, die Prozedur aufgerufen wird, die den Merkmalswert berechnet.

Neben den genannten gibt es eine Anzahl verschiedener Begriffe in der Literatur, die nicht scharf unterschieden werden und vielfach gleiche Sachverhalte darstellen. So findet man äquivalent zu den "Knoten eines semantischen Netzes" die Begriffe *Frame, Schema, Konzept* usw. und äquivalent zu den "Merkmalen eines Knotens des semantischen Netzes" den Begriff *Slot*.

4.3.2 Codierung von Wissen durch Regeln

Regeln werden in der Literatur häufig als *Produktionen* bezeichnet und Systeme, die Regeln zur explizit, prozeduralen Wissenscodierung verwenden, werden deshalb auch *Produktionssysteme* genannt. Im Bereich der künstlichen Intelligenz sind mit dem Begriff "Produktionssystem" ganz spezifische Eigenschaften verbunden, die im folgenden erläutert werden.

Ein Produktionssystem enthält als drei wesentliche Komponenten

- die globale Datenbasis,
- die Menge der Regeln und
- die Systemsteuerung.

Eine Regel hat einen Bedingungs- und einen Aktionsteil. Die Erfüllung des Bedingungsteils wird an der globalen Datenbasis überprüft. Falls die Bedingung erfüllt ist und die Regel zur Anwendung kommt, wird durch den Aktionsteil die Datenbasis verändert. Die wesentliche Aufgabe der Systemsteuerung besteht darin festzulegen, welche Regel zur Anwendung gebracht werden soll und zu überprüfen, ob die veränderte Datenbasis die Terminierungsbedingung erfüllt. In Anlehnung an Nilsson [NIL82] läßt sich die Ablaufsteuerung in einem Produktionssystem durch eine Prozedur nach Abb.4.3 darstellen.

PROZEDUR: <u>PRODUKTION</u>

BEGIN

    DATEN = Anfangszustand der globalen Datenbasis

    DO UNTIL DATEN erfüllen Terminierungsbedingung

        Wähle eine Regel R aus der Menge der Regeln, die auf DATEN anwendbar sind

        Wende die Regel R auf DATEN an und erzeuge die modifizierte Datenbasis DATEN

    ENDDO

END

Abb.4.3.   Produktionssystem nach Nilsson.

Bei einem klassischen Produktionssystem sind alle Regeln insoweit voneinander unabhängig, daß sie sich nicht gegenseitig aufrufen, sondern miteinander nur über die globale Datenbasis kommunizieren.

Bei den üblichen algorithmischen Programmiersprachen ist mit der Reihenfolge der Befehle die Vorgabe eines Kontrollflusses verbunden, der angibt, in welcher

Reihenfolge die Befehle abgearbeitet werden. Im Gegensatz dazu wird die Reihenfolge, in der die Regeln eines Produktionssystems abgearbeitet werden, nicht durch eine Reihenfolge in der Speicherung, sondern alleine durch den Zustand der globalen Datenbasis und durch die Systemsteuerung bestimmt. Dies hat den Nachteil, daß ein erheblicher zusätzlicher Aufwand benötigt wird, um herauszufinden, welche Regel als nächste angewendet werden soll. Eine schnelle Verarbeitung von Daten durch eine regelbasierte Programmierung ist daher im Vergleich zu einer anweisungsbasierten Programmierung nicht möglich.

Andererseits wird hierdurch eine Trennung der Wissensinhalte über den Anwendungsbereich, die in Form der Regeln codiert sind, von der Systemsteuerung erreicht. Daraus resultiert für die Regeln ein hohes Maß an Modularität mit mehreren positiven Konsequenzen. Das System ist in der Lage, auf unvorhergesehene Situationen zu reagieren. Es kann durch Hinzufügen und Herausnehmen von Regeln leicht modifiziert und eine Wissensbasis so inkrementell aufgebaut werden. Allerdings muß beim Entwurf neuer Regeln auf Konsistenz mit der existierenden Regelbasis geachtet werden. Aufgrund ihres einfachen Aufbaus und der Unabhängigkeit voneinander, sind die mit den Regeln verbundenen Wissensinhalte leicht verständlich. Eine ausführlichere Darstellung weiterer Vor- und Nachteile findet sich beispielsweise bei Brownston [BROW85].

Im folgenden werden die Komponenten eines Produktionssystems im Detail beschrieben.

<u>Die Datenbasis</u>

Für die Datenbasis kann im Prinzip jede Struktur vom Zahlenfeld bis zu einem kompletten Datenbanksystem verwendet werden. Es hat sich aber als zweckmäßig herausgestellt, zu unterscheiden zwischen

a) der numerischen Datenbasis, die numerische Daten wie ikonische Bilder, segmentierte Bilder, Histogramme usw. enthält und

b) der symbolischen Datenbasis, in der als Fakten codierte Wissensinhalte enthalten sind.

Die Regeln eines regelbasierten Systems greifen üblicherweise lesend nur auf die *symbolische Datenbasis* zu. Ein Beispiel für einen Ausschnitt aus einer symbolischen Datenbasis ist in Abb.4.5 dargestellt. Die Fakten sind dort entweder als *Konzept-Attribut-Konzept-Tripel* codiert entsprechend den Fakten (F1) - (F3) oder als *Konzept-Attribut-Wert-Tripel* entsprechend den Fakten (F4) und (F5).

146

<u>Die Regeln</u>

In der Abb.4.5 sind in der Regelbasis drei Beispiele für Regeln aufgeführt. Der
Bedingungsteil der Regeln, der durch WENN (...) gekennzeichnet ist, fragt den
Zustand der symbolischen Datenbasis ab und zwar auf

- Vorhandensein oder Nichtvorhandensein eines Wertes, Vergleich mit
  einem vorgegebenen Wert ($<, \leq, =, \geq, >$),

- Verknüpfung der o.g. Abfragen mit den aus der Prädikatenlogik
  bekannten Konnektoren und Quantoren ($\wedge, \vee, \neg, \forall x, \exists y$) und

- Beziehungen zwischen den Fakten.

Der Aktionsteil der Regeln, der durch DANN ( ) gekennzeichnet ist,

- verändert die symbolische Datenbasis durch Hinzufügung, Löschen und
  Modifikation von Fakten,

- steuert im Zusammenhang mit der Bildverarbeitung über algorith-
  mische Aufrufe die Verarbeitung in der numerischen Datenbasis (Bildverarbeitung, Bedeutungszuweisung, Beurteilung des
  Verarbeitungszustandes),

- steuert die Kommunikation zwischen der numerischen und
  symbolischen Informationsverarbeitung und

- modifiziert die Regelbasis.

Da in der Datenbasis des Produktionssystems Fakten und keine numerischen
Daten abgespeichert sind, kann die Kommunikation mit der numerischen Verarbeitung, z.B. der Bildverarbeitung, folgendermaßen ablaufen: Im Aktionsteil der
Regeln sind zum einen Aufrufe von Algorithmen zulässig, die angewendet auf die
numerische Datenbasis eine Bildverarbeitung durchführen und damit neue numerische Zahlenfelder, Vektoren oder Einzelwerte berechnen. Zum anderen sind Aufrufe von Prozeduren zulässig, die numerische Daten zwischen der numerischen
Datenbasis und dem Werteteil von Fakten in der symbolischen Datenbasis trans-
portieren.

Die Regeln unterstützen ihrer Natur nach das Treffen von Entscheidungen bei eindeutigen Sachverhalten. Ein Charakteristikum der Deutung von Bildinhalten ist
aber, daß die Sachverhalte oft unsicher sind. So kann z.B. einer Anordnung von
räumlich benachbarten Punkten in einem Bild häufig nur mit einer gewissen
Unsicherheit die Bedeutung "Kreissegment" oder "Ecke" zugewiesen werden. Die
Unsicherheit derartiger Sachverhalte kann berücksichtigt werden beispielsweise

- durch Setzen entsprechender Vertrauenswerte in der Datenbasis, wie z.B. in den Fakten (F4) und (F5) des Beispiels von Abb.4.5 oder

- durch parallele Berechnung eines Zuverlässigkeitsfaktors, wie er z.B. bei [NIE85] beschrieben wird, oder

- durch Verwendung von sog. "fuzzy productions" [GRAH88].

<u>Die Steuerung</u>

Die Aufgabe der Steuerung ist es, zu entscheiden, welche Regeln in welcher Reihenfolge zur Anwendung gebracht werden. Eine Veranschaulichung der Systemsteuerung, die auch häufig mit *Inferenzmaschine* bezeichnet wird, stellt die Abb.4.4 dar. Ihre Arbeitsweise soll an dem Beispiel der Wissensbasis in Abb.4.5 erläutert werden.

Die Inferenzmaschine arbeitet zyklisch die Schritte

- Instanzierung,
- Regelauswahl und
- Regelausführung

ab. In der Phase der Instanzierung wird überprüft, ob sich Bedingungsteile der Regeln durch die Fakten der globalen Datenbasis erfüllen lassen. Regeln, zusammen mit den ihren Bedingungssteil erfüllenden Fakten, heißen *instanzierte Regeln*. Die Menge aller instanzierten Regeln, die mit einem bestimmten Zustand der globalen Datenbasis verknüpft sind, wird auch *Konfliktmenge* genannt. Der Name rührt daher, daß meist mehr als eine Regel in der Menge der instanzierten Regeln vorliegt, und ein Konflikt dadurch entsteht, daß nicht allein aus dem Zustand der globalen Datenbasis gefolgert werden kann, welche Regel anzuwenden ist. In dem Beispiel nach Abb.4.5 umfaßt die Konfliktmenge drei instanzierte Regeln:

I1.   Regel (R1) mit

      <OBJEKT> = WINKEL
      <PRIMITIV-1> = KREIS
      <PRIMITIV-2> = ECKE
      <WERT1> = 0.8
      <WERT2> = 0.5,

I2.   Regel (R3) mit

      <OBJEKT> = WINKEL
      <PRIMITIV> = ECKE   und

148

I3. Regel (R3) mit
      <OBJEKT> = WINKEL
      <PRIMITIV> = KREIS.

Der Konflikt wird dadurch aufgelöst, daß in der Phase der Regelauswahl Wissen über erfolgreiche Auswahlstrategien Anwendung findet. Diese Auswahlstrategien unterscheiden sich bei den verschiedenen in der Literatur beschriebenen Produktionssystemen. Beispiele für die Regelauswahl aus der Konfliktmenge bestehen in der Auswahl der Regel,

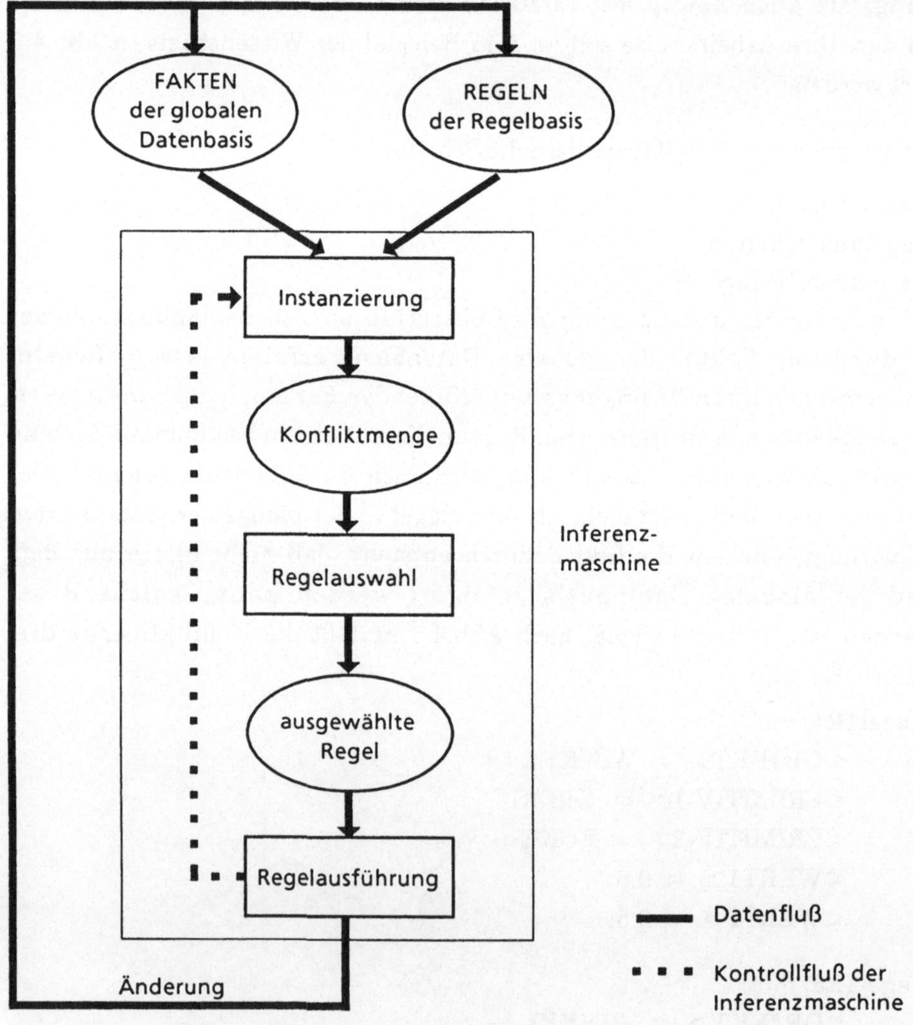

Abb.4.4.   Systemsteuerung eines regelbasierten Systems (Inferenzmaschine).

a) die die jüngsten Fakten verwendet. Hierzu ist es notwendig, daß die Fakten der globalen Datenbasis, wie das in Abb.4.5 dargestellt wird, mit einer Zeitmarke versehen werden, die den Entstehungszeitpunkt beschreibt,

b) die am spezifischsten ist, d.h. der Regel, die im Bedingungsteil die meisten logischen Verknüpfungen aufweist,

c) die in einer zugeordneten Priorität den höchsten Prioritätswert aufweist, usw.

Bei der Regelauswahl können auch Kombinationen dieser und anderer Strategien Verwendung finden.

<u>Globale Datenbasis</u>

Zeitmarke

6	WINKEL BESITZT-PRIMITIV-TYP ECKE	(F1)
5	WINKEL BESITZT-PRIMITIV-TYP KREIS	(F2)
3	AUFGABE POSITIONSBESTIMMUNG-VON WINKEL	(F3)
13	EXTRAKTIONSSICHERHEIT KREIS 0.8	(F4)
24	EXTRAKTIONSSICHERHEIT ECKE 0.5	(F5)
25	AUFGABE EXTRAKTION-VON KREIS	(F6)

<u>Regelbasis</u>

```
WENN    ((AUFGABE POSITIONSBESTIMMUNG-VON <OBJEKT>)
         UND(<OBJEKT> BESITZT-PRIMITIV-TYP <PRIMITIV-1>)
         UND(<OBJEKT> BESITZT-PRIMITIV-TYP <PRIMITIV-2>)
         UND(EXTRAKTIONSSICHERHEIT <PRIMITIV-1> <WERT1>)
         UND(EXTRAKTIONSSICHERHEIT <PRIMITIV-2> <WERT2>)
         UND(WERT1 > WERT2))
DANN    (AUFGABE EXTRAKTION-VON <PRIMITIV-1>)           (R1)

WENN    (AUFGABE EXTRAKTION-VON KREIS)
DANN    (Aufruf der Bildverarbeitungsprozeduren zur Kreisfindung)   (R2)

WENN    ((AUFGABE POSITIONSBESTIMMUNG-VON <OBJEKT>)
         UND (<OBJEKT> BESITZT-PRIMITIV-TYP <PRIMITIV>))
DANN    (AUFGABE EXTRAKTION-VON <PRIMITIV>)             (R3)
```

Abb.4.5. Beispiel für die Steuerung des Bildinterpretationsvorganges durch ein Produktionssystem. Die Zeitmarke kennzeichnet die Zeitpunkte der Einträge in die globale Datenbasis.

In einem letzten Schritt wird von der Inferenzmaschine durch Ausführen der ausgewählten Regel eine Änderung der globalen Datenbasis und/oder der Regelbasis bewirkt.

Wird in dem Beispiel nach Abb.4.5 die spezifischste Regel - hier die instanzierte Regel I1 - ausgewählt, erfolgt als Änderung der globalen Datenbasis die Hinzufügung des Faktums (F6). Unter der Annahme, daß die globale Datenbasis zum Zeitpunkt "24" analysiert wurde, erhält das neue Faktum (F6) eine Zeitmarke mit dem neuesten Wert, nämlich "25".

Die Steuerung der Interferenzmaschine selbst kann ebenfalls durch ein Produktionssystem erfolgen. Die Regeln dieses Systems werden im Gegensatz zu den vorher genannten als *Metaregeln* bezeichnet.

Die bisher dargestellte Regelauswahl aus der Konfliktmenge beinhaltete lediglich Wissen über "erfolgreiche Auswahlstrategien" und ist allgemeingültig und unabhängig von Wissen über das konkret zu bearbeitende Anwendungsbeispiel der Bildanalyse. Wesentlich effizientere Bildanalyseverfahren erfordern für die Regelauswahl Verfahren, die systematisch Wissen über das Anwendungsgebiet zu nutzen gestatten. Zur Veranschaulichung der Wirkungsweise derartiger Steuerungskonzepte soll die folgende Betrachtung dienen:

Der Zustand des Produktionssystems ist durch den Zustand der Datenbasis und der Regelbasis charakterisiert. Die Anwendung einer Regel verändert die Datenbasis und führt damit das System in einen neuen Zustand über. Die Zustände des Systems können als Knoten eines Graphen interpretiert werden. Es gibt einen Startknoten, der dem Anfangszustand der Datenbasis entspricht und einen Zielknoten, der der Terminierungsbedingung für den Verarbeitungsprozeß entspricht. Der Weg vom Start zum Ziel läßt sich dann auffassen als der Weg vom Startknoten zum Zielknoten durch den Graphen. Die Regelauswahl ist von der Steuerung so zu treffen, daß der Zielknoten möglichst schnell erreicht wird. Dazu sind verschiedene Strategien entwickelt worden, die in Kapitel 4.4 im Detail erläutert werden.

4.4 Strategien der Bildanalyse

4.4.1 Grundlagen und Voraussetzungen

In Abschnitt 4.1 wurde das Grundprinzip einer wissensbasierten Bildanalyse dargestellt. Danach ist es Aufgabe der Strategie der Bildanalyse im Hinblick auf das spezifizierte Ziel und unter Berücksichtigung der Wissensinhalte in der Wissensbasis auf der einen Seite den HBBZ und auf der anderen Seite das Modell systematisch so lange zu modifizieren, bis HBBZ und Modell sich entsprechen. In dem Zusammenhang stellen sich Fragen

- nach den bestehenden Möglichkeiten zur Modifikation des HBBZ und des Modells,

- nach der Verknüpfung mit den o.g. Repräsentationsformen für Wissensinhalte und

- nach den Steuerungsverfahren, die sich zur Bildanalyse anbieten.

Modifikationsmöglichkeiten für den HBBZ und das Modell

Der HBBZ und das Modell stellen rein deklarative Beschreibungsformen dar. Eine Modifikation erfolgt durch eine Folge von Prozeduren. Für den HBBZ finden dabei solche Prozeduren der Bildverarbeitung und der Bedeutungszuweisung Anwendung, wie sie in Kapitel 2 und Kapitel 3 beschrieben worden sind. Die Prozeduren sind i.a. mit Parametern behaftet. Variationen in den Modifikationsmöglichkeiten liegen

a)   in der Folge und der Auswahl der Prozeduren bei festen Parametern,

b)   in der Wahl der Parameter bei vorgegebener Folge,

c)   in der Kombination von beidem.

Verknüpfung mit Wissensrepräsentationsformen

Die Wissensinhalte, die zur Modifikation der deklarativen Beschreibungsformen HBBZ und Modell führen, können entweder implizit in Form eines Algorithmus oder explizit in Form von Regeln codiert werden.

Der Algorithmus legt die Folge der Prozeduren in seiner Kontrollstruktur fest. Eine Beeinflussung des Algorithmusses ist durch Parameterzuweisungen möglich. Unterschiedliche Variationen von HBBZ und Modell können durch die Auswahl von Algorithmen und die Auswahl derer Parameterwerte erreicht werden.

Die Verarbeitungsprozeduren und die Wertzuweisungen zu deren Parametern können auch durch den Aktionsteil von Regeln gestartet werden. Unterschiedliche Variationen des HBBZ und des Modells werden dann durch eine Abfolge von Regelanwendungen erreicht.

152

<u>Verfahren zur Steuerung der Bildanalyse</u>

Zur Steuerung der Bildanalyse werden zwei prinzipiell unterschiedliche Vorgehensweisen unterschieden, der direkte und der indirekte Ansatz.

Beim direkten Ansatz wird aufgrund von Expertenwissen unmittelbar eine Entscheidung für die Folge der Prozeduren und/oder die zugehörigen Parameterwerte getroffen.

Beim indirekten Ansatz wird vorgegeben:

1) Eine steuerbare Form des Modifikationsverfahrens für den HBBZ und/oder das Modell. Hierzu eignen sich, wie oben erwähnt, ein parametrisierter Algorithmus bzw. ein regelbasiertes System.

2) Ein Kriterium, das die Ähnlichkeit zwischen dem HBBZ und dem Modell in den für die Zielsetzung relevanten Teilen zu beurteilen gestattet.

3) Ein Verfahren, das eine systematische Modifikation des HBBZ und des Modells durchführt.

Für den letzten Punkt lassen sich bei rein numerischen Parametern und einem als Optimierungskriterium formulierbarem Ählichkeitsmaß die klassischen Optimierungsstrategien ansetzen. Die Verwendung explizit formulierter Wissensinhalte bei der Bildanalyse und die Forderung, auch heuristische Wissensinhalte in die Analyse einbringen zu können, läßt jedoch den Einsatz regelbasierter Optimierungsverfahren zweckmäßig erscheinen.

Wird als steuerbare Form des Modifikationsverfahrens ein regelbasiertes System verwendet, müssen geeignete Strategien zur Regelauswahl angewendet werden. Wegen der besonderen Bedeutung derartiger Verfahren für die wissensbasierte Bildanalyse, werden im folgenden Abschnitt einige wichtige Strategien aufgeführt. Für eine darüber hinausgehende Behandlung dieses Themenkreises sei auf die relevante Literatur im Bereich der Künstlichen Intelligenz verwiesen [NIL82, WINS84, BARR81].

Es wurden oben verschiedene Modifikationsmöglichkeiten, Kopplungen an Wissensrepräsentationsformen und Steuermöglichkeiten aufgeführt. In der Praxis verwendet man i.a. eine der konkreten Problemstellung angepaßte Kombination dieser Möglichkeiten, um ein Optimum im Hinblick auf Flexibilität und Effizienz zu erreichen.

4.4.2 Strategien zur Regelauswahl bei der wissensbasierten Bildanalyse

Die Strategien der Bildanalyse werden im folgenden im wesentlichen am Beispiel der Modifikation des hierarchischen Bildbeschreibungszustandes (HBBZ) erläutert. Die Verfahren lassen sich ebenso auf die Modifikation des Modells übertragen.

Im folgenden soll der allgemeinste Fall behandelt werden, bei dem der HBBZ ausgehend vom Bild bzw. der Bildfolge schrittweise durch Anwendung der prozeduralen Komponenten im Aktionsteil der Regeln entwickelt wird. Dabei soll die Grauwertmatrix des zu analysierenden Bildes mit $HBBZ^0$, der gegenwärtige Bildbeschreibungszustand mit $HBBZ^t$ und der Zielzustand mit $HBBZ^z$ bezeichnet werden. Zu jedem aktuellen Bildbeschreibungszustand $HBBZ^t$ gehören in Verbindung mit n_t als anwendbar ausgewählten Bildanalyseprozeduren n_t Folgezustände, wie das anschaulich in Abb.4.6 dargestellt ist. Der Zielzustand möge aufgrund des Vergleichs mit einem fest vorgegebenen Modell erkannt werden.

Start und Ziel sind dabei nicht notwendigerweise auf je einen einzelnen Knoten beschränkt. So können z.B. zu einem Zielknoten, der eine bestimmte Objektlage

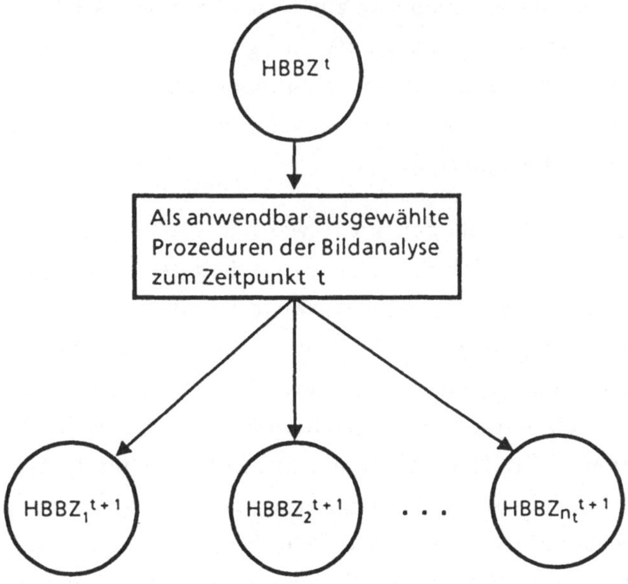

Abb.4.6.   Entwicklung des hierarchisches Bildbeschreibungszustandes (HBBZ) in die n_t möglichen Folgezustände.

als gesuchte Information enthalten möge, <u>viele Startknoten</u> in Form unterschiedlicher Objekte derselben Objektlage gehören. Andererseits können auch zu einem Startknoten, der beispielsweise ein spezielles Bild verschiedener Montagebleche darstellen möge, <u>viele Zielknoten</u> in Form von Listen unterschiedlicher Typen von Szenenbereichshinweisen wie Ecken, Bohrungen und Kanten gehören.

An diesem Punkt müssen zwei Graphen, der HBBZ und der Suchgraph, unterschieden werden, die beide parallel entwickelt werden:

Die Entwicklung des HBBZ führt zu einer schrittweisen Verfeinerung der Bildbeschreibung. Die Einführung von neuen Knoten entspricht dem Aufstellen von Hypothesen über die Bilddeutung, basierend auf den Wissensinhalten der Wissensbasis und den Eigenschaften des $HBBZ^t$.

Der Suchgraph ist einem höheren Abstraktionsniveau zuzuordnen. Er stellt die Gesamtheit aller Möglichkeiten der Entwicklung des HBBZ dar. Während der HBBZ die Primitive im Bild und deren Zusammenhänge beschreibt, charakterisiert der entwickelte Teil des Suchgraphen die <u>Strategie der Bildanalyse</u> für das jeweilige Anwendungsbeispiel.

<u>Monotone und nicht-monotone Suchstrategien</u>

Bei der Bildanalyse ist die prozedurale Komponente zur Überführung des $HBBZ^t$ in den Folgezustand $HBBZ^{t+1}$ dann sehr rechenaufwendig, wenn sie mit der Verarbeitung von kompletten Bildern oder Bildfolgen verbunden ist. Deshalb muß es in diesen Fällen Aufgabe einer effizienten Bildanalysestrategie sein, einen möglichst kurzen Weg durch den Suchgraph zu finden.

Die Wegfindung basiert auf einer Suche. Bei der Suche werden Knoten des Suchgraphen entwickelt unter der Annahme, daß die Knoten auf dem gesuchten optimalen Weg zwischen Start und Ziel liegen. Es ist unvermeidlich, daß dabei auch Knoten entwickelt werden, für die später im Verlaufe des Suchprozesses festgestellt werden muß, daß sie nicht auf dem gewünschten Pfad liegen. In den Fällen wird die Entwicklung des Suchgraphen in der als aussichtslos erkannten Richtung abgebrochen und an einer anderen Stelle in einer als aussichtsreicher festgestellten Richtung fortgeführt. Sowohl für die Entscheidung, in welche Richtung der Graph weiterentwickelt werden muß, als auch zur Schaffung der Möglichkeit, auf einem anderen, bereits früher entwickelten Knoten wieder aufsetzen zu können, ist es zweckmäßig, die bisher entwickelten Knoten des Suchgraphen abzuspeichern.

Wenn die Bildanalysestrategie davon ausgeht, daß alle zu einem Zeitpunkt t entwickelten Knoten des Suchgraphen in abgespeicherter Form vorliegen, wird von einem *Graphsuchverfahren* gesprochen. Die Anzahl der speicherbaren Knoten ist allerdings bei der Bildverarbeitung stark durch den verfügbaren Speicher des Analysesystems eingeschränkt. Wenn nur die Knoten abspeichert werden, die auf dem Weg zwischen dem zum Zeitpunkt t behandelten Knoten und dem Anfangsknoten liegen, kann der Speicherumfang erheblich reduziert werden. Dabei wird in eingeschränktem Umfang weiterhin die Möglichkeit erhalten, bei erkannten Fehlentwicklungen an vorangegangene Knoten zurückspringen zu können, um von da aus in aussichtsreichere Richtungen weiterzusuchen. Derartige Verfahren werden *Backtracking-Verfahren* genannt. Die Graphsuchverfahren und die Backtracking-Verfahren ermöglichen beide bei der Entwicklung eines Graphen von weniger aussichtsreichen Knoten zu aussichtsreicheren Knoten zurückzuspringen. Diese Strategien werden daher unter dem Begriff der *nicht monotonen Strategien* zusammengefaßt.

Der geringste Speicheraufwand wird benötigt, wenn nur jeweils der $HBBZ^t$ abgespeichert werden muß. Eine Entscheidung über die Richtung i, in der der Suchgraph weiter entwickelt werden soll, erfolgt im allgemeinen auf der Basis eines reellen Bewertungsmaßes, das aus dem $HBBZ^t$ und dem Modell für die möglichen Alternativen $HBBZ_i^{t+1}$, $i = 1, 2, ..., n_t$ berechnet wird und das für die optimale Richtung i ein Maximum bzw ein Minimum ergibt. Verfahren, die auf diese Weise aufgrund lokaler Entscheidungen in aufeinanderfolgenden Schritten einen Weg zwischen Start- und Zielknoten finden, werden unter dem Begriff der "monotonen Strategien" zusammengefaßt. Die Beschränkung in der Speicherung des Suchgraphen auf den aktuellen Knoten hat die Konsequenz, daß auch bei existierendem Verarbeitungspfad die Suche nach diesem Pfad nicht in jedem Fall erfolgreich verläuft. Monotone und nichtmonotone Suchstrategien sind in Abb.4.7 veranschaulicht.

Richtung der Regelverkettung

Die Datenbasis bei der wissensbasierten Bildanalyse umfaßt

- die entwickelten Knoten des Suchgraphen,
- das Modell und
- Kontrollinformationen.

Wie in Abschnitt 4.3.2 bereits dargestellt wurde, untergliedert man die Datenbasis zweckmäßigerweise in die numerische Datenbasis und die symbolische Daten-

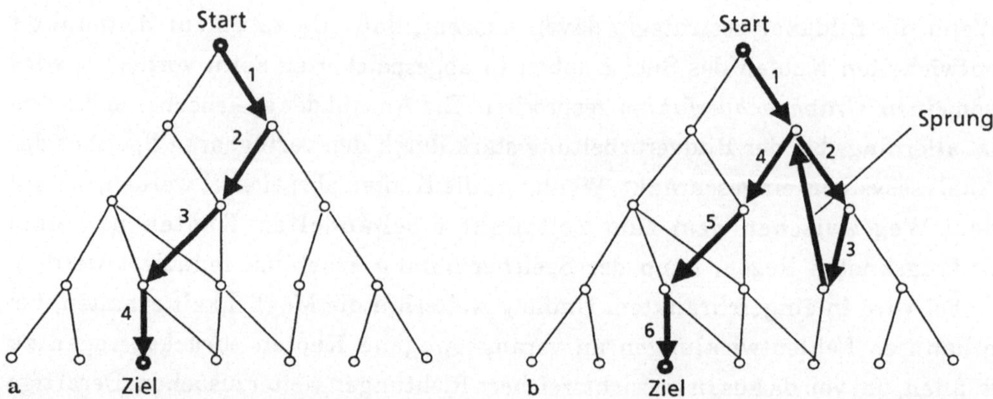

Abb.4.7.   Bildanalyse als Suche durch den ”Suchgraphen” unter Verwendung
einer (a) monotonen, bzw. einer (b) nicht-monotonen Suchstrategie.
Die Ziffern geben die Reihenfolge in der Entwicklung der Knoten des
Graphen wieder.

basis. Die Regeln eines regelbasierten Systems greifen dabei üblicherweise direkt
nur auf die symbolische Datenbasis zu. Die Suche nach einem Pfad zwischen einem
Startknoten und einem Zielknoten im Suchgraphen kann von dem Startknoten zu
dem Zielknoten oder auch umgekehrt von dem Zielknoten zu dem Startknoten
gerichtet sein. Im ersten Fall wird von einer *Vorwärtsverkettung*, im zweiten Fall
von einer *Rückwärtsverkettung* der Regeln gesprochen.

Die Vorwärtsverkettung wird durch ”Analyse-Handlungs”-Zyklen beschrieben.
Zunächst wird in der Analysephase durch Vergleich der Datenbasis mit den
Bedingungsteilen der Regeln überprüft, welche Regeln anwendbar sind. In der anschließenden Handlungsphase werden eine oder mehrere der anwendbaren Regeln
ausgesucht und mit deren Aktionsteil die Datenbasis modifiziert. Danach beginnt
der nächste Zyklus. Das System terminiert, wenn keine Regel mehr anwendbar ist.
Die Vorwärtsverkettung ist dann vorteilhaft, wenn für einen einzelnen Knoten
nur wenige Folgeknoten vorliegen.

Die Rückwärtsverkettung wird durch ”Hypothese-Verifikations”-Zyklen beschrieben. Ausgehend von einem Zielknoten werden unter Verwendung von Wissensinhalten aus der Wissensbasis Hypothesen über die Existenz von Teilzielen
aufgestellt. Diese Teilziele sind dann zu verifizieren. Die Rückwärtsverkettung ist
im Gegensatz zur Vorwärtsverkettung dann vorteilhaft, wenn für einen einzelnen
Knoten nur wenige Vorgängerknoten vorliegen.

Bei der Bildanalyse wird ausgehend von der Low-Level-Verarbeitung zur High-Level-Verarbeitung hin eine starke Irrelevanzreduktion durchgeführt. Das bedeutet, daß zu einem Knoten im HBBZ wenige Folgeknoten gehören. Beispielsweise mögen zu einem speziellen ikonischen Bild nur wenige unterschiedliche Konturbilder gehören. Andererseits kann denselben Konturbildern eine weitaus größere Anzahl von ikonischen Bildern zugeordnet werden. Solange im Bereich der Verarbeitung von Bildmatrizen gearbeitet wird, ist daher nur die Vorwärtsverkettung praktikabel. Die Situation ist eine andere, wenn der Bereich der High-Level-Verarbeitung betrachtet wird. Hier ist es denkbar, daß aufgrund von Schlußfolgerungen basierend auf Fakten zu einem Knoten des HBBZ nur wenige Vorgängerknoten gehören, und hier ist dann ggf. eine Rückwärtsverkettung angebracht und praktikabel.

Denkbar sind auch bidirektionale Suchverfahren, die den Suchgraphen vom Startknoten und Zielknoten zugleich entwickeln. Wege vom Start zum Ziel sind dann gefunden, wenn im Verlauf der Entwicklung beider Teilgraphen gemeinsame Knoten gefunden werden können.

Entscheidungsverfahren bei der Graphsuche

Im folgenden soll die Frage behandelt werden, in welcher Reihenfolge die Knoten des Suchgraphen entwickelt werden, nachdem eine Entscheidung über die Richtung der Regelverkettung bereits getroffen worden ist. Die Festlegung auf Graphsuchverfahren ermöglicht dabei, Sprünge zwischen beliebigen, zu einem früheren Zeitpunkt bereits entwickelten Knoten des Suchgraphen, durchzuführen. Ein Beispiel für einen vollständigen Suchgraphen ist in Abb.4.8a dargestellt.

Liegt kein Wissen über die Vorgehensweise bei der Suche vor, muß der Graph systematisch durchsucht werden. Hierzu bieten sich die *Depth-First*-Suche und die *Breadth-First*-Suche an. Bei der Depth-First-Suche wird der Graph solange in die Tiefe entwickelt, bis sich herausstellt, daß seine Weiterentwicklung nicht zu der gewünschten Lösung führt. Danach wird der nächste Zweig entwickelt, bis der gewünschte Zielknoten erreicht wird. Ein Beispiel dazu ist in Abb.4.8b dargestellt. Bei der Breadth-First-Suche wird entsprechend Abb.4.8c der Suchgraph parallel Stufe für Stufe solange in die Tiefe entwickelt, bis der gewünschte Zielknoten erreicht ist.

Wenn eine Vielzahl von Regeln in jedem Knoten anwendbar ist, dann sind die genannten Verfahren der systematischen Suche sehr ineffizient und für praktische

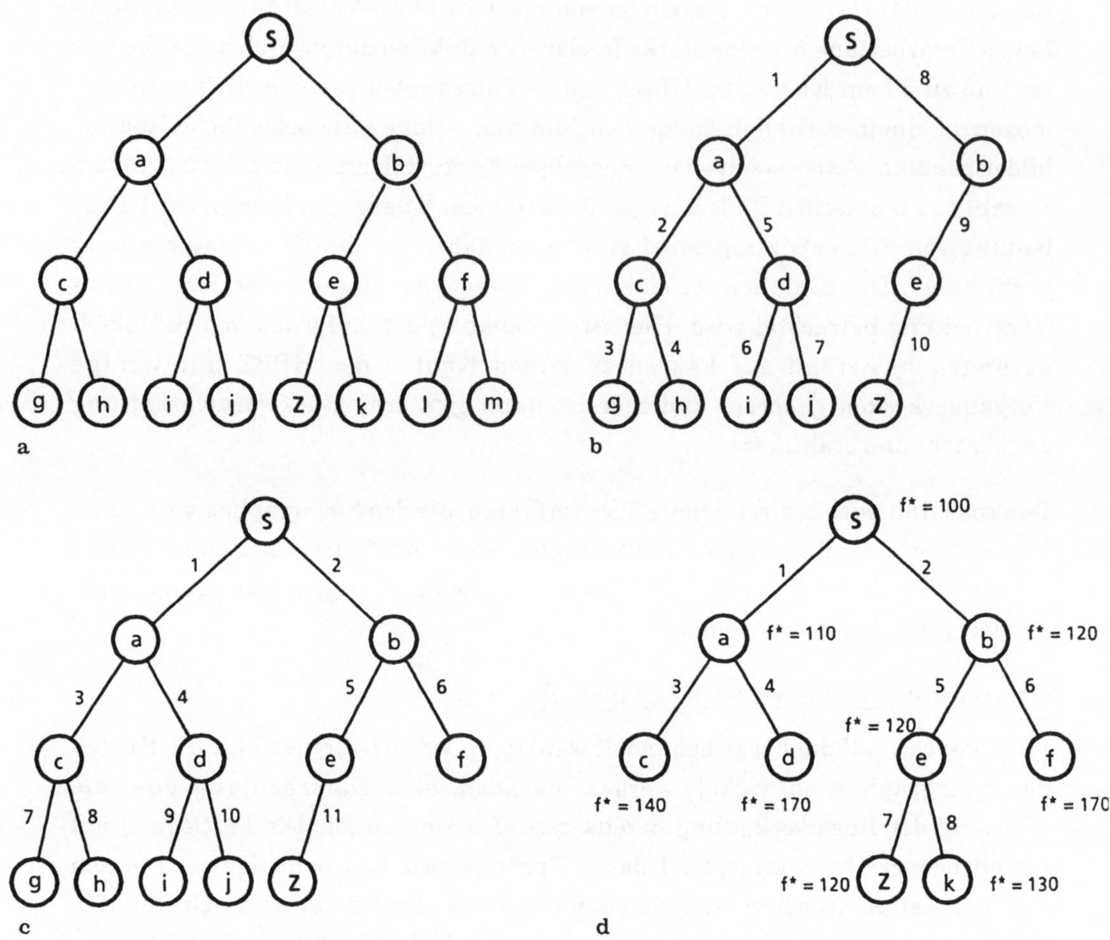

Abb.4.8.   Entscheidungsverfahren der Graphsuche: (a) Vollständiger Such-
graph mit den Startknoten S, den Zielknoten Z und den weiteren
Zwischenknoten a - m; (b) Depth-First-Suche; (c) Breadth-First-Su-
che; (d) Heuristische Suche mit Beispielen für die geschätzten
Gesamtkosten f* im Zusammenhang mit dem A*-Algorithmus. Die
Zahlen an den Kanten geben die Reihenfolge in der Entwicklung der
Knoten des Suchgraphen wieder.

Anwendungen nicht brauchbar, selbst wenn sie im Prinzip immer zum Ziel führen.
Wesentlich effizientere Verfahren werden dadurch erlangt, daß die Vielzahl der
Wege durch den Graphen aufgrund von Wissen eingeschränkt wird. Dies kann
beispielsweise dadurch geschehen, daß die Knoten des Suchgraphen nur in die

aussichtsreichste Richtung weiterentwickelt werden, wie das in Abb.4.8d angedeutet ist. Die Findung der aussichtsreichsten Richtung setzt eine Bewertung der Knoten voraus. Hier sollen zwei Fälle unterschieden werden:

1. Die Beurteilung des Knotens ist komplex. Dann bietet sich an, eine Entscheidungsstrategie durch ein regelbasiertes System zu realisieren.

2. Die Beurteilung des Knotens im Suchgraphen ist durch eine einzelne Gütezahl ausdrückbar. Dann sind die Verfahren der *heuristischen Suche* anwendbar.

Die heuristische Suche geht von der Existenz einer Kostenfunktion $C(Knoten\ n, Knoten\ m)$ aus, für die gilt:

$$C(Knoten\ n, Knoten\ m) = \begin{cases} \infty, & \textit{falls die Knoten n, m nicht durch einen Zweig verbunden sind} \\ \textit{beliebig} & \textit{in jedem anderen Fall} \end{cases}$$

Für die Summe $SUM(S, Z)$ der Kosten der Wegabschnitte vom Start- zum Zielknoten des Graphen ergibt sich damit:

$$SUM(S, Z) = C(S, Knoten\ n(1))$$

$$+ \sum_{i=1}^{l-1} C(Knoten\ n(i), Knoten\ n(i+1))$$

$$+ C(Knoten\ n(l), Z)$$

C muß dabei so definiert werden, daß die Kosten für den optimalen Weg minimal werden. Durch Abschätzung der Wegkosten aufgrund heuristischen Wissens ist eine Steuerung der Wegfindung möglich. Der gängige Algorithmus hierfür ist der sogenannte A*-Algorithmus.

A*-Algorithmus

Bezeichnet $g(M)$ die minimal möglichen Kosten für einen Weg von dem Startknoten S zu einem beliebigem anderen Knoten M des Graphen und $h(M)$ die minimal möglichen Kosten für einen Weg von dem beliebigen Knoten M zu dem Zielknoten Z, sei also

$$g(M) = Min\{C(S, M)\} \quad \text{und}$$
$$h(M) = Min\{C(M, Z)\},$$

so stellt

$$f(M) = g(M) + h(M)$$

die minimal möglichen Kosten für einen Weg dar, der vom Startknoten zum Zielknoten über den Knoten M führt. Ist der Knoten M im Laufe der Suche bereits entwickelt worden, so läßt sich $g(M)$ durch die bis dahin minimalen Wegkosten $g^*(M)$ der bereits eröffneten Wege abschätzen. Dabei gilt stets

$$g^*(M) \geq g(M).$$

Liegt eine Abschätzung $h^*(M)$ auch für $h(M)$ vor, so lassen sich die gesamten Wegkosten vom Startknoten zum Zielknoten gemäß

$$f^*(M) = g^*(M) + h^*(M)$$

abschätzen. Wird im Laufe der Suche nun immer genau der Knoten M entwickelt, für den die Abschätzung $f^*(M)$ minimal ist, so läßt sich zeigen, daß der optimale Weg mit Sicherheit im Rahmen dieser Vorgehensweise dann gefunden wird, wenn

$$h^*(M) \leq h(M)$$

gilt, d.h. $h^*(M)$ eine untere Grenze für $h(M)$ ist. Die Geschwindigkeit des Verfahrens hängt von der Güte der Abschätzung $h^*(M)$ ab. Das heuristische Wissen über das zu lösende Problem fließt in die Definition der Berechnungsvorschrift für $h^*(M)$ ein. Abb.4.8d zeigt dazu ein Beispiel.

4.4.3 Beispiele für Bildanalysestrategien

Im folgenden sollen einige ausgewählte Bildanalysestrategien anhand von Beispielen erläutert werden.

Beispiel 1: <u>Bottom-Up-Strategie</u>

Der Ausdruck "Bottom-up" nimmt Bezug auf den hierarchischen Bildbeschreibungszustand (HBBZ) und geht davon aus, daß dieser von unten nach oben strukturiert die Grauwertmatrix des ikonischen Bildes, die Wertematrix des segmentierten Bildes, die Elemente der ersten symbolischen Beschreibung und an der Spitze symbolische Beschreibungen von Objekten höherer Abstraktionsstufen enthält. Bei der Bottom-Up-Strategie wird der HBBZ von unten nach oben (bottom up) über die genannten Stufen aufgebaut. Die Entwicklung des HBBZ in die höheren Ebenen wird durch Daten aus den unteren Ebenen bestimmt. Es wird deshalb auch oft von einer "datengetriebenen" Strategie gesprochen.

Das für die Analyse des Bildes relevante Wissen ist nicht explizit in einem Modell formuliert, sondern implizit in der Folge der prozeduralen Schritte für die Bildverarbeitung und in deren Parametern enthalten. Das bedeutet, daß das Wissen typischerweise in Form eines Algorithmusses und den diesem zugeordneten Parametern codiert ist. Aufgrund der gewählten Wissensrepräsentationsform sind Bottom-Up-Strategien einerseits sehr effizient, andererseits aber wenig flexibel gegenüber unvorhergesehenen Änderungen im Bild. Der Einsatz ist dort vorteilhaft, wo aufgrund der speziellen Eigenschaften der Objekte und besonderer Maßnahmen bei der Datenerfassung unerwartete Variationen im Bild vermieden werden können. Hierzu geeignete Maßnahmen sind beispielsweise

- die Optimierung der Beleuchtung, um zufällige, z.B. tageszeitabhängige oder umgebungsbedingte Variationen in den Grauwerten der Bildpunkte zu vermeiden,

- die regelmäßige Überprüfung der Kamera zur Vermeidung von Bildunschärfen und Änderungen in der Orientierung der Kamera,

- die Einschränkung der Lagen der Objekte auf wenige wohldefinierte, stabile Lagen, beispielsweise durch Verwendung eines ebenen Untergrundes bei ebenen Objekten, die Verwendung von Halterungen usw. und

- die Einschränkung auf eine kleine Anzahl verschiedener Objekte und/oder unterschiedlicher Eigenschaften, um eine hohe Sicherheit bei der Bedeutungszuweisung zu erreichen.

Die Bottom-Up-Strategie stellt nach dem Stand der Technik bei der Verarbeitung industrieller Szenen die am häufigsten verwendete und wichtigste Bildanalysestrategie dar.

Beispiel 2: <u>Top-Down-Strategie</u>

Die Top-Down-Strategie nimmt ebenfalls Bezug auf die Strukturierung des HBBZ, bei der die Grauwertmatrix des ikonischen Bildes unten und Objekte höheren Abstraktionsniveaus oben angeordnet sind. Ausgehend von den höheren Abstraktionsniveaus werden aufgrund des für die Analyse des Bildes relevanten Wissens Hypothesen aufgestellt, die anhand des Bildmaterials zu verifizieren sind. So könnte beispielsweise die Erkennung einer bewegten roten Bildpunktgruppe in einer Autobahnszene die Hypothese für das Vorhandensein eines fahrenden roten Autos initiieren. Diese Hypothese müßte in einem zweiten Schritt anhand für Autos typischer Teile wie Räder, Scheinwerfer, Fenster usw. im Bildbereich verifiziert werden.

Für die automatische Verifikation von Hypothesen, die auch anschaulich überprüfbar sein sollten, ist eine explizite Modellbeschreibung notwendig. Darüber hinaus ist zur Erreichung einer hohen Flexibilität eine explizite Repräsentation aller für die Bilddeutung relevanten Wissensinhalte notwendig. Der Einsatz der Top-Down-Strategie ist dort angebracht, wo einerseits die Zusammenhänge in der Szene und die Abbildungsverfahren zur Erzeugung des Bildes wohlbekannt sind, aber andererseits aufgrund einer geringen Qualität der Bilddaten oder einer hohen Komplexität der Szene eine große Variabilität der bildlichen Ausprägungen vorliegt. Der geforderten hohen Flexibilität bei der Verwendung der gespeicherten Wissensinhalte steht in der Praxis eine geringe Recheneffizienz gegenüber. Realzeitfähige Systeme sind daher nach dem heutigen Stand der Technik nur schwer realisierbar.

Reine Top-Down-Strategien werden praktisch nie verwendet. Der Grund liegt darin, daß zur Verifikation von Hypothesen die Punkte der Grauwertmatrix entsprechend dem niedrigsten Niveau des HBBZ nur selten geeignet sind. Besser geeignet sind allgemein Bildbereichshinweise und Szenenbereichshinweise, die in einem ersten Schritt durch eine Bottom-Up-Strategie aus dem Bild bestimmt werden müssen. Deswegen werden Top-Down-Strategien in der Regel nur gemischt mit Bottom-Up-Strategien verwendet.

Top-Down-Strategien sind in der Praxis bei weitem nicht so verbreitet wie Bottom-Up-Strategien. Ihre Einsatzmöglichkeiten befinden sich vielmehr erst im Zustand der Erprobung.

Beispiel 3: <u>Analyse durch Synthese</u>

Die Analyse durch Synthese stellt ein Modellvergleichsverfahren dar. Es basiert auf folgendem Grundgedanken:

> Aufgrund der in einem Modell festgehaltenen a-priori-Kenntnisse über den Aufbau des zu erkennenden Objektes werden störungsfreie sogenannte Prototypen aufgebaut. Diese Prototypen werden mit dem vorliegenden Objekt verglichen. Dieser Vergleich erfolgt aus Gründen der Effizienz in der Regel nicht im Bildpunktbereich, sondern im Bildsegmentbereich auf der Basis von Bildbereichshinweisen (z.B. Primitiven wie Ecken und Kreise). Die Erkennungsaufgabe besteht darin, denjenigen Prototypen zu bestimmen, für den ein zwischen den Bildbereichshinweisen des Objektes und den Bildbereichshinweisen des

Prototypen, die in einer sogenannten Bildskizze darstellbar sind, definiertes Ähnlichkeitsmaß einen maximalen Wert annimmt.

Zu bestimmende Parameter wie z.B. die Lage eines Objektes im Bild werden bei der Analyse durch Synthese aus dem Prototypen maximaler Ähnlichkeit zum vorliegenden Objekt gewonnen. Neben der Klassenzugehörigkeit sind dabei weitere Parameter bestimmbar. In diesem Sinne erlaubt die Analyse durch Synthese über die einfache Klassifikation hinausgehende Anwendungen.

Abb.4.9 zeigt den konzeptionellen Rahmen der Strategie. Es sind demnach folgende Komponenten erforderlich:

1. Ein Modell, bestehend aus zwei Komponenten, dem geometrischen Modell und dem generativen Modell. Das geometrische Modell beschreibt die Gestalt des Prototypen. Das generative Modell beschreibt die Reihenfolge der möglichen Aufbauschritte zur Erzeugung eines Prototypen aus Aufbauelementen (Primitiven).

2. Ein Ähnlichkeitsmaß zur Erfassung der Ähnlichkeit zwischen einem Prototypen und einem Objekt.

3. Ein Suchverfahren zur Suche des Prototypen maximaler Ähnlichkeit in der Bildbereichshinweisebene, d.h. zur Bestimmung von Korrespon-

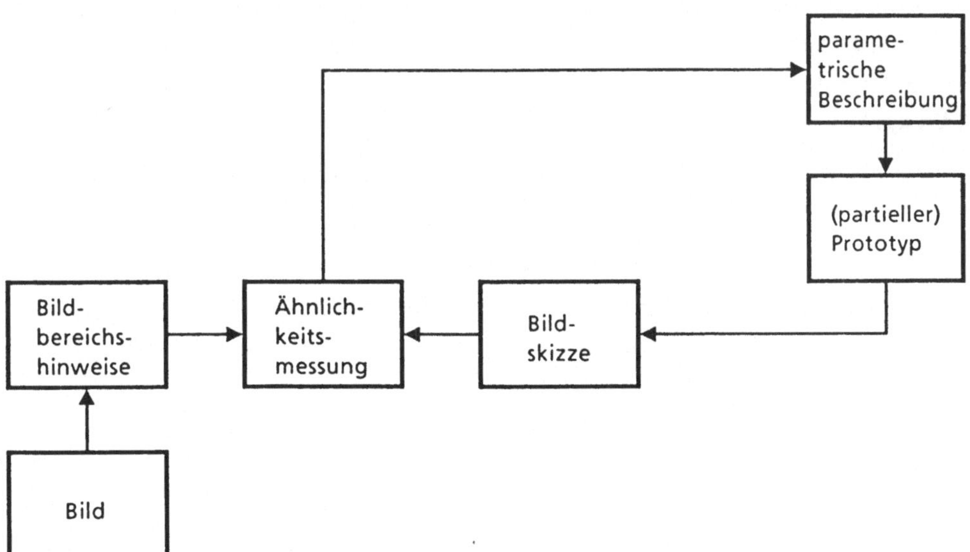

Abb.4.9.   Algorithmischer Rahmen für die Analyse-durch-Synthese-Strategie.

denzen zwischen Primitiven des Objekts (Bildbereichshinweisebene)
und Primitiven des Prototypen (Bildskizze).

<u>Das Modell</u>

Die Beschreibung des Aussehens des Prototypen muß grundsätzlich der Beschreibungsform des Objektes entsprechen, um ein Ähnlichkeitsmaß sinnvoll definieren
zu können. Die Objektdaten können dabei in Form einer Matrix von Grauwerten
gegeben sein; entsprechend sind dann die Prototypen als Matrix von Grauwerten
zu repräsentieren. In der Regel ist jedoch eine datenkomprimierende Vorverarbeitung sinnvoll. Bei dieser Vorverarbeitung handelt es sich um keine Segmentierung
entsprechend den Abschnitten 2.2 und 2.3, da keine Bedeutungszuweisung im
Sinne eines vorgegebenen Modells vorgenommen wird. Das zur Vorverarbeitung
eingesetzte a priori Wissen besteht lediglich aus der Kenntnis, daß sich das Objekt
durch entsprechende Primitive ausreichend beschreiben läßt und wie diese Primitive extrahierbar sind.

Um die Reihenfolge des Aufbaus eines Prototypen festzulegen, genügt es im Prinzip, die entsprechenden Aufbauelemente (Primitive) des geometrischen Modells in
der gewünschten Reihenfolge aufzuzählen. Für jede alternative Realisierung von
Prototypen ist dann eine spezielle Folge von Aufbauelementen festzulegen. Dies
führt in der Praxis jedoch zu unvertretbar hohem Aufwand. Günstiger ist es,
Regeln für den Aufbau eines Prototypen beispielsweise in Form eines erweiterten
Übergangsnetzes (Augmented Transition Network = ATN) einzuführen. Ein ATN
ist eine Erweiterung einer regulären Grammatik. Eine reguläre Grammatik ist
ein 4-Tupel

$$G = (V_N, V_T, S, P)$$

mit $\quad V_T$: Menge terminaler Symbole (Primitive, d.h.
Aufbauelemente des Objektes),
V_N: Menge der nichtterminalen Symbole,
S : Anfangssymbol,
P : Menge der Produktionsregeln.

Die Produktionsregeln besitzen die Form

$$A \rightarrow a$$

oder

$$A \rightarrow Ba \;,$$

wobei Großbuchstaben für nichtterminale Symbole und Kleinbuchstaben für terminale Symbole oder das neutrale Element stehen. Durch Einführung sog. Tests und Aktionen auf sog. Registern ergibt sich aus einer regulären Grammatik ein ATN.

Tests: Eine Produktion ist nur anwendbar, falls bestimmte Bedingungen in den Registern erfüllt sind.

Aktionen: Die Anwendung einer Produktion ist mit der Änderung bestimmter Registerinhalte verknüpft.

Mit Hilfe der Register ist es bei einem ATN z.B. möglich festzulegen, daß eine bestimmte Produktion, wenn sie zur Anwendung kommt, mindestens N_{min} mal nacheinander und höchstens N_{max} mal nacheinander angewendet wird.

Das Ähnlichkeitsmaß

Zur Definition von Ähnlichkeitsmaßen muß von folgenden Voraussetzungen ausgegangen werden:

1. Die Repräsentation von Prototypen und Objekten ist gleichartig.

2. Es existiert eine Zuordnung der Primitive jedes Prototypen zu den Primitiven jedes Objekts.

Es lassen sich als Ähnlichkeitsmaße dann die negierten Abstandsmaße einführen wie sie für attributierte relationale Graphen in der Literatur definiert wurden.

Das Suchverfahren

Die Problematik des Suchverfahrens besteht darin, die Prototypen schrittweise aufzubauen und über die Ähnlichkeit der aufgebauten Prototypen mit dem Objekt die Suche nach dem Prototypen maximaler Ähnlichkeit zu steuern. Hierzu können die in Abschnitt 4.4.2 erwähnten Suchstrategien herangezogen werden.

4.5 Literaturhinweise

Die in diesem Kapitel angesprochenen Punkte sind aktuelles Forschungsthema im Bereich der Künstlichen Intelligenz (KI). Einen vollständigen Überblick über das Gebiet der KI zu geben, ist hier nicht möglich. Es werden daher im folgenden nur einige ausgewählte Literaturhinweise aufgeführt.

Den klassischen, wenn auch nicht mehr aktuellen Einführungstext in das Gebiet der KI stellt Barr und Feigenbaums "The Handbook of Artificial Intelligence" [BARR81] dar. Als weitere Einführungstexte können von Nilsson "Principles of Artificial Intelligence" [NIL82] und von Winston "Artificial Intelligence" [WINS84] und von Rich "Artificial Intelligence" [RICH83] empfohlen werden.

Die Grundlagen der Wissensrepräsentation und die hierzu gehörigen Sprachen, Umgebungen und Werkzeuge inklusive der kommerziellen Werkzeuge werden bei Harmon/King [HARM85] und Waterman [WATE86] detailliert dargestellt. Zu den jeweiligen Sprachen und Entwicklungsumgebungen existieren geeignete spezielle Einführungen, wie beispielsweise von Winston [WINS87] in LISP, von Clocksin und Mellish [CLOC84] in PROLOG und von Brownston [BROW85] in OPS5.

Ein wesentlicher Aspekt der wissensbasierten Bildanalyse stellen die Strategien und Verfahren zur Nutzung von anwendungsbezogenem Wissen dar. Derartige Strategien und Verfahren finden sich in der Literatur unter den Begriffen der Such- bzw. Inferenzverfahren. Sie nehmen in den Standardwerken, wie [NIL82, BARR81, WINS84 und GRAH88] einen breiten Raum ein. Eine detaillierte Analyse der heuristischen Strategien wird in [PEAR84] durchgeführt.

Überblicke über die Verwendung von Ansätzen aus dem Bereich der KI für die Mustererkennung bzw. für die Bildanalyse werden in [BAL82, KAN79 und COHE82] gegeben. Eine Analyse über existierende Systeme zur Mustererkennung und zur Bildanalyse findet sich bei [BINF82 und BOLC81]. Als deutschsprachiges Buch kann in diesem Zusammenhang von Niemann und Bunke "Künstliche Intelligenz in Bild- und Sprachanalyse" [NIE87] besonders empfohlen werden.

Für die Behandlung aktueller Probleme, wie beispielsweise die Behandlung von Unsicherheiten, empfiehlt sich die Lektüre von Graham und Jones mit dem Titel "Expert Systems; Knowledge, Uncertainty and Decision" [GRAH88].

Ein anderes aktuelles Problem stellt das automatische Lernen dar. Zu diesem Thema können als Einführungstexte die Standardwerke der KI von Cohen und Feigenbaum [COHE82] und Winston [WINS84] dienen.

5 Ein Anwendungsbeispiel

5.1 Formulierung der Aufgabenstellung und Lösungsansatz

In diesem Abschnitt soll exemplarisch der Entwurf eines Bilddeutungssystems durchgeführt werden.

<u>Aufgabenstellung des Bilddeutungssystems</u>

Abb.5.1 zeigt eine repräsentative Auswahl von Objekten eines bestimmten Typs. Mittels des zu entwerfenden Bilddeutungssystems soll aus einer monokularen Ansicht die Lage der abgebildeten Objekte bestimmt werden können. Für die Lagebestimmung stehe dabei ein Zeitraum von ca. 10s zur Verfügung. Beim Entwurf des Bilddeutungssystems wird davon ausgegangen, daß im praktischen Betrieb jeweils nur ein Objekttyp auftritt.

Ein wesentlicher Leitgedanke beim Entwurf eines Bilddeutungssystems sollte immer sein, die Problemstellung im Hinblick auf eine hohe Deutungssicherheit möglichst einfach zu gestalten. Dies ist dadurch möglich, daß die Restriktionen in der Aufgabenstellung konsequent ausgenutzt werden.

Allen in Abb.5.1 abgebildeten Objekten ist gemeinsam, daß sie als quasi flächenhaft betrachtet werden können. Das Problem der Bilddeutung ist deshalb auf ein 2D-Problem reduzierbar, wenn die Kameraposition orthogonal in festem Abstand zur Objektebene gewählt wird. Abb.5.2 zeigt die sich ergebende prinzipielle Aufnahmeanordnung. Zur Vermeidung von Problemen aufgrund von Schattenwurf ist es dabei zweckmäßig, mit diffuser Beleuchtung zu arbeiten.

Um die Lagebestimmung der Objekte durchführen zu können, müssen dem System a priori die zugehörigen Objektbeschreibungen bekannt sein. In diesem Zusammenhang stellt sich unmittelbar die Frage, welche Objektbeschreibung zweckmäßig ist. Es ist dabei eine Beschreibungsform zu wählen, die es erlaubt, alle

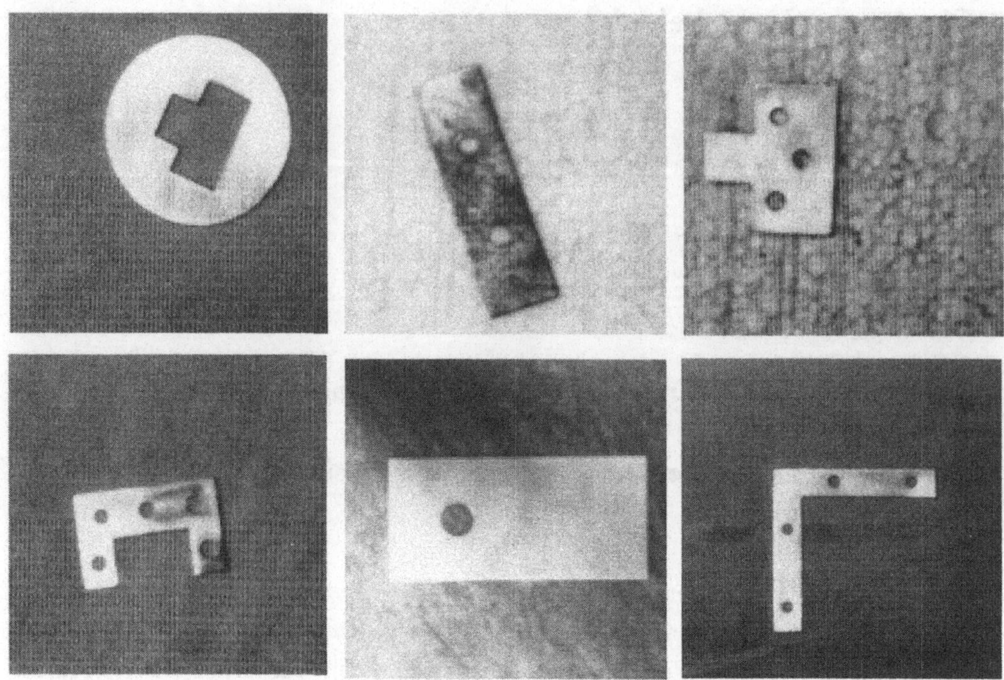

Abb.5.1. Repräsentative Auswahl von Objekten für die vorgegebene Aufgabenstellung einer Lagebestimmung.

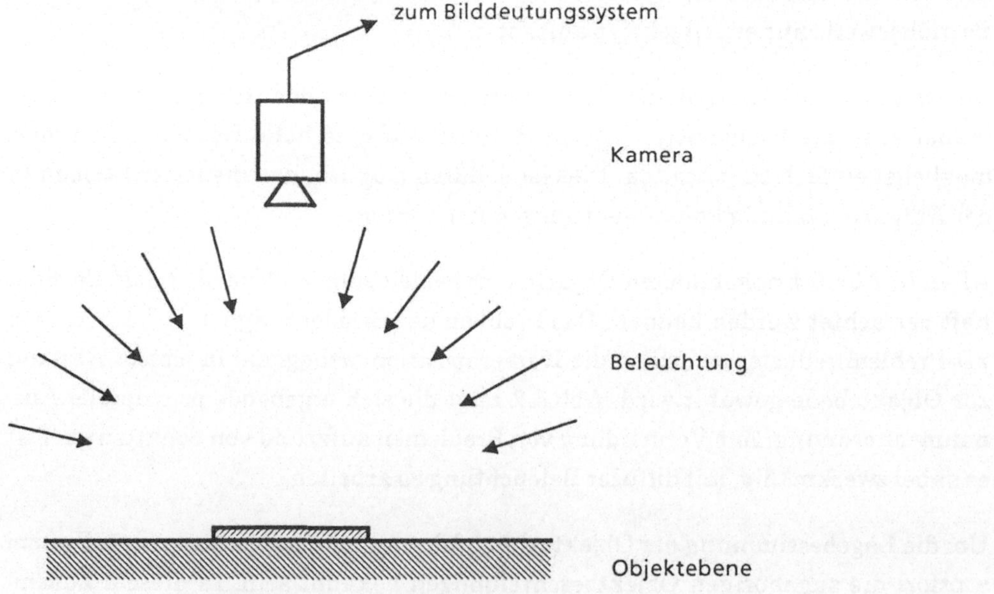

Abb.5.2. Prinzipielle Aufnahmeanordnung für das zu konzipierende Bilddeutungssystem.

Objekte gleichermaßen zu erfassen. Wie eine Betrachtung von Abb.5.1 zeigt, wird es nicht sinnvoll sein, zur Objektbeschreibung Oberflächeneigenschaften der Objekte (d.h. Grauwerte im Bild) mit heranzuziehen, da diese einer erheblichen Variationsbreite unterliegen. Abstrahiert man von den Oberflächeneigenschaften der Objekte sowie des Hintergrundes, so erscheinen die Objekte wie in Abb.5.3 dargestellt.

Die in Abb.5.3 gewählte Darstellung läßt deutlich werden, daß alle betrachteten Objekte sich durch charakteristische Linienelemente beschreiben lassen. Als Typen von Linienelementen sind dabei Geradenstücke, Kreise und Zweischenkelecken (im folgenden einfach Ecken genannt) einzuführen. Eine für die Lagebestimmung hinreichende Beschreibung der Objekte ist durch Angabe der verschiedenen ihnen zugeordneten Linienelemente, sowie durch Angabe der Beziehungen zwischen diesen Linienelementen möglich.

Abb.5.4 zeigt ein Objekt sowie die Beschreibung dieses Objektes mittels der angegebenen Linienelemente. Da in dem gewählten Beispiel die Verwendung der Linienelemente vom Typ Kreis und Ecke bereits zu einer genügend hohen Deutungssicherheit führt, konnte auf die Verwendung von Geradenstücken verzichtet

Abb.5.3.   Darstellung der Objekte von Abb.5.1 ohne die für die Lageerkennung irrelevanten Oberflächeneigenschaften.

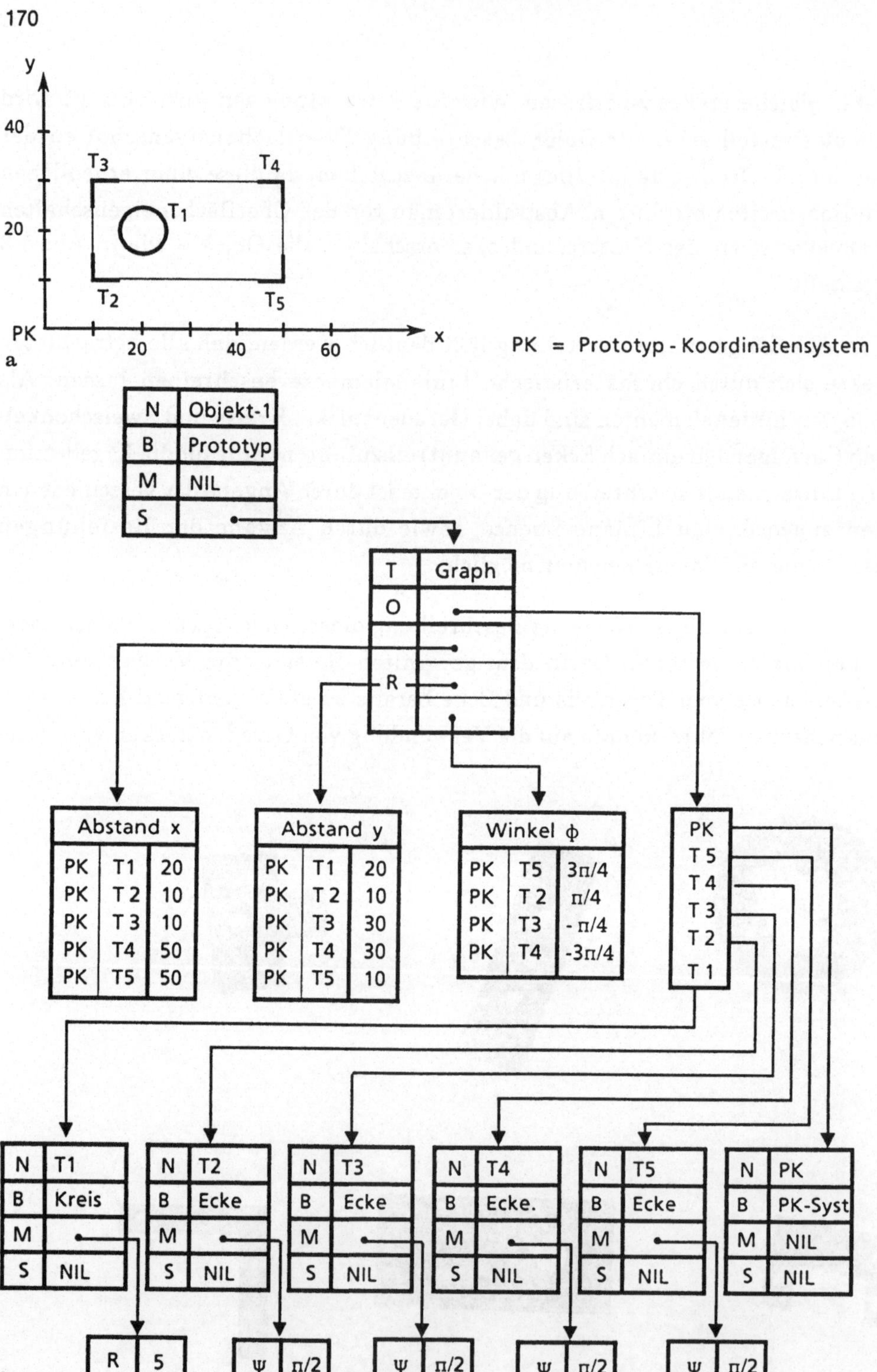

Abb.5.4. Beispiel für eine Objektbeschreibung: (a) Graphische Darstellung; (b) symbolische Beschreibung.

werden. Den Linienelementen zugeordnete Primitive besitzen jeweils ein Merkmal, bei Kreisen den Radius, bei Ecken den Öffnungswinkel und bei Geradenstücken die Länge. Zur Definition der Beziehungen zwischen den Primitiven wird ein spezielles Primitiv PK, das Prototyp-Koordinatensystem, eingeführt. Der Vorteil der expliziten Einführung eines solchen Primitives liegt darin, daß z.B. die Abstandsrelation "ABSTAND X" nur für die Paare angegeben werden muß, die PK als Element enthalten. Hieraus ist die entsprechende Relation für beliebige Primitivpaare berechenbar. Die Orts-Koordinaten eines Primitives (Mittelpunkt beim Kreis, Scheitelpunkt bei der Ecke bzw. Halbierungspunkt beim Geradenstück) dürfen nicht mit einem Merkmal des Primitives verwechselt werden, da sie strukturelle Informationen über das zu beschreibende Objekt darstellen und immer relativ zu einem Bezugspunkt anzugeben sind.

Bei einer Objektbeschreibung mittels linienhafter Primitive ist die Bilddeutung prinzipiell in den Schritten

- der Extraktion der relevanten Linienelemente aus dem zu
  deutenden Bild und

- der Gruppierung der extrahierten Linienelemente zu Objekten und
  Ermittlung der Lage dieser Objekte

durchzuführen. Abb.5.5 zeigt einen typischen hierarchischen Bildbeschreibungszustand, der sich auf diese Weise ergibt. Auch bei diesem hierarchischen Bildbeschreibungszustand ist es sinnvoll, ein spezielles Primitiv GK, das globale Koordinatensystem, einzuführen. In Abb.5.5 ist angedeutet, daß nach der Bilddeutung im hierarchischen Bildbeschreibungszustand einzelne nicht zugeordnete Primitive vorhanden sein können.

Der in Abb.5.5 angegebene hierarchische Bildbeschreibungszustand ist noch nicht eindeutig definiert. Folgende ("willkürliche") Festlegungen sind noch erforderlich:

1. Das globale Koordinatensystem GK ist in definierter Weise an das zu deutende Bild zu koppeln. Dies kann eindeutig dadurch erfolgen, daß als Nullpunkt des globalen Koordinatensystems die linke untere Ecke des Bildes und als x-Richtung die horizontale Richtung gewählt werden. Abb.5.6 zeigt diese Festlegungen.

2. Der Bezugspunkt bzw. die Bezugsrichtung für die Objektlage sind in definierter Weise an die Objektbeschreibung zu koppeln. Dies ist individuell für *jeden* Objekttyp durchzuführen. Entsprechend der

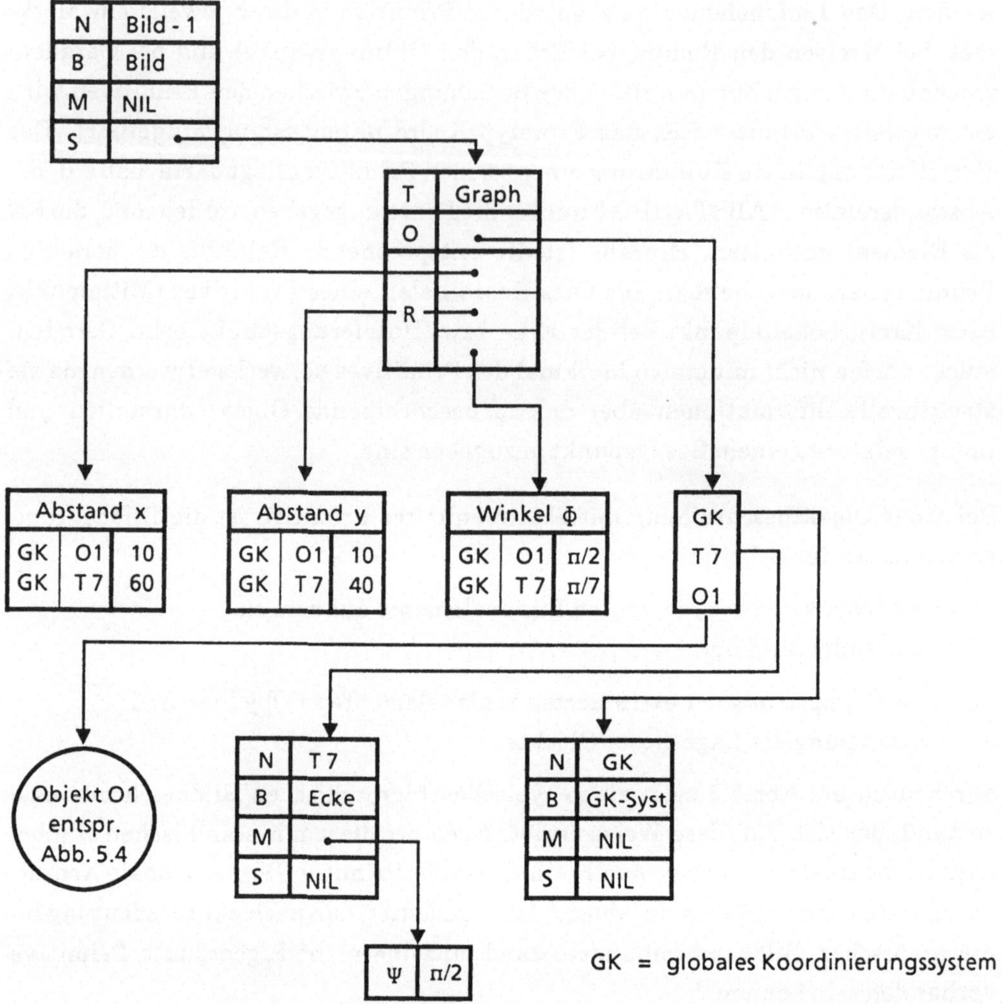

Abb.5.5.   Beispiel für einen hierarchischen Bildbeschreibungszustand (HBBZ), wie er aus einer Szene mit einem Objekt nach Abb.5.4a gewonnen sein könnte.

Objektbeschreibung nach Abb.5.4 kann beispielsweise als Bezugspunkt das Primitiv T2 und als Bezugsrichtung die Richtung vom Primitiv T2 zum Primitiv T3 festgelegt werden.

In der Aufgabenstellung ist der erlaubte Zeitbedarf zur Durchführung der Bilddeutung mit ca. 10s angegeben worden. Diese Vorgabe läßt sich beim derzeitigen Stand der Rechnertechnik nur erfüllen, wenn der Aufbau des angestrebten hierar-

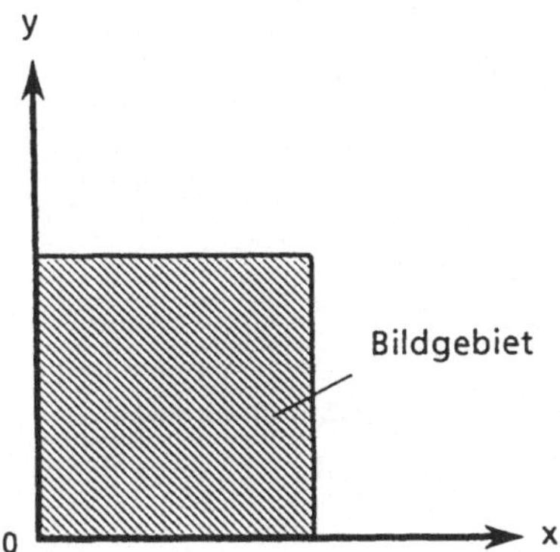

Abb.5.6.   Festlegung des Ursprungs des globalen Koordinatensystems relativ
zum Bildgebiet.

chischen Bildbeschreibungszustandes algorithmisch durchgeführt wird. Ein derartiger Bilddeutungsalgorithmus ist erfahrungsgemäß jedoch an jeden einzelnen Objekttyp gesondert anzupassen. Soll das Gesamtsystem hinreichend flexibel sein, muß es diesen Adaptionsprozeß automatisch durchführen können. Das Gesamtsystem ist also um eine entsprechende Systemkomponente zu erweitern.

Der Adaptionsprozeß darf im Gegensatz zum Bilddeutungsprozeß einen größeren Zeitbedarf erfordern, da die Adaption jeweils nur einmal zu Beginn der Anwendung des Bilddeutungssystems durchgeführt werden muß. Die Adaption kann sowohl überwacht als auch unüberwacht ausgeführt werden. Bei einer unüberwachten Adaption stehen dem System vor der Adaptionsphase keine speziellen Informationen zur Verfügung. Im Gegensatz hierzu sind dem System bei einer überwachten Adaption vor der Adaptionsphase typisch zu deutende Bilder (Referenzbilder) sowie deren ideale Deutungen (Referenzdeutungen) zu deklarieren. Da eine überwachte Adaption erheblich einfacher zu realisieren ist als eine unüberwachte, soll hier zur Lösung des Adaptionsproblems eine überwachte Adaption eingesetzt werden.

Wie bereits ausgeführt sind bei einer überwachten Adaption für das System Referenzdeutungen bereitzustellen. Praktisch kann dies dadurch geschehen, daß interaktiv die Primitive, die im Referenzbild zum Objekt gehören, durch geeignete Markierung dem System in ihrer Lage bekannt gemacht werden. Dabei ist eine Ecke durch drei Punkte (Scheitelpunkt sowie je einen Schenkelpunkt), ein Kreis durch zwei Punkte (Mittelpunkt sowie ein Punkt auf der Kreislinie) und ein Geradenstück durch zwei Punkte (die beiden Endpunkte) zu markieren. Hieraus kann problemlos die erforderliche Referenzdeutung gewonnen werden. Gleichzeitig wird auf diese Weise die für den Bilddeutungsprozeß notwendige Objektbeschreibung erhalten.

5.2 Der Verarbeitungsteil

Der Verarbeitungsteil des Bilddeutungssystems hat die Aufgabe, aus einem zu deutenden Bild einen hierarchischen Bildbeschreibungszustand entsprechend Abb.5.5 zu erzeugen. Hierzu sind

- die relevanten Linienelemente aus dem zu deutenden Bild zu extrahieren und

- die extrahierten Linienelemente zu Objekten zu gruppieren sowie die Lage dieser Objekte zu ermitteln.

Die Extraktion der relevanten Linienelemente aus dem zu deutenden Bild selbst erfolgt wiederum in zwei getrennten Schritten,

- der Erzeugung eines für die Extraktion der Linienelemente optimalen segmentierten Bildes

- und der Extraktion der Linienelemente aus dem segmentierten Bild.

Da für die Extraktion jeden Linienelementtyps (Kreis, Ecke, Geradenstück) unterschiedliche segmentierte Bilder optimal sind, ist es sinnvoll, für jeden Linienelementtyp auch jeweils ein entsprechendes segmentiertes Bild zu erzeugen.

Erzeugung der segmentierten Bilder

Da in dem hier betrachteten Anwendungsfall die erste symbolische Beschreibung aus linienhaften Primitiven besteht, handelt es sich bei den segmentierten Bildern um Binärbilder. Abb.5.7 zeigt für ein Beispiel die jeweiligen optimalen segmentierten Bilder zur Extraktion der Linienelemente vom Typ Ecke und Kreis.

Die Erzeugung dieser Binärbilder kann "bottom-up" erfolgen. Ziel der dabei stattfindenden Verarbeitung ist es, die relevante Information hervorzuheben. Die Linienelemente vom Typ Ecke und Kreis zeichnen sich im zu deutenden Bild dadurch aus,

- daß am Ort der bildlichen Ausprägung dieser Linienelemente Grauwertübergänge vorliegen und

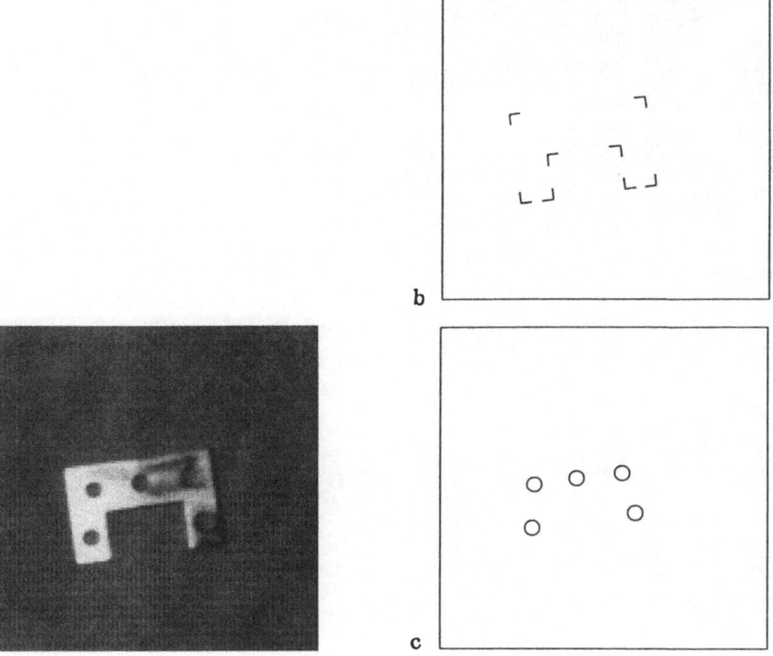

Abb.5.7.   "Optimale" segmentierte Bilder für die Extraktion der Linienelemente vom Typ Ecke und Kreis: (a) Original; "optimales" segmentiertes Bild für (b) die Eckenfindung und (c) die Kreisfindung.

- daß die Richtung der Grauwertübergänge sich entlang der
  Linienelemente signifikant ändert.

Grauwertübergänge stellen eine spezielle Form von lokaler Uneinheitlichkeit dar.
Zur Hervorhebung der relevanten Information ist es deshalb in einem ersten
Schritt zweckmäßig, ein Verfahren anzuwenden, das lokale Uneinheitlichkeit im
zu deutenden Bild detektiert. In dem hier betrachteten Fall ist ein Gradientenver-
fahren besonders geeignet. Daß dies tatsächlich zutrifft, ist allerdings nur durch
das Experiment verifizierbar. Abb.5.8 zeigt als Beispiel verschiedene Grauwert-
bilder mit den zugehörigen Gradientenbildern.

In Abb.5.8 fällt auf, daß an den Orten der zu erwartenden Linienelemente relativ
hohe Werte des Gradienten vorliegen, in verschiedenen Bereichen des Bildes diese
Werte jedoch erheblich voneinander abweichen. Eine unmittelbare Binärisierung
des Gradientenbildes durch eine Schwellwertoperation wäre also sehr problema-
tisch. Es würden sich Ergebnisbilder entsprechend Abb.5.9 ergeben. Wählt man

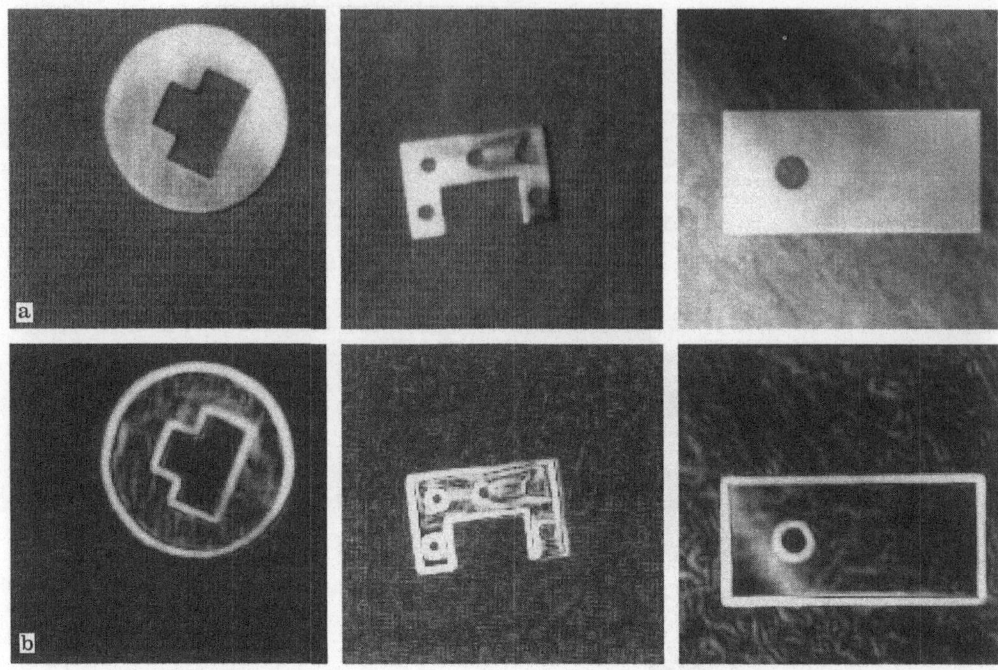

Abb.5.8.   Originalbilder (a) mit den zugehörigen Gradientenbildern (b).

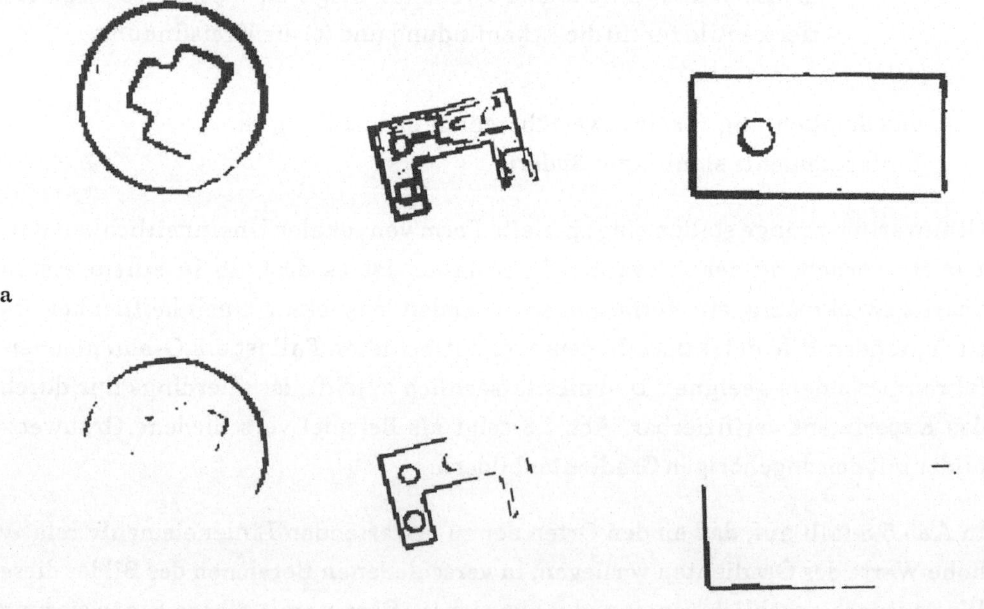

a

b

Abb.5.9.   Binärisierung der Gradientenbilder nach Abb.5.8 bei Verwendung (a) einer niedrigen und (b) einer hohen Schwelle.

die Schwelle niedrig, um alle relevanten Linienelemente zu erfassen, so können entsprechend Abb.5.9a sehr breite Linienelemente entstehen. Wird dementgegen die Schwelle hoch gewählt, werden entsprechend Abb.5.9b die Linienelemente nicht vollständig erfaßt.

Um die dargelegte Problematik zu vermeiden, ist es zweckmäßig, das Gradientenbild lokal adaptiv im Bereich der Linienelemente aufzubereiten. Gleichgroße Werte an den Orten der Linienelemente werden erhalten, wenn das Gradientenbild an den Orten potentieller Linienelemente einer Rangfilterung unterzogen wird. In einem ersten Schritt ist dazu jeder Bildpunkt als potentieller Punkt eines Linienelementes zu klassifizieren oder nicht. Dies kann durch Binärisierung des Gradientenbildes erfolgen. Insgesamt erhält man auf diese Weise einen elementaren Algorithmus, der im folgenden als "bedingte Rangfilterung" bezeichnet wird:

$$g_{bR}(i,j) = \begin{cases} Rang[g(i,j)], & \textit{falls } g(i,j) > T \\ 0 & \textit{sonst.} \end{cases} \tag{5.1}$$

Das nach Anwendung der bedingten Rangfilterung entstehende Ergebnisbild kann anschließend durch ein Schwellwertverfahren binärisiert werden. Abb.5.10 zeigt entsprechende Ergebnisse.

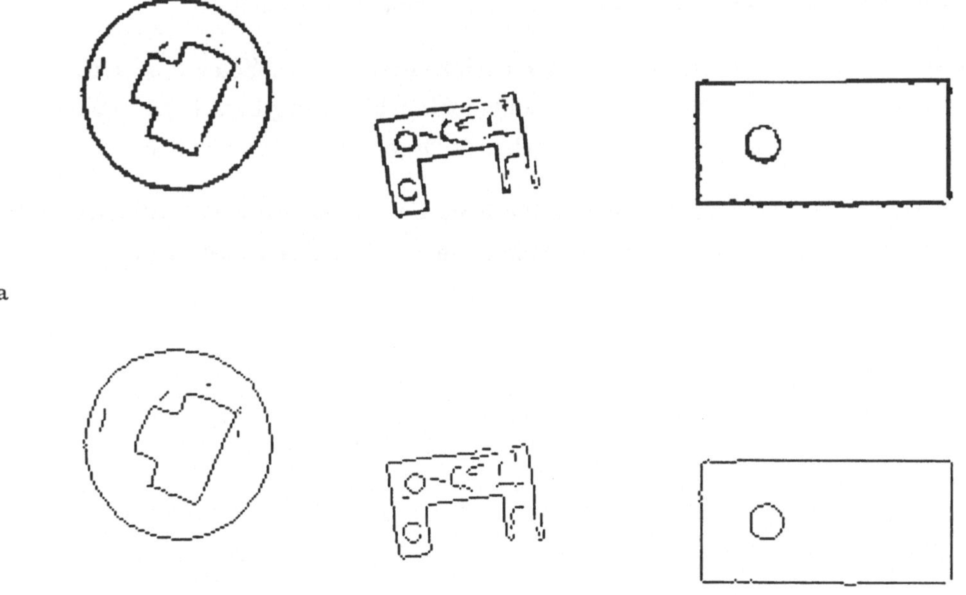

a

b

Abb.5.10. Binärisierung der Gradientenbilder aus Abb.5.8. (a) nach einer vorangegangenen Rangfolgefilterung und (b) nach einer anschließenden Verdünnung.

Neben den Linienelementen vom Typ Kreis und vom Typ Ecke prägen sich in Abb.5.10 auch die Linienelemente vom Typ Geradenstück deutlich aus. Dies kann sich bei der anschließenden Extraktion der Linienelemente vom Typ Ecke und Kreis als störend erweisen. Es ist deshalb zweckmäßig, die Linienelemente vom Typ Geradenstück im segmentierten Bild zu unterdrücken. Dies ist durch Ausnutzung der Eigenschaft möglich, daß sich die Richtung der Grauwertübergänge entlang der Linienelemente signifikant ändert.

Die Änderung der Richtung der Grauwertübergänge, d.h. die Gradientenrichtung, ist dabei nur an den Orten zu ermitteln, an denen im segmentierten Bild Binärpunkte auftreten. Der zugehörige Algorithmus wird als "Schärfebestimmung" bezeichnet und berechnet das Ausgangsbild gemäß

$$g_s(i,j) = \frac{\displaystyle\sum_{l=i-\frac{N-1}{2}}^{i+\frac{N-1}{2}} \sum_{m=j-\frac{N-1}{2}}^{j+\frac{N-1}{2}} \left| \Phi^G(l,m) - \Phi^G(i,j) \right|}{N^2 - 1}, \tag{5.2}$$

wobei Φ^G die Gradientenrichtung in dem jeweiligen Bildpunkt des Grauwertbildes und N die Größe einer quadratischen lokalen Umgebung bezeichnet.

Durch Anwendung eines Schwellwertverfahrens auf das Schärfebild und anschließender Verdünnung des entstehenden Binärbildes ergibt sich schließlich das endgültige segmentierte Bild. Entsprechende Ergebnisse zeigt Abb.5.11.

Eine Unterdrückung von Ecken bzw. Kreisen in dem segmentierten Bild, das optimal zur Extraktion der linienhaften Primitive vom Typ Kreis bzw. Ecke ist, ist mit

Abb.5.11.　　Segmentiertes Bild aufgrund der Verarbeitungsfolge Gradientenbild, Rangfolgefilterung, Schärfeberechnung, Schwellwertbildung und anschließende Konturverdünnung.

einfachen Mitteln nicht möglich, da keine signifikanten Unterschiede zwischen diesen existieren, die sich leicht durch lokale Operationen erfassen lassen.

Extraktion der ersten symbolischen Beschreibung

Nach Erzeugung der segmentierten Bilder, in denen sich die Linienelemente vom Typ Ecke bzw. Kreis optimal bildlich ausprägen, sind aus diesen die Menge der Ecken bzw. Kreise zu extrahieren. Die Extraktionsverfahren selbst sind "top-down"-Verfahren, da a priori Wissen über die ideale bildliche Ausprägung der Linienelemente (implizit) in diesen Verfahren repräsentiert ist. Dieses a priori Wissen ist dabei unabhängig von dem jeweils relevanten Objekttyp.

Die Extraktion der linienhaften Primitive vom Typ Kreis ist leicht mit der HOUGH-Transformation (siehe Kapitel 2.3.3) möglich. Da, wie Abb.5.1 zeigt, ein Objekt jeweils nur Kreise eines Durchmessers besitzt, umfaßt der HOUGH-Raum nur zwei Parameter, nämlich die der Position der Kreismittelpunkte. In dem HOUGH-Raum ist dann nach der Transformation lediglich eine Detektion des Maximums durchzuführen. Im Idealfall ist dabei für jedes Maximum dieselbe Höhe zu erwarten. Aus diesem Grunde kann die Detektion des Maximums einfach dadurch erfolgen, daß eine Schwelle durch den HOUGH-Raum gelegt wird. Um definierte Maxima zu erhalten, ist es notwendig, den HOUGH-Raum vorher einer Tiefpaß-Filterung zu unterziehen. Desweiteren ist ein minimal erlaubter Abstand zwischen zwei Kreisen festzulegen. Da Ecken bezogen auf die HOUGH-Transformation von Kreisen Viertelkreisen ähneln, werden sich diese im HOUGH-Raum ebenfalls als Maxima ausprägen. Diese werden aber bei der dargestellten Vorgehensweise unterdrückt, da die Höhe der zugeordneten Maxima im HOUGH-Raum kleiner als die bei den Primitiven vom Typ Kreis ist.

Die Extraktion der Primitive vom Typ Ecke ist erheblich problematischer, da die Primitive zum einen durch <u>drei</u> Parameter, die Koordinaten der Position sowie die Orientierung, zu beschreiben sind, und zum anderen die ideale bildliche Ausprägung nicht einfach durch eine Gleichung beschreibbar ist. Aus diesen Gründen ist ein anderes Vorgehen sinnvoll, das im folgenden beschrieben und anhand von Abb.5.12 erläutert wird.

Im Rahmen der Vorverarbeitung wird auf das Binärbild häufig eine Medianfilterung mit einem Fenster der Größe von 5×5 Bildpunktabständen angewandt. Die Bearbeitung einer Ecke an ihrer Spitze wird in Abb.5.12a und b anhand der Positionen zweier mit "1" und "2" bezeichneter Fenster des Medianfilters illustriert. Der weiße Kreis in der Mitte des Fensters 1 in Abb.5.12b deutet an, daß durch die Medianfilterung der Punkt dem Hintergrund, und der schwarze Kreis in der Mitte des Fensters 2 deutet an, daß dieser durch die Medianfilterung dem Bereich der Ecke zugeordnet wurde. Die aus der bearbeiteten Ecke gewonnene Kontur kann, wie in Abb.5.12d dargestellt, im Bereich der Ecke mit genügender Genauigkeit als Viertelkreis mit dem Radius von 3 Bildpunktabständen aufgefaßt werden. Ein ähnlicher Bearbeitungseffekt wird auch bei einer Tiefpaßfilterung erzielt. Zur Lokalisierung einer Ecke ist es ausreichend, den Mittelpunkt des zugeordneten Viertelkreises zu detektieren und um den Wert des Radius in Richtung

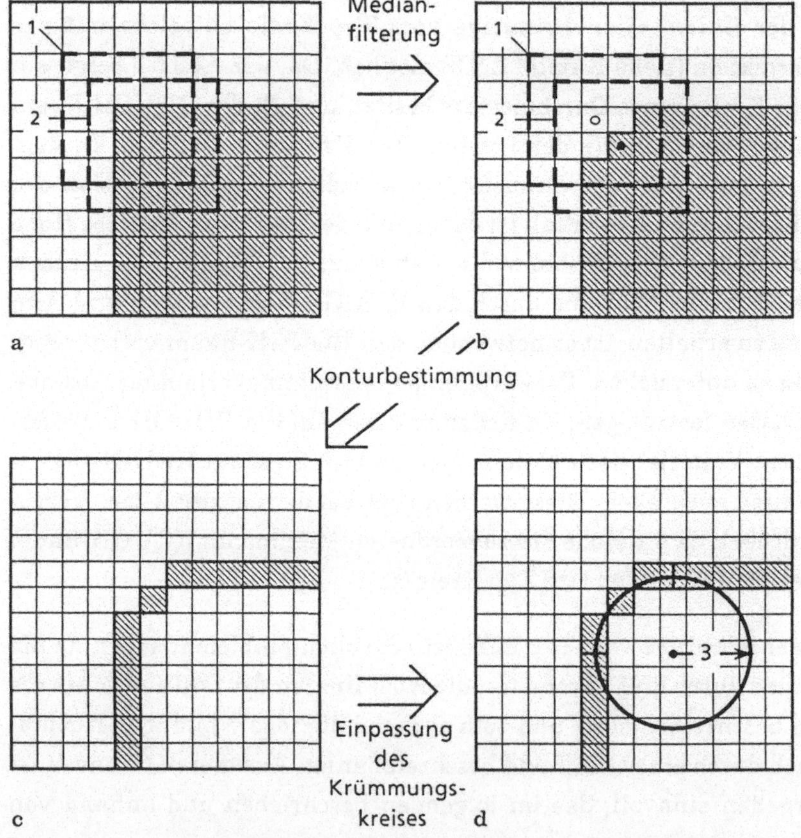

Abb.5.12. Beschreibung eines Primitivs vom Typ "Ecke" als Viertelkreis: (a) Idealisierte Ecke (schraffiert) im Binärbild, (b) Ausprägung der Ecke (schraffiert) nach einer Medianfilterung in einer 5 x 5-Nachbarschaft, (c) Kontur (schraffiert), (d) Einpassung eines Krümmungskreises mit dem Radius von 3 Bildpunktabständen.

der Orientierung der Ecke zu verschieben. Die Position eines Viertelkreises kann relativ einfach mittels einer modifizierten HOUGH-Transformation ermittelt werden.

Ausgangspunkt der Betrachtung ist das binäre segmentierte Bild mit den Punkten $g(i,j)$. Wird die HOUGH-Transformation zur Kreisextraktion

$$\mathbf{D} = [D(l, m)] = \sum_{(i,j)\ mit\ g(i,j)\ =\ 1} H_{Kreis}(i, j, 3) \tag{5.3}$$

gemäß

$$\mathbf{D}_x = [D_x(l, m)] = \sum_{(i,j)\ mit\ g(i,j)\ =\ 1} (i - l)\, H_{Kreis}(i, j, 3) \tag{5.4}$$

$$\mathbf{D}_y = [D_y(l, m)] = \sum_{(i,j)\ mit\ g(i,j)\ =\ 1} (j - m)\, H_{Kreis}(i, j, 3) \tag{5.5}$$

um zwei zusätzliche Komponenten erweitert, so läßt sich der Suchraum für die den Ecken zugeordneten Viertelkreisen durch

$$\mathbf{D}_E = [D_E(l, m)] = e^{K \cdot D(l, m)} \cdot \sqrt{D_x^2(l, m) + D_y^2(l, m)} \tag{5.6}$$

definieren. Vollständige Kreise vom Radius 3 prägen sich in diesem Suchraum nicht als Maxima aus, da an diesen Stellen (l, m)

$$D_x(l, m) = D_y(l, m) = 0 \tag{5.7}$$

wird. Für jeden Viertelkreis ist in $\mathbf{D}_E$ bei geeigneter Wahl des vom Radius abhängenden Wertes von K ein Maximum zu erwarten. Für einen Radius von 3 Bildpunktabständen ergibt sich K = - 0,195. Bezeichnet $P_1 = (l_1, m_1)$ den Ort eines solchen Maximums, so kann die Orientierung der zugeordneten Ecke gemäß

$$\Phi = arctan \frac{D_y(l_1, m_1)}{D_x(l_1, m_1)} \tag{5.8}$$

berechnet werden.

Bei dieser Art der modifizierten Hough-Transformation erfolgt natürlich nur eine approximative Suche nach Ecken. Für den betrachteten Anwendungsfall ist dies jedoch ausreichend.

Bei der praktischen Anwendung der modifizierten HOUGH-Transformation zur Eckensuche entsprechend den Gleichungen 5.3 - 5.8 können aufgrund der diskreten Geometrie Probleme auftreten, die im folgenden erläutert werden.

Wie aus Abb.5.12d ersichtlich ist, wird der derart abgebildete Viertelkreis vom Radius 3 Bildpunktabständen durch 5 Punkte beschrieben. Drei der fünf Punkte liegen dabei auf einer Geraden, die in Abb.5.12d unter 45° gegen die Waagerechte verläuft. Die geringe Anzahl von Punkten und die geringe Abweichung von der Geraden haben den Nachteil, daß ähnliche Strukturen recht häufig in ausgedünnten Geradenstücken zu finden sind und dort fälschlicherweise zur Eckenerkennung führen. Deshalb ist es wichtig, daß Geradenstücke vor Anwendung der modifizierten HOUGH-Transformation in ausreichendem Maße entfernt worden sind.

Ein weiteres Problem ergibt sich, wenn im Konturbild Kreise vorhanden sind, deren Radius geringfügig größer als 3 Bildpunktabstände ist. Hier läßt sich ein innen tangierender Kreis im Bereich eines Viertelkreises vom Radius von 3 Bildpunktabständen leicht aufgrund der diskreten Geometrie einpassen, so daß innerhalb größerer Kreise fälschlicherweise eine Vielzahl von Ecken gefunden wird. Diesem Fehlereinfluß kann dadurch vorgebeugt werden, daß vor der Eckensuche derartige Kreise aus dem Konturbild eliminiert werden.

<u>Ermittelung des hierarchischen Bildbeschreibungszustandes</u>

Aufgrund der Extraktion der ersten symbolischen Beschreibung ist ein hierarchischer Bildbeschreibungszustand entsprechend Abb.5.13 aufbaubar. Ziel des Bilddeutungsprozesses ist es nun aber, einen hierarchischen Bildbeschreibungszustand zu erzeugen, wie er z.B. in Abb.5.5 angegeben ist. Ein Teilproblem hierbei ist, die Primitive der Objektbeschreibung entsprechend Abb.5.4 den Primitiven des hierarchischen Bildbeschreibungszustandes entsprechend Abb.5.13 zuzuordnen. Die Primitive *PK* und *GK* sind in diesen Zuordnungsprozeß nicht mit einzubeziehen, da ihre Bedeutung a priori bekannt ist.

Abb.5.14 gibt eine anschauliche Darstellung des Zuordnungsproblems. Folgende Situationen können auftreten:

- Die erste symbolische Beschreibung kann Primitive enthalten, die keinem Primitiv der Objektbeschreibung zugeordnet werden können.

- In der Objektbeschreibung können Primitive auftreten, die keinem Primitiv der ersten symbolischen Beschreibung zugeordnet werden können.

- Die Zuordnung der Primitive der ersten symbolischen Beschreibung zu den Primitiven der Objektbeschreibung kann mit einer gewissen Unsicherheit verbunden sein.

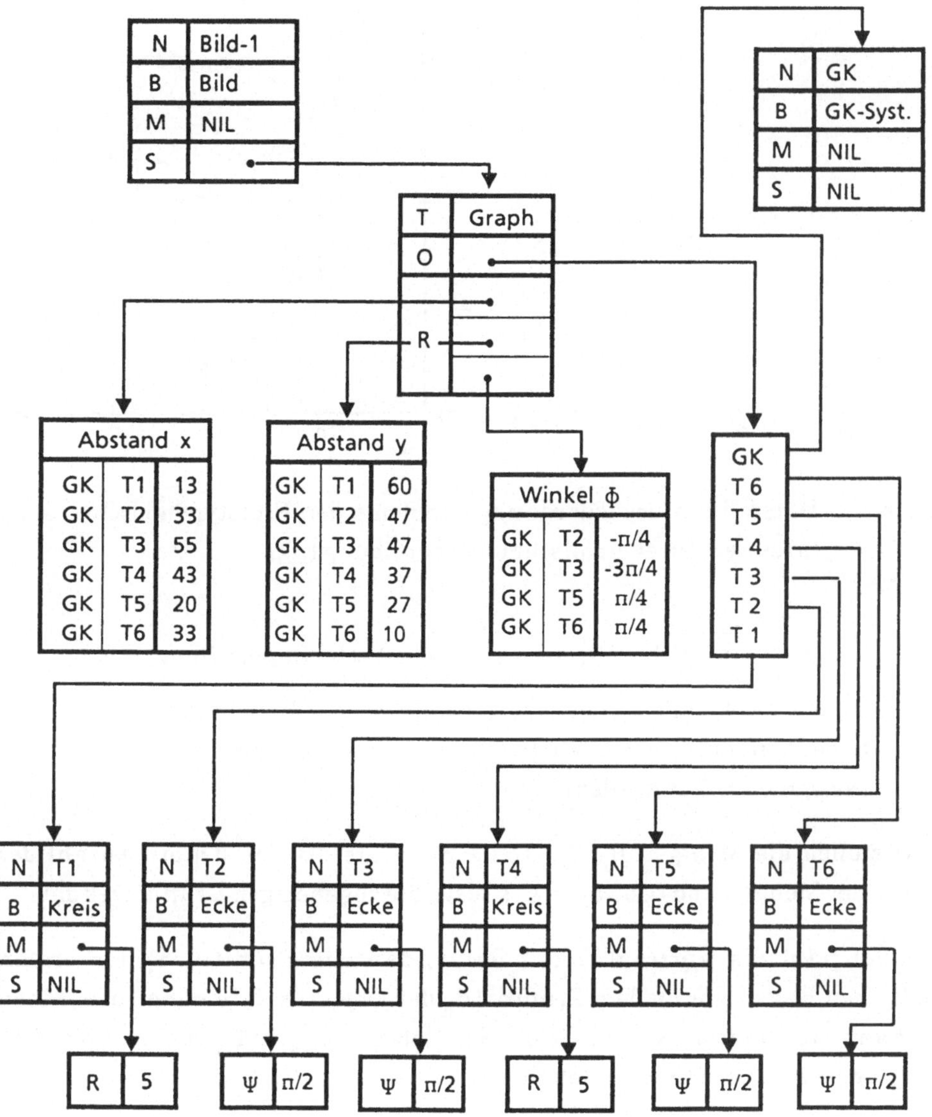

Abb.5.13. Beispiel für einen hierarchischen Bildbeschreibungszustand (HBBZ) nach Extraktion der ersten symbolischen Beschreibung.

Aufgrund der vorstehenden Punkte ist es zweckmäßig, für die Ermittelung der Zuordnungen zwischen den Primitiven ein Relaxationsverfahren anzuwenden.

Zunächst seien die im folgenden verwendeten Bezeichnungen erläutert:

B = Menge der Primitive, die die Objektbeschreibung, d.h. die Beschreibung des Prototypen darstellen.

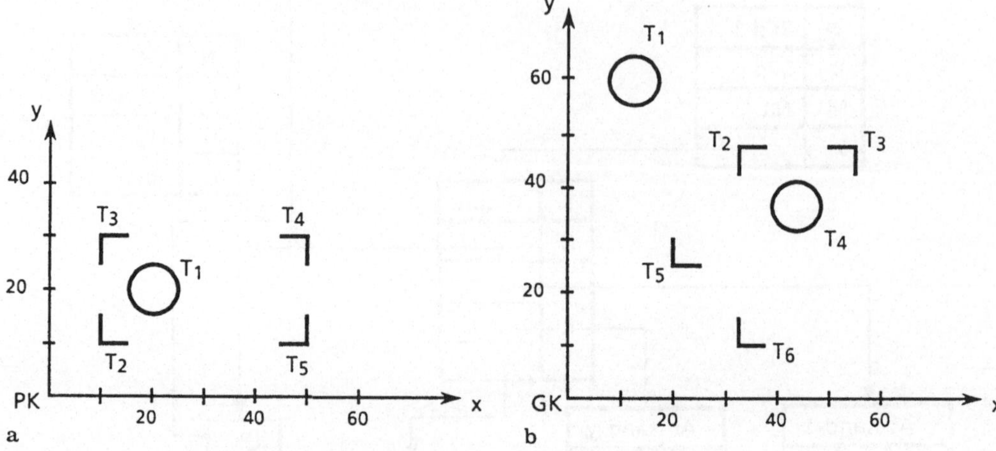

Abb.5.14.   Darstellung des Zuordnungsproblems der Prototypenbeschreibung (a) zur ersten symbolischen Beschreibung (b).

S =   Menge der Primitive, die die erste symbolische Beschreibung bilden.

O =   Menge der Primitive der ersten symbolischen Beschreibung und deren Bedeutungen, die im Verlaufe der Gruppierung zu einem Objekt zusammengefaßt werden.

B, S, O stellen die Mengen, B_i, S_i, O_i die Elemente, $|B|$, $|S|$, $|O|$ die Anzahl der Elemente der Mengen und b, b', b'', s, s', s'' usw. die zugehörigen Laufindizes dar.

Bezeichnet $p_s(b)$ die Verträglichkeit dafür, daß das Primitiv S_s der ersten symbolischen Beschreibung dem Primitiv B_b der Objektbeschreibung zuzuordnen ist, so kann die Iterationsvorschrift bei der Relaxation gemäß der in Abb. 5.15 wiedergegebenen Prozedur angesetzt werden.

Dabei gilt für die Anfangsbedingung

$$p_s^0(b) = \begin{cases} 1.0, & \textit{wenn die Primitive } S_s \textit{ und } B_b \textit{ vom gleichen Typ sind} \\ 0 & \textit{sonst} \end{cases} \tag{5.9}$$

In die Berechnungsvorschrift für die Verträglichkeitskoeffizienten $c_{ss'}(b,b')$ gehen Beschreibungselemente wie der Sichtwinkel $d\Theta$, der Drehwinkel $d\Phi$ und der Abstand dr der Primitive voneinander ein. Diese Elemente sind aus der Beschreibung des Prototypen bekannt. Sie werden in der Relaxation als zusätzliches Wissen verwendet, um die Zahl der möglichen Lagehypothesen einzuschränken

```
PROZEDUR: Relaxation
    BEGIN
        FOR k FROM 1 TO 'Zahl der Iterationen'
            FOR b FROM 1 TO |B|
                FOR s FROM 1 TO |S|
```

$$q_s^k(b) = \sum_{b' \neq b} \overset{MAX}{\underset{s' \neq s}{}} \left[c_{ss'}(b, b') \cdot p_{s'}^{k-1}(b') \right]$$

```
                END
            END
            FOR b FROM 1 TO |B|
                FOR s FROM 1 TO |S|
```

$$p_s^k(b) = \frac{q_s^k(b)}{\underset{s^*, b^*}{MAX} \; q_{s^*}^k(b^*)}$$

```
                END
            END
        END
    END
```

Abb.5.15. Prozedur Relaxation.

und die Relaxation damit schneller und sicherer konvergieren zu lassen. Je nachdem, ob die Primitive gerichtet sind, wie z.B. eine Ecke, oder ungerichtet, wie z.B. ein Kreis, können bei der Betrachtung der räumlichen Beziehungen zwischen je zwei Primitiven S_s und $S_{s'}$ drei Fälle unterschieden werden. Die drei Fälle resultieren auch in drei unterschiedlichen Ansätzen für zugehörige Verträglichkeitskoeffizienten.

1. Die Primitive S_s und $S_{s'}$ sind ungerichtet

Zur Überprüfung der Zusammengehörigkeit liegt nur der Abstand dr vor. Entsprechend Abb.5.16a muß das zu S_1 zugehörige Primitiv S_2 auf einer Kreiskontur mit dem Radius dr um das Primitiv S_1 gesucht werden. Für die Verträglichkeitskoeffizienten dient der Ansatz:

$$c_{ss'}(b, b') = \begin{cases} C_{dr}^3 & \textit{falls } S_s \textit{ und } B_b \textit{ bzw. } S_{s'} \textit{ und } B_{b'} \textit{ vom gleichen Typ sind} \\ 0 & \textit{sonst} \end{cases} \qquad (5.10)$$

$$\textit{mit } C_{dr} = \frac{1}{1 + v_{dr}[dr(S_s, S_{s'}) - dr(B_b, B_{b'})]^2} \qquad (5.11)$$

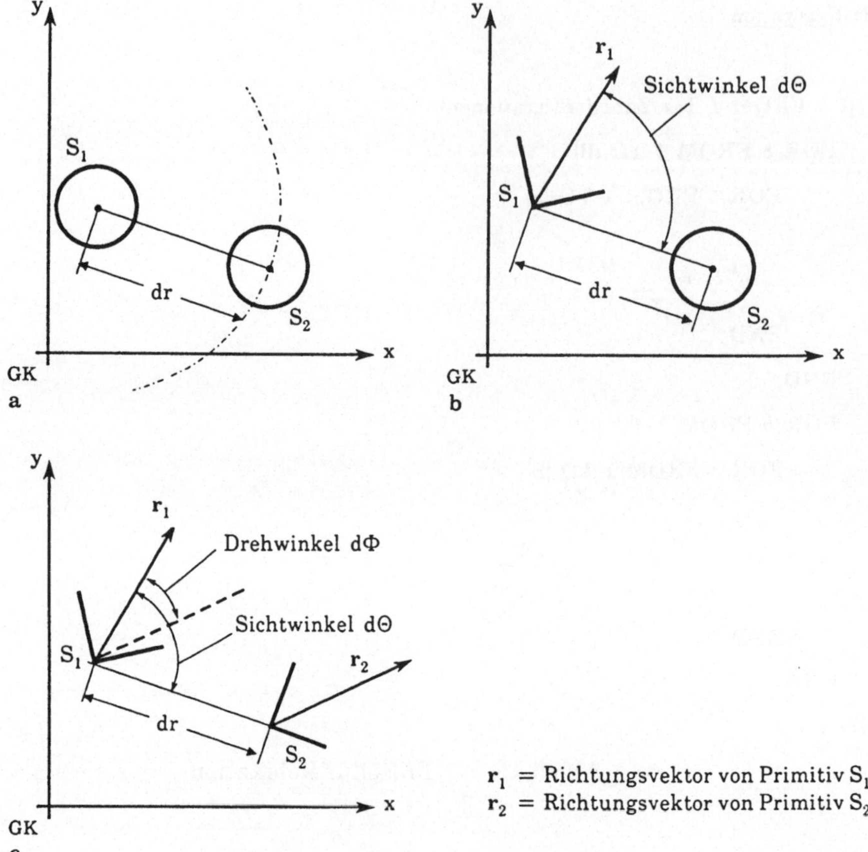

Abb.5.16. Darstellung der Elemente zur Überprüfung der korrekten räumlichen Zuordnung zwischen (a) zwei ungerichteten, (b) einem gerichteten und einem ungerichteten, (c) zwei gerichteten Primitiven.

In diese Festlegung der Verträglichkeitskoeffizienten geht die Idee ein, daß gute Verträglichkeit vorliegt, wenn der Abstand $dr(S_s, S_{s'})$ der Primitive in der ersten symbolischen Beschreibung mit dem Abstand $dr(B_b, B_{b'})$ der Primitive in der Objektbeschreibung übereinstimmt.

<u>2. Das Primitiv S_s ist gerichtet und $S_{s'}$ ist ungerichtet</u>

Entsprechend Abb.5.16b kann zusätzlich zum Abstand dr der Sichtwinkel $d\Theta$ verwendet werden um ausgehend von S_1 die Richtung anzugeben, in der ein zugehöriges Primitiv S_2 liegen müßte. Als Verträglichkeitsmaß dient der folgende

Ansatz:

$$c_{ss'}(b,b') = \begin{cases} C^2_{dr} \cdot C_{d\theta} & \textit{falls } S_s \textit{ und } B_b \textit{ bzw. } S_{s'} \textit{ und } B_{b'} \textit{ vom gleichen Typ sind} \\ 0 & \textit{sonst} \end{cases} \tag{5.12}$$

$$\textit{mit } C_{d\theta} = \frac{1}{1 + v_{d\theta}\,[d\Theta(S_s, S_{s'}) - d\Theta(B_b, B_{b'})]^2} \tag{5.13}$$

3. Die Primitive S_s und $S_{s'}$ sind gerichtet

In der Überprüfung der Zusammengehörigkeit zweier Primitive muß neben dem Ort auch noch die korrekte Ausrichtung der gerichteten Primitive zueinander einbezogen werden. Diese Ausrichtung wird, wie das in Abb.5.16c dargestellt ist, durch den Drehwinkel $d\Phi$ beschrieben, der sich aus der Richtungsdifferenz der beiden betrachteten Primitive berechnet. Als Verträglichkeitsmaß, das $dr, d\Theta$ und $d\Phi$ beinhaltet, dient der Ansatz

Tabelle 5.1.   Lagedifferenzen für Abstand dr (a), Sichtwinkel dΘ (b) und Drehwinkel dΦ (c) für die Primitive der Prototypen in Abb.5.14(a).

(a)   dr:

b \ b'	1	2	3	4	5
1	0,00	14,14	14,14	31,62	31,62
2	14,14	0,00	20,00	44,72	40,00
3	14,14	20,00	0,00	40,00	44,72
4	31,62	44,72	40,00	0,00	20,00
5	31,62	40,00	44,72	20,00	0,00

(b)   dΘ :

b \ b'	1	2	3	4	5
1	0,00	0,00	0,00	0,00	0,00
2	0,00	0,00	45,00	-18,43	-45,00
3	0,00	-45,00	0,00	45,00	18,43
4	-26,57	-18,43	-45,00	0,00	45,00
5	26,57	45,00	18,43	-45,00	0,00

(c)   dΦ:

b \ b'	1	2	3	4	5
1	0,00	0,00	0,00	0,00	0,00
2	0,00	0,00	90,00	180,00	-90,00
3	0,00	-90,00	0,00	90,00	-180,00
4	0,00	-180,00	-90,00	0,00	90,00
5	0,00	90,00	180,00	-90,00	0,00

188

$$c_{ss'}(b, b') = \begin{cases} C_{dr} \cdot C_{d\Theta} \cdot C_{d\Phi} & \textit{falls } S_s \textit{ und } B_b \textit{ bzw. } S_{s'} \textit{ und } B_{b'} \textit{ vom gleichen Typ sind} \\ 0 & \textit{sonst} \end{cases} \tag{5.14}$$

$$\textit{mit } C_{d\Phi} = \frac{1}{1 + v_{d\Phi}\,[d\Phi(S_s, S_{s'}) - d\Phi(B_b, B_{b'})]^2} \tag{5.15}$$

Da im hier behandelten Beispiel sowohl in der Beschreibung des Prototypen als auch in der aus dem Bild gewonnenen symbolischen Beschreibung gleichzeitig gerichtete und ungerichtete Primitive auftreten, müssen auch alle oben genannten drei Fälle zugleich betrachtet werden. Um die Unterschiede in den numerischen Größen der Verträglichkeitsmaße auszugleichen, wurde in Gl. 5.10 der Faktor C_{dr} in der dritten und in Gl. 5.12 in der zweiten Potenz angesetzt.

Tabelle 5.2.   Lagedifferenzen für Abstand dr (a), Sichtwinkel dΘ (b) und Drehwinkel dΦ (c) für die Primitive der Szene in Abb.5.14(b).

(a)   dr :

$s \backslash s'$	1	2	3	4	5	6
1	0,00	23,85	43,97	37,80	33,73	53,85
2	23,85	0,00	22,00	14,14	23,85	37,00
3	43,97	22,00	0,00	15,62	40,31	43,05
4	37,80	14,14	15,62	0,00	25,08	28,79
5	33,73	23,85	40,31	25,08	0,00	21,40
6	53,85	37,00	43,05	28,79	21,40	0,00

(b)   dΘ :

$s \backslash s'$	1	2	3	4	5	6
1	0,00	0,00	0,00	0,00	0,00	0,00
2	-168,02	0,00	45,00	0,00	-78,02	-45,00
3	-62,20	-45,00	0,00	-5,19	-15,26	14,26
4	0,00	0,00	0,00	0,00	0,00	0,00
5	56,98	11,98	-15,26	-21,50	0,00	-97,59
6	66,80	45,00	14,26	24,68	82,41	0,00

(c)   dΦ :

$s \backslash s'$	1	2	3	4	5	6
1	0,00	0,00	0,00	0,00	0,00	0,00
2	0,00	0,00	90,00	0,00	-90,00	-90,00
3	0,00	-90,00	0,00	0,00	-180,00	-180,00
4	0,00	0,00	0,00	0,00	0,00	0,00
5	0,00	90,00	180,00	0,00	0,00	0,00
6	0,00	90,00	180,00	0,00	0,00	0,00

Tabelle 5.3. Anfangswerte für die Zuordnungsverträglichkeiten $p_s^0(b)$ der Primitive der ersten symbolischen Beschreibung (Index s) zu den Primitiven der Objektbeschreibung (Index b).

$p_s^0(b)$:

s \ b	1	2	3	4	5
1	1,00	0,00	0,00	0,00	0,00
2	0,00	1,00	1,00	1,00	1,00
3	0,00	1,00	1,00	1,00	1,00
4	1,00	0,00	0,00	0,00	0,00
5	0,00	1,00	1,00	1,00	1,00
6	0,00	1,00	1,00	1,00	1,00

Tabelle 5.4. Zwischenresultate $q_s^1(b)$ und Zuordnungsverträglichkeiten $p_s^1(b)$ nach einer Iteration und $p_s^{10}(b)$ nach 10 Iterationen <u>ohne Berücksichtigung</u> der Richtungsinformation. Der Index s beschreibt die Primitive der ersten symbolischen Beschreibung und der Index b die Primitive der Objektbeschreibung.

$q_s^1(b)$:

s \ b	1	2	3	4	5
1	0,66	0,00	0,00	0,00	0,00
2	0,00	2,38	2,38	1,40	1,40
3	0,00	3,16	3,16	2,49	2,49
4	2,34	0,00	0,00	0,00	0,00
5	0,00	2,17	2,17	2,64	2,64
6	0,00	2,15	2,15	2,45	2,45

$p_s^1(b)$:

s \ b	1	2	3	4	5
1	0,21	0,00	0,00	0,00	0,00
2	0,00	0,75	0,75	0,44	0,44
3	0,00	1,00	1,00	0,79	0,79
4	0,74	0,00	0,00	0,00	0,00
5	0,00	0,69	0,69	0,84	0,84
6	0,00	0,68	0,68	0,78	0,78

$p_s^{10}(b)$:

s \ b	1	2	3	4	5
1	0,22	0,00	0,00	0,00	0,00
2	0,00	0,79	0,79	0,19	0,19
3	0,00	1,00	1,00	0,22	0,22
4	0,73	0,00	0,00	0,00	0,00
5	0,00	0,25	0,25	0,84	0,84
6	0,00	0,21	0,21	0,87	0,87

Die praktische Anwendung der o.g. Rechenvorschriften für das Verträglichkeitsmaß zeigt dabei, daß es zweckmäßig ist, $v_{dr} = 0,1$, $v_{d\Theta} = 0,01$ und $v_{d\Phi} = 0,01$ zu setzen.

Wird das in Abb. 5.14 dargestellte Zuordnungsproblem zugrunde gelegt, so ergeben sich die in Tabelle 5.1a-c dargestellten Werte für dr, $d\Theta$ und $d\Phi$ für den Prototypen und in Tabelle 5.2a-c die entsprechenden Werte für die Szene. Mit den Anfangswerten nach Tabelle 5.3 ergeben sich unter Berücksichtigung der oben genannten Iterationsvorschriften nach 1 bzw. 10 Iterationen die Zuordnungsverträglichkeiten zwischen den Primitiven des Prototypen und denen der Szene entsprechend Tabelle 5.4 bzw. 5.5. In Tabelle 5.4 wurden Verträglichkeitsmaße

Tabelle 5.5.   Zwischenresultate $q_s^1(b)$ und Zuordnungsverträglichkeiten $p_s^1(b)$ nach 1 Iteration und $p_s^{10}(b)$ nach 10 Iterationen <u>unter</u> <u>Berücksichtigung</u> der Richtungsinformation.

$q_s^1(b)$:

s \ b	1	2	3	4	5
1	0,66	0,00	0,00	0,00	0,00
2	0,00	2,24	1,06	1,24	0,06
3	0,00	0,87	1,91	0,34	1,38
4	2,34	0,00	0,00	0,00	0,00
5	0,00	0,34	0,03	0,37	0,08
6	0,00	0,10	1,19	0,11	1,49

$p_s^1(b)$:

s \ b	1	2	3	4	5
1	0,28	0,00	0,00	0,00	0,00
2	0,00	0,96	0,45	0,53	0,03
3	0,00	0,37	0,82	0,14	0,59
4	1,00	0,00	0,00	0,00	0,00
5	0,00	0,15	0,01	0,16	0,03
6	0,00	0,04	0,51	0,05	0,64

$p_s^{10}(b)$:

s \ b	1	2	3	4	5
1	0,01	0,00	0,00	0,00	0,00
2	0,00	1,00	0,46	0,02	0,01
3	0,00	0,25	0,88	0,01	0,02
4	0,86	0,00	0,00	0,00	0,00
5	0,00	0,01	0,00	0,06	0,02
6	0,00	0,01	0,02	0,01	0,73

<u>ohne</u> und in Tabelle 5.5 Verträglichkeitsmaße <u>mit</u> Verwendung der Richtungsinformation verwendet.

Wie aus der erhöhten Zuordnungsverträglichkeit z.B. für $p_2{}^{10}(2) = 1{,}0$ in Tabelle 5.5 gegenüber $p_2{}^{10}(2) = 0{,}79$ in Tabelle 5.4 zu ersehen ist, stellt die Richtungsinformation einen erheblichen Gewinn für die Sicherheit in der Bedeutungszuweisung dar.

<u>Gruppierungsverfahren</u>

Als Ergebnis des Relaxationsverfahrens stehen die Verträglichkeitsvektoren $\mathbf{p}_s(b)$ zur Verfügung, die für jedes Primitiv S_s der ersten symbolischen Beschreibung angeben, mit welcher Verträglichkeit dieses Primitiv dem Primitiv B_b der Objektbeschreibung entspricht. Die Verträglichkeitsvektoren $\mathbf{p}_s(b)$ bilden die

PROZEDUR   <u>Gruppierungsverfahren</u>

BEGIN

    1.   Wenn $p_s(b) \geq p_s(b')$ für alle s', b'
        dann baue die Objekthypothese $O = \{(S_s, B_b)\}$
        auf und setze
            $S := S / \{S_s\}$
            $B := B / \{B_b\}$

    2.   Wenn $S_s, S_{s'} \in S$ und $B_b, B_{b'} \in B$ und
        $p_s(b) \geq p_s(b')$ für alle s', b'
        dann setze $S := S / \{S_s\}$
        und wenn zusätzlich
            $F_{Typ}(O, s, b, [\, c_{ss'}(b, b')\,]) \geq T_1$
        dann erweitere die Objekthypothese
            $O = O \cup \{(S_s, B_b)\}$
        und reduziere die Menge der verbleibenden möglichen Bedeutungen
            $B := B / \{B_b\}$

    3.   Wenn $S \neq \varnothing$ und $B \neq \varnothing$
        dann mache weiter mit Vorschrift 2;

    4.   Wenn $|O| \geq T_2$
        dann betrachte <u>ein</u> Objekt als gefunden.

END

Abb.5.17.   Prozedur Gruppierungsverfahren.

Grundlage für die Gruppierung der Primitive zu einem Objekt. Im folgenden soll ein einfaches Gruppierungsverfahren zur Extraktion eines einzelnen Objektes dargestellt werden. Wird nach mehreren Objekten gesucht, muß das Verfahren mehrfach auf die sich in ihrem Umfang um die Primitive der bereits gefundenen Objekte verringerte Menge S angewendet werden.

Die folgenden Erläuterungen beziehen sich auf Abb.5.17 in der das Gruppierungsverfahren als Prozedur dargestellt ist.

Zu 1.: Aus dem höchsten Wert aller Komponenten sämtlicher Verträglichkeitsvektoren $p_s(b)$ wird geschlossen, daß mit größter Wahrscheinlichkeit das Primitiv S_s dem Primitiv B_b der Objektbeschreibung entspricht. Dieses Primitiv bildet dann den Kristallisationspunkt für das zu suchende Objekt O. Für den weiteren Suchvorgang müssen die Mengen S und B entsprechend um die bereits einander zugeordneten Elemente S_s und B_b vermindert werden.

Zu 2.: Aus dem verbleibenden Verträglichkeitsfeld wird wieder der größte Verträglichkeitswert herausgesucht und die zugehörige Kombination des Primitivs S_s mit der Bedeutung B_b unter Zuhilfenahme der Verträglichkeitsfunktion F_{Typ} daraufhin untersucht, ob diese Kombination zu dem gesuchten Objekt O gehört. Ist das der Fall, d.h. erreicht oder überschreitet F_{Typ} einen vorgegebenen Schwellwert T_1, wird O um das Tupel (S_s, B_b) erweitert. Die Menge der untersuchten Primitive von S wird in jedem Fall um das untersuchte Element S_s reduziert. Wird das Primitiv S_s als zum Objekt O gehörig erkannt, wird desweiteren die Menge B um das Element B_b reduziert. Die Verträglichkeitsfunktion F_{Typ} ist abhängig von der Art des betrachteten Primitivs, d.h. sie ist beispielsweise eine andere für Kreise als für Ecken. F_{Typ} ist eine Funktion aller bisher in das Objekt aufgenommenen Primitive, des auf Aufnahme untersuchten Primitivs S_s mit der Bedeutung B_b und der Verträglichkeitstabelle $[c_{ss}(b, b')]$. Diese Tabelle beschreibt die Verträglichkeit zwischen Paaren von Nachbarn und ist aus dem Kapitel 3.42 über die Relaxation her bereits bekannt.

Zu 3.: Die Untersuchungen im Schritt 2 werden fortgeführt, solange noch nicht alle Primitive des Bildes untersucht bzw. alle Primitive des Prototypen identifiziert worden sind.

Zu 4.: Ein Objekt kann dann als gefunden betrachtet werden, wenn eine Mindestanzahl von T_2 Primitiven der Objektbeschreibung gefunden worden ist.

Der Gruppierungsalgorithmus erfordert die Festlegung sowohl einer Verträglichkeitsfunktion als auch der Schwellen T_1 und T_2. Wird beispielsweise für 2D-Kreise

(a) als Verträglichkeitsfunktion

$$F_{Kreis}(s, b) = \frac{1}{|O|} \sum_{(S_{s'}, B_{b'}) \in O} \frac{1}{1 + v_{dr} [dr(S_s, S_{s'}) - dr(B_b, B_{b'})]^2} \qquad (5.16)$$

gewählt und

(b) ein Objekt als extrahiert betrachtet, wenn mindestens die Hälfte der zugehörigen Primitive zugeordnet werden konnte und ist bei der Primitivenzuordnung erlaubt,

(c) daß jedes der beteiligten Primitive um $2 \cdot 3$ Bildpunkte entsprechend 3 Bildpunkte in jeder Richtung von seiner Sollage abweichen darf, so ergeben sich die Schwellen wie folgt:

$$T_2 = |B|/2 \qquad (5.17)$$

und

$$T_1 = \frac{1}{1 + 0{,}1 \, [2 \cdot 3]^2} = 0{,}217. \qquad (5.18)$$

Die Anwendung des Gruppierungsalgorithmusses erlaubt es, den hierarchischen Bildbeschreibungszustand entsprechend Abb.5.5 zu strukturieren. In einem nächsten Schritt ist die Objektlage relativ zu einem globalen Koordinatensystem, repräsentiert durch das Primitiv GK, zu berechnen. Diese Berechnung muß unter Zugrundelegung der Menge O der Primitive, die einem Objekt zugeordnet worden sind, durchgeführt werden. Praktisch wird dabei so vorgegangen, daß das Koordinatensystem PK in das Koordinatensystem GK transformiert wird, wobei sich nach der Transformation die Objektbeschreibung idealerweise mit den Primitiven des Objektes O decken soll. Diese Vorgehensweise erfordert die Festlegung eines Gütemaßes. Als ein mögliches Gütemaß kann z.B. der mittlere quadratische Lagefehler zwischen den gruppierten Primitiven (d.h. den Primitiven der Menge

O) und den zugeordneten Primitiven der Objektbeschreibung nach Ausführung der Koordinatentransformation gewählt werden. Näherungsweise kann auch direkt aus den gruppierten Primitiven die Objektlage berechnet werden.

Die vorstehenden Ausführungen über die Erzeugung der segmentierten Bilder, die Extraktion der ersten symbolischen Beschreibung und die Ermittlung des hierarchischen Bildbeschreibungszustandes machen die Freiheiten, die beim Entwurf des Verarbeitungsteils eines Bilddeutungssystems gegeben sind, deutlich. Durch die Erfahrung und das Geschick desjenigen, der diese Freiheiten ausnutzt, entsteht letzlich ein leistungsfähiges System. Die dargelegten Ausführungen stellen die grundlegenden Konzepte zum Entwurf des Verarbeitungsteils eines solchen Bilddeutungssystems dar.

5.3 Die Erfassung des Verarbeitungszustandes

Wie in Kapitel 5.1 ausgeführt, soll die notwendige Adaption des Verarbeitungsteils automatisch überwacht durchgeführt werden. Die Freiheitsgrade bei der Adaption bestehen entsprechend Kapitel 5.2 in der Wahl der Parameterwerte des ausgewählten Verarbeitungsalgorithmus. Für ein leistungsfähiges Gesamtsystem ist es notwendig, auch die Freiheitsgrade bei der Konfiguration des Verarbeitungsalgorithmus aus Teilalgorithmen bei der Adaption zu berücksichtigen. Die vollständige Diskussion dieses Problemkreises würde den Rahmen dieses Buches jedoch sprengen. Aus diesem Grunde soll hier lediglich die Adaption der Parameterwerte weiter diskutiert werden.

Ziel des Adaptionsprozesses ist es, die Parameter des Verarbeitungsalgorithmusses so festzulegen, daß das Ergebnis der Anwendung des so parametrisierten Verarbeitungsalgorithmus auf die Referenzbilder hinreichend gut wird. Die Bewertung der Güte eines Parametervektors ist danach auf die Bewertung der Güte des damit erhaltenen Verarbeitungsergebnisses zurückführbar. Aufgrund dieser Tatsache kann die Bewertung der Güte eines Parametervektors weitgehend unabhängig von dem Verarbeitungsalgorithmus definiert werden.

Es liegt nahe, in einem ersten Ansatz, ein Gütemaß zu definieren, welches eine Funktion des idealen und des tatsächlichen Verarbeitungsendergebnisses ist. Diese Vorgehensweise berücksichtigt jedoch nicht, daß im Sinne einer hohen Ergebnissicherheit auch die sich ergebenden Zwischenergebnisse möglichst gut sein sollen. Dies ist automatisch bei der Vorgehensweise eines Experten der Fall, der einen parametrisierten Verarbeitungsalgorithmus sukzessive aus parametrisierten Teilalgorithmen zusammensetzt, wobei er die einzelnen Parameterwerte der Teilalgorithmen aufgrund des Zwischenergebnisses bewertet, das durch Anwendung des Teilalgorithmus auf die Referenzbilder erhalten wird. Der Vorteil dieses Verfahrens ist, daß die Gesamtparametermenge sich in disjunkte Teilparametermengen partitionieren läßt , die nacheinander adaptiert werden können. Eine Konsequenz hieraus ist, daß Gütemaße für die verschiedenen Zwischenergebnisse definiert werden mussen und daß diese Gütemaße im Sinne der schrittweisen Adaption konsistent zu sein haben.

Es stellt sich natürlich die Frage, für welche Zwischenergebnisse in diesem Sinne brauchbare Gütemaße definiert werden können. Wie eine genauere Analyse zeigt, ist dies möglich für Zwischenergebnisse, deren ideale Ausprägungen aus den Vorgaben für die überwachte Adaption ermittelt werden können. Dies ist für die hier behandelte Problemstellung möglich, wenn es sich bei den Zwischenergebnissen um verdünnte Binärbilder oder um erste symbolische Beschreibungen handelt. Wird der festgelegte Verarbeitungsalgorithmus betrachtet, so ist unter diesen Randbedingungen ein Gütemaß zur Bewertung des Endergebnisses nicht notwendig, da das Verfahren der Relaxation, das auf die ersten symbolischen Beschreibungen angewendet wird, keine zu adaptierenden Parameter besitzt.

Gütemaß zur Bewertung einer ersten symbolischen Beschreibung

Entsprechend dem zugrunde gelegten Verarbeitungsalgorithmus werden die Primitive vom Typ Ecke und vom Typ Kreis unabhängig voneinander in den hierarchischen Bildbeschreibungszustand eingefügt. Dementsprechend sollten die Gesamtheiten der extrahierten Primitive vom Typ Ecke und vom Typ Kreis auch unabhängig voneinander bewertet werden. Das bedeutet, daß die Eingangsdaten für die Berechnungsvorschrift des Gütemaßes jeweils aus der Gesamtheit der extrahierten Primitive eines Typs sowie aus der Gesamtheit der theoretisch ideal extrahierbaren Primitive desselben Typs bestehen. Letztere Menge ist aus der vorgegebenen Objektbeschreibung und der Referenzdeutung des aktuellen Referenzbildes berechenbar.

Bezeichnen S^{Typ} und B^{Typ} die beiden vorgenannten Mengen, so muß also für das Gütemaß Q gelten:

$$Q = f(S^{Typ}, B^{Typ}) \qquad (5.19)$$

Ein Primitiv $S_s \in S^{Typ}$ wird in dieser Schreibweise durch einen Vektor repräsentiert, dessen erste Komponente der x-Abstand (PK, S_s) des Primitives, dessen zweite Komponente der y-Abstand (PK, S_s) des Primitives und dessen dritte Komponente entweder die Öffnungsrichtung oder der Radius des Primitives ist.

Es ist plausibel, daß das Gütemaß letztlich

- von der Anzahl der falsch gefundenen Primitive und
- von der Genauigkeit der Extraktion der korrekt gefundenen Primitive

abhängen muß. Ein Primitiv $B_b \in B^{Typ}$ wird als korrekt gefunden bezeichnet, wenn

$$d(S^{Typ}, B_b) \leq D \tag{5.20}$$

mit

$$d(S^{Typ}, B_b) = \underset{\textit{alle } S_s \in S^{Typ}}{MIN} \left[\sum_{i=1}^{n} c_i \left| N_i(S_s) - N_i(B_b) \right| \right] \tag{5.21}$$

Dabei bezeichnet $N_i(S_s)$ die i-te Komponente des Vektors, der das Primitiv charakterisiert. Entsprechend Abb.5.13 handelt es sich hierbei beispielsweise um Größen wie den Kreisradius und den Öffnungswinkel. Die Koeffizienten c_i dienen zur Wichtung.

Bezeichnet k die Anzahl der korrekt gefunden Primitive, d.h. die Anzahl der Primitive S_s aus dem ermittelten hierarchischen Bildbeschreibungszustand, die die vorstehenden Beziehungen erfüllen und g die Anzahl aller gefundenen Primitive aus S^{Typ}, dann erscheint es plausibel, für das Gütemaß die Berechnungsvorschrift

$$Q_s = -c(g-k) - \frac{1}{D} \sum_{\textit{alle } B_b \in B^{Typ}} MIN \left[d(S^{Typ}, B_b), D \right] \tag{5.22}$$

anzusetzen. Die praktische Anwendung dieses Gütemaßes hat für das vorliegende Beispiel gezeigt, daß es zweckmäßig ist, $D = 4$ und $c = 0,2$ zu wählen.

Gütemaß zur Bewertung von verdünnten Binärbildern

Die diskrete Geometrie wirft bei der Bewertung von Binärbildern eine gewisse Problematik auf. Abb.5.18 zeigt Geradenstücke gleicher Länge aber unterschiedlicher Orientierung im diskreten Bildraster. Die Anzahl der notwendigen Binärbildpunkte zur Approximation eines Geradenstückes vorgegebener Länge variiert erheblich mit der Orientierung. Dies bedeutet, daß die Berechnungsvorschrift nicht direkt von der Zahl der Binärpunkte abhängen darf, wenn der Wert des Gütemaßes unabhängig von der Orientierung eines Primitives im Bild sein soll.

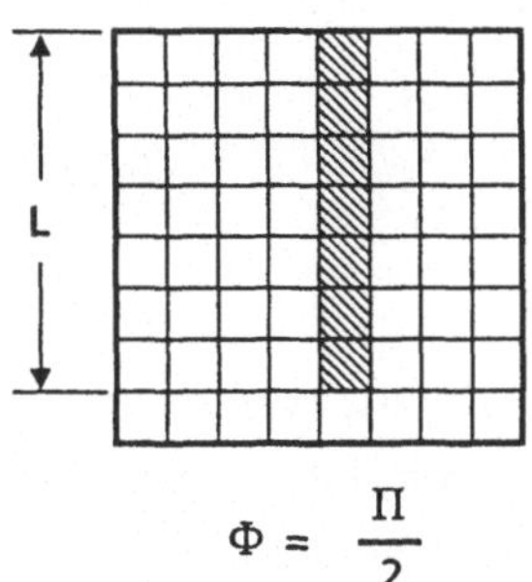 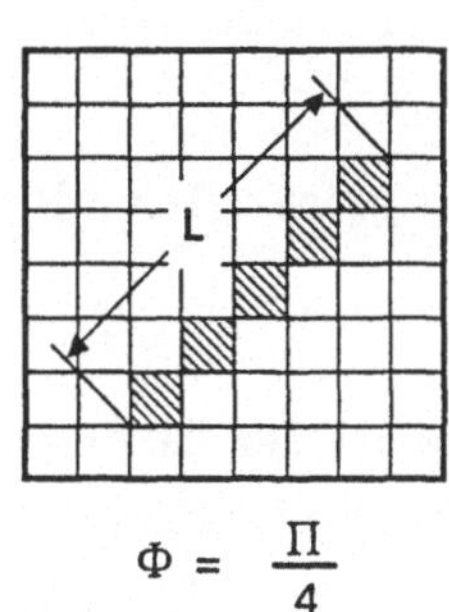 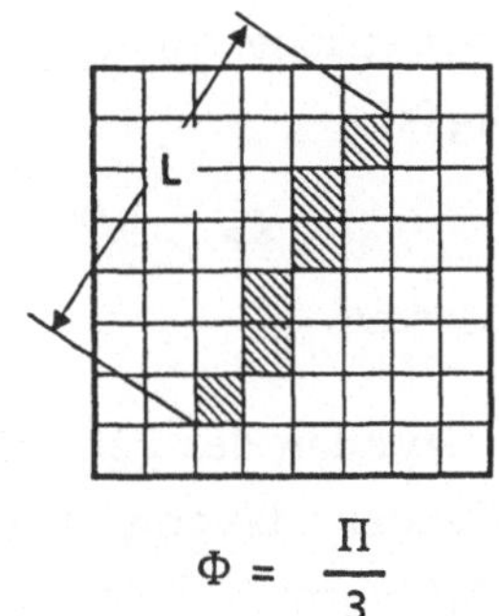

$$\Phi = \frac{\Pi}{2} \qquad \Phi = \frac{\Pi}{4} \qquad \Phi = \frac{\Pi}{3}$$

Abb.5.18. Ausprägung von Geradenstücken derselben Länge L bei verschiedenen Orientierungen im diskreten Bildraster.

Diese Unabhängigkeit ist erreichbar, wenn in die Berechnungsvorschrift nur relative Binärpunktanzahlen eingehen. Hierzu ist es zweckmäßig, das Bild in vier Bereiche zu unterteilen, nämlich in

- den Bereich **R** der relevanten Binärbildpunkte,

- den Bereich **I** der irrelevanten Binärbildpunkte,

- den Bereich **S** der störenden Binärbildpunkte und

- den Hintergrundbereich **H**.

Sollen z.B. Primitive vom Typ Kreis extrahiert werden, so sind die Binärbildpunkte, die zur idealen bildlichen Ausprägung der Kreise gehören, dem Bereich R, Binärbildpunkte, die zur idealen bildlichen Ausprägung der Primitive vom Typ Ecke gehören, dem Bereich I und Binärbildpunkte, die zur idealen bildlichen Ausprägung der Primitive vom Typ Geradenstück gehören, dem Bereich S oder I zuzuordnen. Letztere Entscheidung ist danach zu treffen, ob eine Unterdrückung dieses Primitivtyps verfolgt wurde oder nicht. Die vorstehende Bereichseinteilung impliziert, daß die Objektbeschreibung entsprechend Bild 5.4 für den Adaptionsprozeß um Primitive vom Typ Geradenstück zu erweitern ist.

Bezeichnet K_x die Anzahl der Binärbildpunkte des Bereiches X, k_x die Anzahl der gefundenen potentiellen Konturpunkte des Bereiches X, so ist folgende einfache Rechenvorschrift für das Gütemaß plausibel:

$$Q_B = g_R \frac{k_R}{K_R} + g_I \frac{k_I}{K_I} + g_S \frac{k_S}{K_S} + g_H \frac{k_H}{K_H} \tag{5.23}$$

Die praktische Anwendung dieser Rechenvorschrift zeigt dabei, daß es zweckmäßig ist

$$g_R = 1,0; \quad g_I = 0,0; \quad g_S = -2,1 \quad \text{und} \quad g_H = 7,0 \qquad (5.24)$$

anzusetzen.

Aus Gründen der Fehlertoleranz bei der Erzeugung der Referenzdeutungen und
der Tendenz des obigen Gütemaßes breite Konturen zu bevorzugen, ist es sinnvoll,
um den Bereich R der relevanten Binärbildpunkte zwei weitere Bereiche R_2 und
R_3 anzuordnen. Dies ist in Bild 5.19 exemplarisch für ein Geradenstück durchgeführt worden. Diese beiden zusätzlichen Bereiche sind in die Berechnungsvorschrift für das Gütemaß mit den Gewichtsfaktoren

$$g_{R2} = 0,1 \quad \text{und} \quad g_{R3} = -0,7 \qquad (5.25)$$

einzuführen.

Durch die Definition der Gütemaße ist das Adaptionsproblem auf eine Folge von
Optimierungsproblemen zurückgeführt. Zur Lösung der einzelnen Optimierungs-
probleme ist wegen der Ganzzahligkeit einiger Parameter und der nicht analytisch
formulierbaren Abhängigkeit des Gütemaßes von den zu adaptierenden Parametern praktisch nur eine Suchstrategie anwendbar. Eine derartige Suchstrategie
wird auch von einem Experten verfolgt, der eine Adaption interaktiv vornimmt.

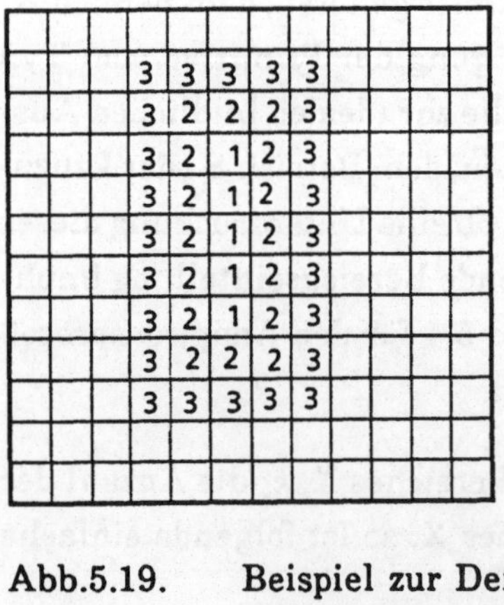

3	3	3	3	3
3	2	2	2	3
3	2	1	2	3
3	2	1	2	3
3	2	1	2	3
3	2	1	2	3
3	2	1	2	3
3	2	2	2	3
3	3	3	3	3

Abb.5.19. Beispiel zur Definition der relevanten Binärbildpunktbereiche R_1,
R_2, R_3. Dabei sind mit "1" die Bildpunkte des Bereichs R_1, mit "2"
die des Bereiches R_2 und mit "3" die des Bereiches R_3 gekennzeichnet.

Da ein Experte eine Adaption in relativ kurzer Zeit erfolgreich durchführen kann, ist es zweckmäßig, sich beim Entwurf der Suchstrategie an seiner Vorgehensweise zu orientieren.

Soll die Suchstrategie für die einzelnen Optimierungsprozesse an der Vorgehensweise eines Experten orientiert werden, so ist es notwendig, ein Zwischenergebnis nicht nur durch den Wert des zugehörigen Gütemaßes zu kennzeichnen, sondern zusätzlich durch einen Satz geeigneter Merkmale, die als Entscheidungsgrundlage für das Vorgehen beim Suchprozeß dienen. Für den hier diskutierten einfachen Anwendungsfall soll nur ein derartiges Merkmal definiert werden. Dieses Merkmal erfaßt, zu welchem Anteil sich die relevanten Primitive in einem Binärbild real ausprägen.

Zur Definition dieses Merkmals ist die ideale bildliche Ausprägung der relevanten Primitive durch einen Toleranzbereich auf T zu erweitern. Bild 5.20 zeigt dies exemplarisch für ein Primitiv vom Typ Geradenstück. Bezeichnet B die Anzahl der Binärbildpunkte des so entstandenen Bereiches und b die Anzahl der gefundenen Binärbildpunkte in diesem Bereich, die potentielle Konturpunkte sind, so ist dieses Merkmal gemäß

$$x_1 = \frac{b}{B} \qquad (5.26)$$

berechenbar.

Abb.5.20. Beispiel zur Definition des Bereiches T der im Zusammenhang mit dem Merkmal x_1 zur Gütebeurteilung benötigt wird. Siehe hierzu den Text. Der Bereich T wird durch die mit "1" und "2" bezeichneten Punkte gekennzeichnet.

5.4 Der wissensbasierte Adaptionsprozeß

Ein Experte wendet für eine Adaption einen gezielten "trial and error"-Prozeß an.
Zu Beginn des Adaptionsprozesses wählt er initiale Werte für die Parameter aus
und aktiviert die Bilddeutungseinheit mit diesen Parameterwerten. Nach einer
Analyse des sich ergebenden (Zwischen-)Ergebnisses und der bereits vorliegenden
Ergebnisse, d.h. nach Analyse des Adaptionszustandes, nimmt er ihm sinnvoll
erscheinende Änderungen der Parameterwerte vor und aktiviert erneut die Bilddeutungseinheit mit den geänderten Werten. Hierdurch entsteht ein neuer Adaptionszustand.

Den Adaptionszyklus, bestehend aus einer Änderung der Parameterwerte, der
Anwendung der Bilddeutungseinheit und der Analyse des entstehenden Adaptionszustandes führt er so oft aus, bis ein hinreichend guter Adaptionszustand erreicht ist. Jeder Adaptionszustand entspricht offenbar einer charakteristischen
Situation, in der der Experte mit einer definierten Aktion reagiert. Die Konsequenz hieraus ist, daß eine Repräsentation der den Handlungen des Experten beim
Adaptionsprozeß zugrunde liegenden Wissensinhalte durch eine geeignete Menge
von Situations-/Aktions-Paaren möglich sein muß. Auf diese Weise entsteht ein
wissensbasierter Adaptionsprozeß.

Bezeichnet (SITUATION, AKTION) ein spezielles dieser Paare, so kann der
Basismechanismus der Suchstrategie wie folgt formuliert werden:

Wenn   1. der Adaptionszyklus T beendet ist und

          2. im Adaptionszustand $A\,(T)$ die Situation SITUATION auftritt

dann   erzeuge im $(T+1)$-ten Adaptionszyklus einen neuen Adaptionszustand $A(T+1)$ durch Ausführung der Aktion AKTION.

Die Ausführung der Aktion AKTION beinhaltet eine Änderung der Faktenbasis,
die Aktivierung der Bilddeutungseinheit und die Bewertung des Ergebnisses.

Diese Darstellung des Basismechanismusses der Suchstrategie legt nahe, diesen
mittels eines vorwärts-verketteten Produktionssystems zu realisieren. Jedes der
Situations-/Aktions-Paare ist dann direkt als Regel interpretierbar. Im folgenden
soll exemplarisch ein <u>einfacher</u> Satz von Regeln für den Adaptionsprozeß der
Parameter, die zu den Teilalgorithmen für die Erzeugung der "optimalen" Binärbilder zur Extraktion der Primitive vom Typ Kreis und Ecke gehören, angegeben

Tabelle 5.6.   Wissensinhalte über die zu adaptierenden Parameter, UG = untere Grenze, OG = obere Grenze, AW = Anfangswert.

Parameter	Definitons-bereich	mögliche Werte	UG	OG	AW	datenwert-bezogen	zugeordneter elementarer Algorithmus
gf	Menge	3, 5, 7, 9	--	--	5	nein	Gradienten-filterung
rf	Menge	5, 7, 9, 11, 13, 15	--	--	5	nein	bedingte Rang-filterung
rs	Intervall	--	0	1	0,4	ja	bedingte Rang-filterung
bs	Intervall	--	0	1	0,6	ja	Binärisierung
sg	Menge	3, 5, 7, 9, 11, 13, 15	--	--	5	nein	Schärfe-bestimmung
sf	Menge	3, 5, 7, 9, 11, 13, 15	--	--	7	nein	Schärfe-bestimmung

werden. Dieser Regelsatz ist bereits ausreichend, um mit einem geringen Aufwand ein passables Ergebnis der Adaption zu erreichen.

Der erste Schritt zum Aufbau des Produktionssystems besteht darin, das Wissen über die Parameter der Teilalgorithmen zu formulieren. Dieses Wissen stellt Faktenwissen dar und ist dementsprechend zweckmäßig in der Faktenbasis des Produktionssystems abzulegen. Die Tabelle 5.6 zeigt die entsprechenden Wissensinhalte. Auf der Basis dieses Faktenwissens ist der Adaptionsprozeß durchführbar. Hierfür ist nachstehend ein einfacher Satz von Regeln angegeben:

Regel: Initialisierung

Wenn
1. das Ziel des Adaptionsprozesses ist, die Erzeugung eines optimalen Binärbildes zur Extraktion von Primitiven zu ermöglichen, und

2. der Adaptionsprozeß einer Parametermenge initialisiert werden soll,

dann
1. setze die Anfangswerte für die betroffenen Parameter fest,

2. beschreibe den Adaptionszustand durch das Gütemaß Q_B und das Merkmal x_1 und

3. wähle die Zuordnung der Primitivtypen zu den für die Berechnung des Gütemaßes notwendigen Bereichen entsprechend dem zu extrahierenden Primitivtyp und dem in der Anwendung befindlichen Teilalgorithmus.

Regel: Reihenfolge 1

Wenn
1. der Parameter X zu adaptieren ist und

2. der Parameter Y zu adaptieren ist und

3. der Paramter X datenwertbezogen ist und

4. der Parameter Y nicht datenwertbezogen ist,

dann
adaptiere zuerst den Parameter X.

Regel: Reihenfolge 2

Wenn 1. der Parameter X zu adaptieren ist und

     2. der Parameter Y zu adaptieren ist und

     3. der Parameter X zu dem elementaren Algorithmus A_X gehört und

     4. der Parameter Y zu dem elementaren Algorithmus A_Y gehört und

     5. der elementare Algorithmus A_X vor dem elementaren Algorithmus A_Y angewendet wird,

dann   adaptiere zuerst den Parameter X.

Regel: Reihenfolge 3

Wenn   die Parameter sg und sd zu adaptieren sind,

dann   adaptiere zuerst den Parameter sg.

Regel: Parameterwertvariation 1

Wenn 1. der Parameter X zu adaptieren ist und

     2. X als Definitonsbereich eine Menge besitzt,

dann   1. bestimme für alle möglichen Werte des Parameters X

      den zugehörigen Wert des Gütemaßes und

     2. wähle den Parameterwert als adaptierten Wert aus, dem der

      größte Wert des Gütemaßes zugeordnet ist.

Regel: Parameterwertvariation 2

Wenn 1. der Parameter X zu adaptieren ist und

     2. X als Definitionsbereich ein Intervall besitzt,

dann   wende zur Ermittlung des adaptierten Parameterwertes

      eine Intervallschachtelungsstrategie an (siehe [END87]).

Regel: Neuinitialisierung

Wenn   1. diese Regel noch nicht zweimal angewendet worden ist und

          2. die Adaption eines Parameters beendet ist und

          3. bei dem bis dahin erhaltenen besten Ergebnis $x_1 < 0.2$ ist,

dann   1. setze als neue Anfangswerte der datenwertbezogenen

          Parameter das 0.6fache der bisherigen Anfangswerte fest und

          2. initialisiere den Adaptionsprozeß neu.

Das angegebene Regelsystem enthält die einzelnen Regeln anschaulich formuliert. Das Kernproblem besteht dabei natürlich darin, die relevanten Wissensinhalte aus der vorgegebenen Problemstellung herauszuarbeiten und als Regeln auszudrücken. Das angegebene kleine Regelsystem erfordert zur Codierung noch kein Expertensystemshell. Es sollte jedoch klar sein, daß ein Adaptionssystem mit hoher Leistungsfähigkeit einen erheblich umfangreicheren Regelsatz erfordert.

In Kapitel 5.2 ist die Folge der elementaren Algorithmen

Gradientenfilterung

bedingte Rangfilterung

Binärisierung

Verdünnung

Schärfebestimmung

Binärisierung

zur Erzeugung der optimalen Binärbilder zur Extraktion der verschiedenen Primitive angegeben worden. Bei dieser Algorithmenfolge ist die Erfassung des Verarbeitungszustandes jeweils nach den Binärisierungen möglich. Aufgabe des angegebenen Regelsystems ist dementsprechend die Adaption der zugeordneten Parametermenge

$$P = \{gf, rf, rs, bs_1, sg, sf, bs_2\}.$$

Entsprechend der beiden Möglichkeiten zur Erfassung des Verarbeitungszustandes wird diese Parametermenge in zwei disjunkte Parametermengen

$$P_1 = \{gf, rf, rs, bs_1\}$$

und

$$P_2 = \{sg, sf, bs_2\}$$

partitioniert, die nacheinander adaptiert werden. Zur Berechnung des Gütemaßes $Q_B[]$ werden gemäß der Regel "Initialisierung" die Primitive vom Typ Geradenstück bei der Adaption der Parametermenge P_1 dem Bereich I (irrelevant) und bei der Adaption der Parametermenge P_2 dem Bereich S (störend) zugeordnet. Sollen aus dem Binärbild Primitive vom Typ Ecke (Kreis) extrahiert werden, so sind die Primitive vom Typ Ecke (Kreis) dem Bereich R (relevant) und die Primitive vom Typ Kreis (Ecke) dem Bereich I (irrelevant) zuzuordnen.

Die verbleibende Aufgabe ist die Steuerung der beiden Optimierungen

$$Q_{B1} = f_1[\,P_1\,] \quad \rightarrow \quad \underset{P_1}{MAX}$$

und

$$Q_{B2} = f_2[\,P_2\,] \quad \rightarrow \quad \underset{P_2}{MAX}$$

Die Steuerung wird von den Regeln "Reihenfolge 1/2/3" so durchgeführt, daß nach jeder Initialisierung die Adaption der Parametermengen P_1 und P_2 in den nachstehenden Teiladaptionsschritten abläuft:

<u>Adaption der Parametermenge P_1:</u>

$$1. \quad Q_{B1} \quad \rightarrow \quad \underset{gf}{MAX}$$

$$2. \quad Q_{B1} \quad \rightarrow \quad \underset{rf}{MAX}$$

$$3. \quad Q_{B1} \quad \rightarrow \quad \underset{rs}{MAX}$$

$$4. \quad Q_{B1} \quad \rightarrow \quad \underset{bs_1}{MAX}$$

<u>Adaption der Parametermenge P_2:</u>

$$1. \quad Q_{B2} \quad \rightarrow \quad \underset{sg}{MAX}$$

$$2. \quad Q_{B2} \quad \rightarrow \quad \underset{sf}{MAX}$$

$$3. \quad Q_{B2} \quad \rightarrow \quad \underset{bs_2}{MAX}$$

Nach jedem Teiladaptionsschritt überprüft die Regel "Neuinitialisierung", ob der Adaptionsprozeß mit anderen Anfangswerten der datenwertbezogenen Parameter neu initialisiert werden soll.

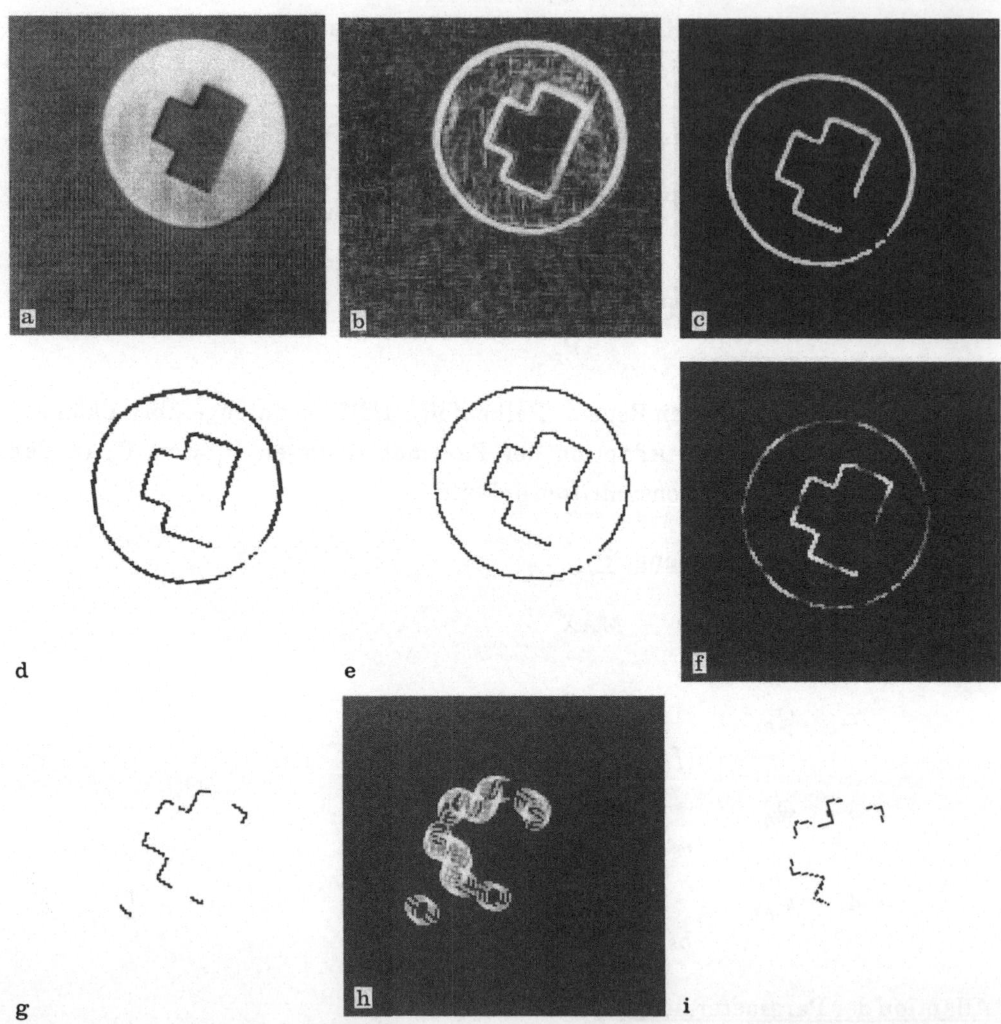

Abb.5.21.   Beispiel I für ein Ergebnis des Adaptionsprozesses zur Erzeugung "optimaler" Binärbilder für die Extratkion von <u>Ecken</u>: (a) Original, (b) Gradient, (c) bedingte Rangfilterung, (d) Binärisierung, (e) Verdünnung, (f) Schärfebestimmung, (g) Binärisierung (= "optimales" Binärbild im o.g. Sinne), (h) Transformation in den Hough-Raum, (i) gefundene Ecken.

Abb.5.21 und 5.23 zeigen die Ergebnisse zweier Adaptionsprozesse zur Findung der "optimalen" Binärbilder für die Suche nach Ecken einschließlich aller Zwischenresultate und einschließlich der nachfolgenden Eckenextraktionen. Die entspre-

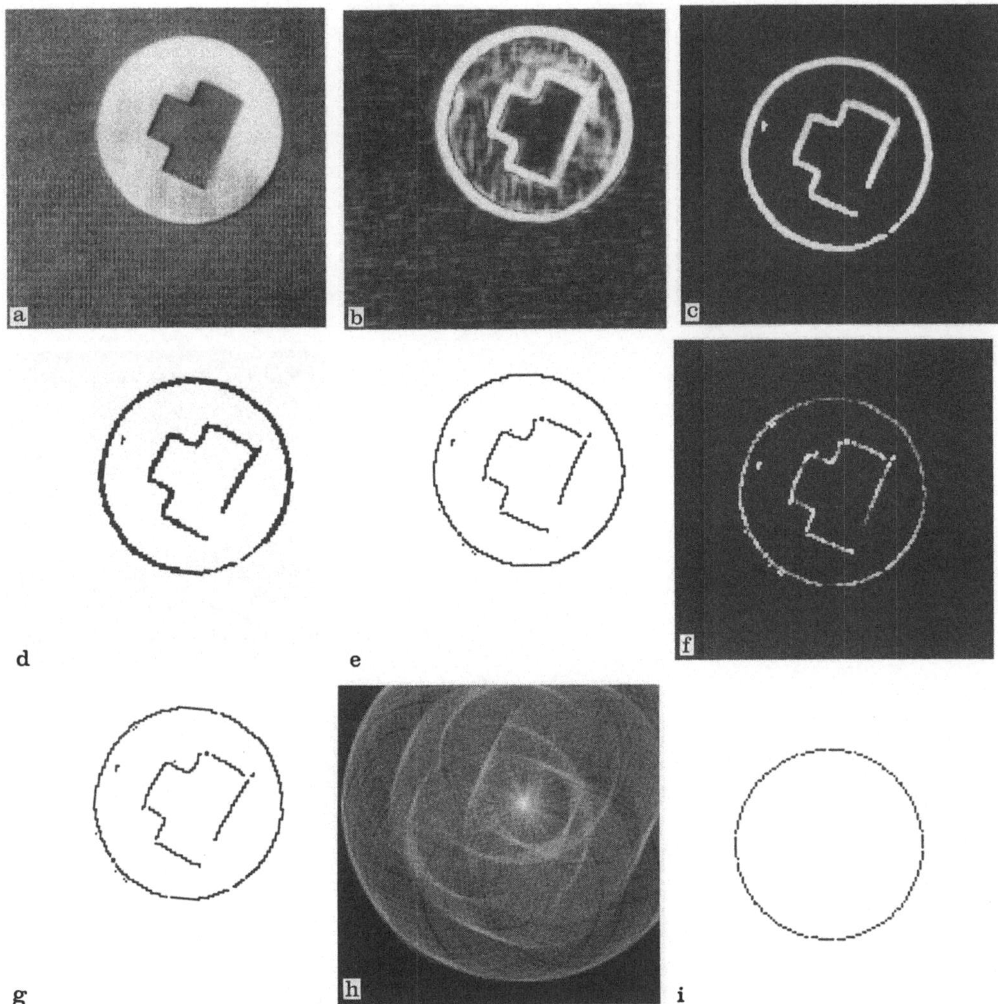

Abb.5.22. Beispiel I für ein Ergebnis des Adaptionsprozesses zur Erzeugung "optimaler" Binärbilder für die Extraktion von Kreisen: (a) Original, (b) Gradient, (c) bedingte Rangfilterung, (d) Binärisierung, (e) Verdünnung, (f) Schärfebestimmung, (g) Binärisierung (= "optimales" Binärbild im o.g. Sinne), (h) Transformation in den Hough-Raum, (i) gefundener Kreis.

chenden Ergebnisse zur Findung der "optimalen" Binärbilder für die Suche nach Kreisen sind in Abb.5.22 und Abb. 5.24 dargestellt.

Während der Adaptionsprozesse kommen bei diesen Referenzbildern nur die oben angegebenen Regeln zur Anwendung. An diesem Beispiel wird deutlich, daß schon

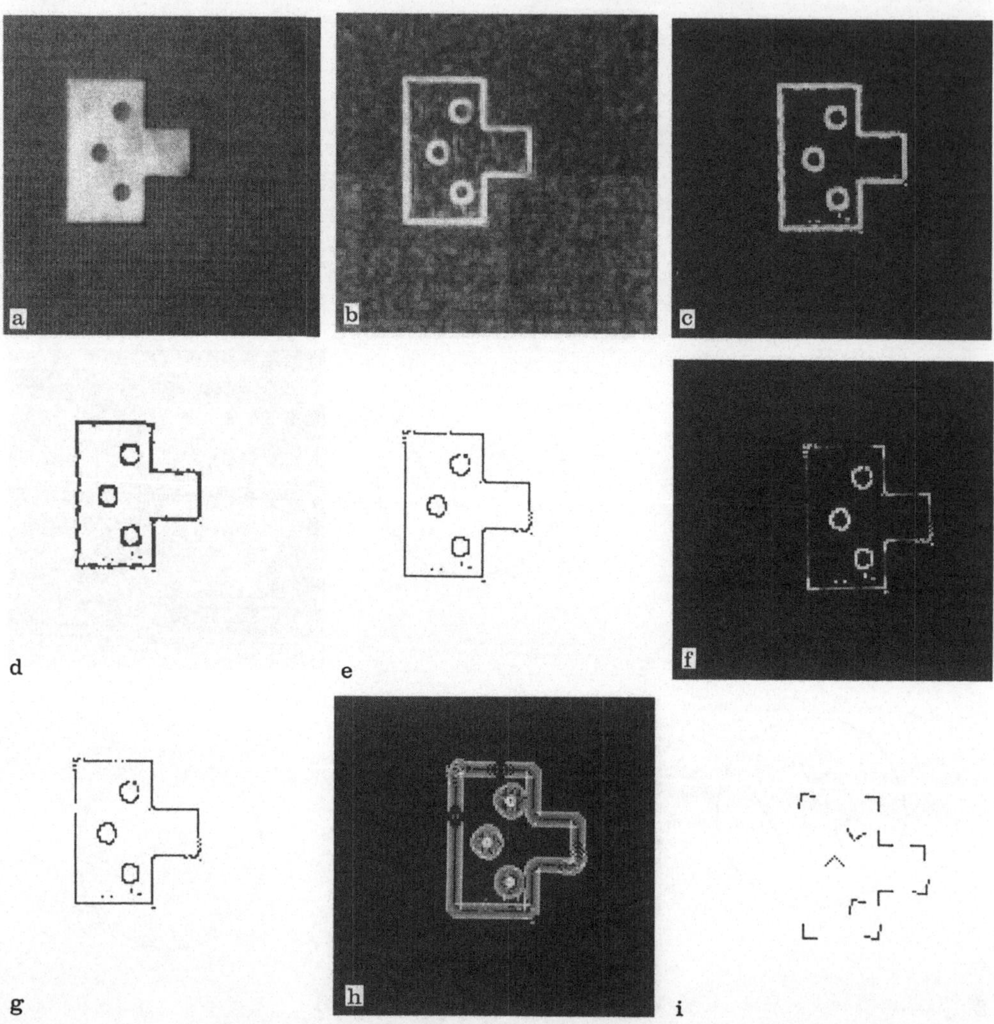

Abb.5.23.   Beispiel II für ein Ergebnis des Adaptionsprozesses zur Erzeugung "optimaler" Binärbilder für die Extraktion von <u>Ecken</u>: (a) Original, (b) Gradient, (c) bedingte Rangfilterung, (d) Binärisierung, (e) Verdünnung, (f) Schärfebestimmung, (g) Binärisierung (= "optimales" Binärbild im o.g. Sinne), (h) Transformation in den Hough-Raum, (i) gefundene Ecken.

mit einem verhältnismäßig kleinem Regelsatz relativ gute Adaptionsergebnisse erzielbar sind.

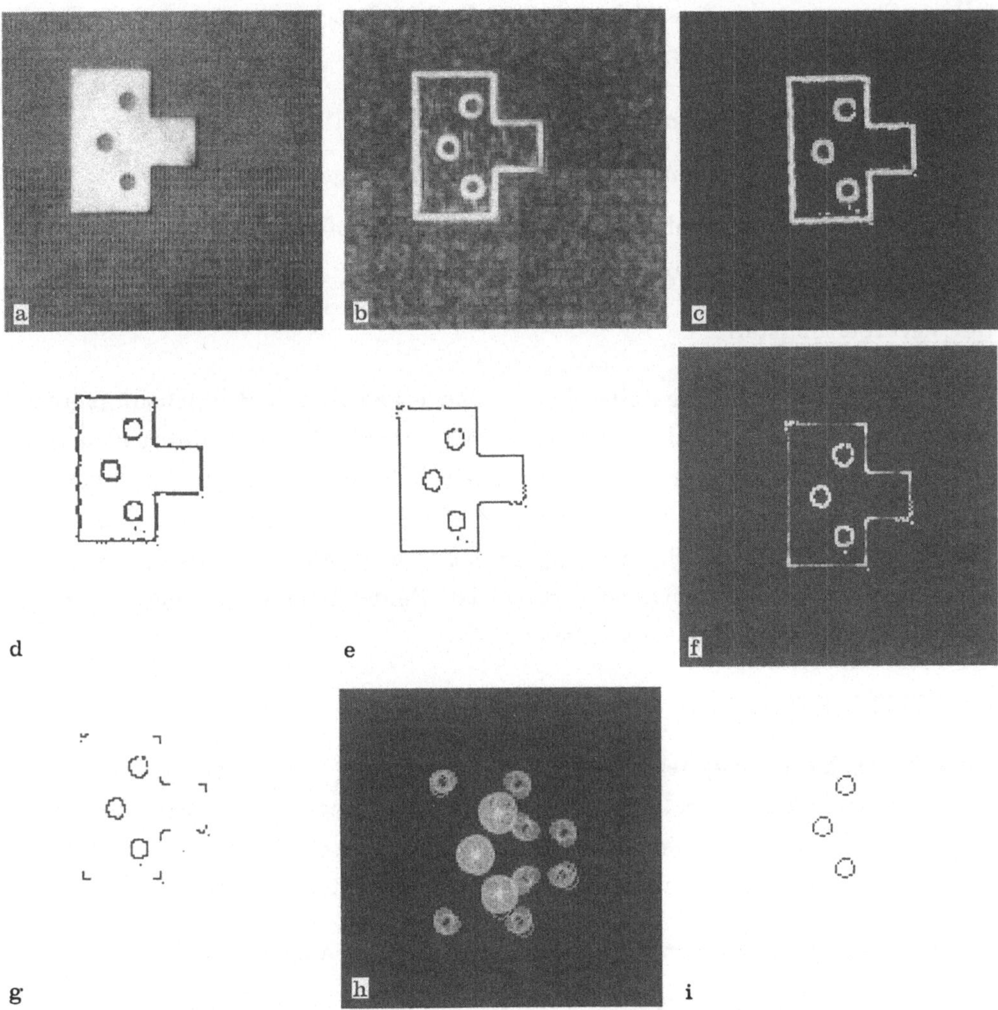

Abb.5.24. Beispiel II für ein Ergebnis des Adaptionsprozesses zur Erzeugung "optimaler" Binärbilder für die Extraktion von <u>Kreisen</u>: (a) Original, (b) Gradient, (c) bedingte Rangfilterung, (d) Binärisierung, (e) Verdünnung, (f) Schärfebestimmung, (g) Binärisierung (= "optimales" Binärbild im o.g. Sinne), (h) Transformation in den Hough-Raum, (i) gefundene Kreise.

5.5 Realisierungsaspekte

Das vorstehend konzipierte flexible Bilddeutungssystem besteht aus zwei unabhängigen Teilen, dem Verarbeitungsteil zur Durchführung des Bilddeutungsprozesses und zur Generierung der Bewertungsgrößen sowie dem Expertensystemteil zur Steuerung der Adaptionsprozesse. Dementsprechend treten bei der Realisierung drei wesentliche Problemkreise auf, nämlich

- die Implementation des Verarbeitungsteils,

- die Implementation des Expertensystemteils und

- die Bereitstellung der Kommunikationspfade zwischen den beiden Systemteilen.

Der Verarbeitungsteil

Aufgabe des Verarbeitungsteiles ist es, den eigentlichen Bilddeutungsprozeß durchzuführen. Da der Bilddeutungsprozeß algorithmisch durchgeführt wird, ist es sinnvoll, zur Codierung eine anweisungsbasierte Programmiersprache zu verwenden. Bei der Auswahl der Programmiersprache ist darauf zu achten, daß sie die Verwendung der für den Bilddeutungsprozeß relevanten Datenstrukturen unterstützt und daß sie ausreichend portabel ist. Beide Gründe sprechen dafür, die Programmiersprache C zu verwenden.

Der Expertensystemteil

Aufgabe des Expertensystemteils ist es, die Steuerung des Adaptionsprozesses zu übernehmen. In Kapitel 5.4 ist hierfür ein einfacher Regelsatz angegeben worden. Die Codierung dieser Wissensinhalte erfolgt wegen ihrer speziellen Form deshalb zweckmäßigerweise mittels eines regelbasierten Expertensystemshells.

Ein solches Expertensystemshell zeichnet sich dadurch aus, daß es

- ein schnelles Ändern einzelner Wissensinhalte ermöglicht,

- eine anschauliche Formulierung der Wissensinhalte unterstützt,

- eine problemlose Erweiterung der Menge der Wissensinhalte gestattet und

- eine Komponente besitzt, die die Interaktion der verschiedenen Wissensinhalte während der Adaptionsprozesse dokumentiert.

Die vorstehenden Eigenschaften sind bei der <u>Entwicklung</u> eines Regelsatzes von Bedeutung. Es ist nämlich a priori nicht klar, welcher Regelsatz für eine bestimmte Problemstellung der optimale ist. Die Ursache hierfür ist, daß die einzelnen Regeln i.a. auf heuristischen Wissensinhalten beruhen, die dem Experten selbst i.a. jedoch nicht bewußt sind. Die Wissensinhalte müssen also erst inkrementell in einem gezielten "trial and error"-Verfahren erarbeitet - d.h. bewußt gemacht - werden. Diese Vorgehensweise wird durch die Eigenschaften eines Expertensystemshells unterstützt.

Die jeweils hinreichenden Fakten sowie Regeln sind nach Auswahl eines Expertensystemshells in der Syntax dieses Shells zu codieren. Die Bilder 5.25 und 5.26 zeigen hierfür zwei einfache selbsterklärende Beispiele. Bei der Umsetzung einer anschaulich formulierten Regel entsprechend Kapitel 5.4 in die Syntax eines verwendeten Expertensystemshells ist zu beachten, daß diese oft in mehrere codierte Regeln umgesetzt werden muß, da die Anwendung einer anschaulich formulierten Regel oftmals einigen Datenverwaltungsaufwand erfordert. Wegen dieser Tatsache ist es u.a. auch nicht möglich, aus der Anzahl der Regeln eines Systems auf dessen Leistungsfähigkeit zu schließen.

```
(LOKALE RANGFOLGE (TYP              (ELEMENTARMODUL           ))
                  (DATA-IN          (UNEINHEITLICHKEITSBILD    ))
                  (DATA-OUT         (UNEINHEITLICHKEITSBILD    ))
                  (PARAMETER        (RF  RS                    )))

(RF               (TYP              (PARAMETER                 ))
                  (DEFINITIONSBEREICH            (MENGE        ))
                  (MÖGLICHE WERTE ( 5  7  9  11  13  15        ))
                  (WERT             ( 7                        ))
                  (ANFANGSWERT      ( 9                        )))

(RS               (TYP              (PARAMETER                 ))
                  (DEFINITONSBEREICH            (INTERVALL    ))
                  (UNTERE-GRENZE                ( 0           ))
                  (OBERE-GRENZE                 ( 1           ))
                  (WERT                         ( 0.2         ))
                  (ANFANGSWERT                  ( 0.5         )))
```

Abb.5.25.   Beispiel für die Formulierung von Wissensinhalten in der Faktenbasis.

```
((REGELOBJEKT
      (REGEL-100         (KONTEXT      (START                         ))
                         (PRIORITÄT    (100                           ))))
(BEDINGUNGSTEIL
      (IF       (START     (ZIEL          ANFANGSWERTE- LADEN )))
      (IF       (<X>       (TYP           ELEMENTARMODUL      )))
      (IF       (<X>       (PARAMETER     <Y>                 )))
      (IF       (<Y>       (ANFANGSWERT   <Z>                 ))))
(AKTIONSTEIL
      (SET      (<Y>       (WERT          <Z>                 )))
      (SET      (START     (ZIEL          ADAPTION-STARTEN    )))))
```

Abb.5.26.   Beispiel für die Formulierung eines Wissensinhaltes durch eine Produktionsregel.

Die Kommunikationspfade

Die Durchführung des Adaptionsprozesses erfordert eine Kommunikation zwischen dem Verarbeitungsteil und dem Expertensystemteil. Da der Adaptionsprozeß durch den Expertensystemteil gesteuert wird, ist es zweckmäßig, die Kommunikation unter Kontrolle des Expertensystemteils durchzuführen und den Verarbeitungsteil als untergeordnetes System zu betreiben. Über den Expertensystemteil muß dann

- der Datentransfer vom Expertensystemteil zum Verarbeitungsteil (z.B. Parameterwerte),

- der Datentransfer vom Verarbeitungsteil zum Expertensystemteil (z.B. Werte der Gütemaße) und

- die Ausführung der Verarbeitung

steuerbar sein.

Wie dies im einzelnen zweckmäßig auszuführen ist, hängt von dem verwendeten Expertensystemshell und dem umgebenden Betriebssystem ab. Eine gut überschaubare Möglichkeit ist gegeben, wenn das verwendete Betriebssystem es erlaubt, den Verarbeitungsteil und den Expertensystemteil als getrennte Prozesse zu installieren, die nur über Dateien miteinander kommunizieren. Dies gewährleistet eine hohe Transparenz.

6. Literatur

ABE82   K. Abe, N. Sugita: Distances Beetween Strings of Symbols -
Reviews and Remarks.
Proc. of the 6th Int. Conf. on Patt. Recog. (1982).

AGR77   A.K. Agrawala (Ed.): Machine Recognition of Patterns.
IEEE Press, John Wiley & Sons, New York (1977).

AND77   Andrews, Hunt: Digital Image Restoration.
Prentice Hall, Englewood Cliffs, New Jersey (1982).

ASP83   American Society of Photogrammetry: Manual of Remote
Sensing.
Sheridan Press, Falls Church, Va., USA (1983).

BÄHR85   H.-P. Bähr (Ed.): Digitale Bildverarbeitung - Anwendung in
Photogrammetrie und Fernerkundung.
Wichmann Verlag, Karlsruhe (1985).

BALL82   D.H. Ballard, C.M. Brown: Computer Vision.
Prentice Hall, Englewood Cliffs, New Jersey (1982).

BARR81   A. Barr, E.A. Feigenbaum: The Handbook of Artificial
Intelligence. Volume I, II.
William Kaufmann, Inc., Los Altos, Ca., USA (1981).

BATE86   R.H.T. Bates, M.J. McDonnell: Image Restoration and
Reconstruction.
Oxford Univ. Press (Clarendon), London, New York (1986).

BINF82   T.C. Binford: Survey of model based image understanding
systems.
Int. J. Robotics Research, Vol. 1, No. 1 (1982).

BOLC81   L. Bolc, Z. Kulpa: Digital Image Processing Systems.
          Lecture Notes in Computer Science, Bd. 109, Springer-Verlag,
          Berlin, Heidelberg, New York (1981).

BRO83   C.M. Brown: Inherent Bias and Noise in the Hough Transform.
          IEEE Trans. on PAMI-5, No. 5 (1983).

BROW85   L. Brownston, R. Farrell, E. Kant, N. Martin: Programming
          Expert Systems in OPS-5.
          Addison-Wesley, London, Amsterdam (1985).

BUNK83   H. Bunke, G. Allermann: A Metric on Graphs For Structural
          Pattern Recognition.
          Proc. of the EUSIPCO-83, Elsevier Science Publishers,
          Amsterdam, New York (1983).

BURK79   H. Burkhardt: Transformationen zur lageinvarianten
          Merkmalgewinnung.
          VDI-Verlag, Fortschritt-Berichte der VDI-Zeitschriften,
          Reihe 10, Nr. 7 (1979).

BURR85   C.S. Burrus, T.W. Parks: DFT/FFT and Convolution
          Algorithms.
          John Wiley & Sons, New York (1985).

CHO82   Z.H. Cho, H.S. Kim, H.B. Song, J. Cumming: Fourier Transform
          Nuclear Magnetic Resonance Tomographic Imaging.
          Proceedings of the IEEE, (October 1982).

CHOM59   N. : Chomsky: On Certain Formal Properties of Grammars.
          Information and Control, No. 2 (1959).

CLOC84   W.F. Clocksin, C.S. Mellish: Programming in PROLOG.
          Second Edition.
          Springer-Verlag Berlin, Heidelberg, New York, Tokyo (1984).

COCH61   W.G. Cochran, C.E. Hopkins: Some Classification Problems
          With Multivariate Qualitative Data.
          Biometrics (March 1961).

COHE82   P.R. Cohen, E.A. Feigenbaum: The Handbook of Artificial
             Intelligence. Volume III.
             William Kaufmann, Inc., Los Altos, Ca., USA (1982).

DANK81   A.J. Danker, A. Rosenfeld: Blob Detection by Relaxation.
             IEEE Trans. on PAMI-3, No. 1, (1981).

DAVI76   L.S. Davis, A. Rosenfeld: Applications of Relaxation Labeling:
             Spring-Loaded Template Matching.
             Proc. of the 3rd Int. J. Conf. on Patt. Recog. (1976).

DAVI79   L.S. Davis: Shape Matching Using Relaxation Techniques.
             IEEE Trans. on PAMI-1, No. 1 (1979).

DAVI82   L.S. Davis: Hierarchical Generalized Hough Transform and Line
             Segmented Based Generalized Hough Transforms.
             Pattern Recognition, Vol. 15, No. 4, Pergamon Press (1982).

DEVI82   P.A. Devijer, J. Kittler: Pattern Recognition: A Statistical
             Approach.
             Prentice Hall, Englewood Cliffs, New Jersey (1982).

DUDA73   R.O. Duda, P.E. Hart: Pattern Classification and Scene
             Analysis.
             John Wiley & Sons, New York (1973).

DUDG84   D.E. Dudgeon, R.M. Mersereau: Multidimensional Digital
             Signal Processing.
             Prentice Hall, Englewood Cliffs, New Jersey (1984).

EARL70   J. Earley: An Efficient Context-Free Parsing Algorithm.
             Communications of the ACM, Vol. 13, No. 2 (1970).

EKLU80   J.O. Eklundh, A. Rosenfeld: Some Relaxation Experiments
             Using Triples of Pixels.
             IEEE Trans. on SMC-10, No. 3 (1980).

END87   M. Ender: Ein Beitrag zur automatischen wissensbasierten
             Konfiguration von Bildinterpretationssystemen.
             Dissertation, Hannover (1987).

FAUG81a O.D. Faugeras: Decomposition and Decentralzation Techniques
in Relaxation Labeling.
Comp. Graphics and Image Proc., Vol. 16, pp. 341-355 (1981).

FAUG81b O.D. Faugeras, M. Berthod: Improving Consistency and
Ambiguity in Stochastic Labeling. An Optimisation Approach.
IEEE Trans. on PAMI-3, No. 4 (1981).

FAUG82 O.D. Faugeras: Relaxation Labeling and Evidence Gathering.
Proc. of the 6th Int. Conf. on Patt. Recog. (1982).

FEK81 G. Fekete, J.O. Eklundh, A. Rosenfeld: Relaxation: Evaluation
and Applications.
IEEE Trans. on PAMI-3, No. 4 (1981).

FUK72 K. Fukunaga: Introduction to Statisticial Pattern Recognition.
Academic Press, New York (1972).

FU73 K.S. Fu: Stochastic Languages for Picture Analysis.
Comp. Graphics and Image Proc., Vol. 2, No. 3/4 (1973).

FU74 K.S. Fu: Syntactic Methods in Pattern Recognition.
Academic Press, New York (1974).

FU82a K.S. Fu: A General (Syntactic-Semantic) Approach to Picture
Analysis, Picture Engineering.
Springer-Verlag, Berlin, Heidelberg, New York (1982).

FU82b K.S. Fu: Syntactic Pattern Recognition and Applications.
Prentice-Hall, Englewood Cliffs, New Jersey (1982).

FU84 K.S. Fu (Ed.): VLSI for Pattern Recognition and Image
Processing.
Springer-Verlag, Berlin,Heidelberg, New York (1984).

GEU83 W. Geuen: Konturfindung auf der Basis des visuellen
Konturempfindens.
Dissertation, Universität Hannover (1983).

GHA80 D.E. Ghahrman, A. Wong, T. Au: Graph Optimal Monomor-
phism Algorithms.
IEEE Trans. on SMC-10, No. 4 (1980).

GÖPF87   W. Göpfert: Raumbezogene Informationssysteme.
Wichmann Verlag, Karlsruhe (1987).

GONZ87   Gonzalez, Wintz: Digital Image Processing.
Addison-Wesley, London, Amsterdam (1987).

GRAH88   I. Graham, P.L.: Jones: Expert Systems, Knowledge,
Uncertainty and Decision.
Chapman and Hall, London, New York (1988).

GUES86   A. Guessoum, R.M. Mersereau: Fast algorithms for the
multidimensional discrete Fourier transform.
IEEE Trans. on ASSP, No. 34, pp. 937 (1986).

HANS78   Hanson, Riseman (Ed.): Computer Vision Systems.
Academic Press, New York (1978).

HAR79   R.M. Haralick, L.G. Shapiro: The Consistent Labeling Problem.
Part I. IEEE Trans. on PAMI-1, No. 2 (1979).

HAR80   R.M. Haralick, J.L, Mohammad, S.W. Zucker: Compatibilities
and the Fixed Points of Arithmetic Relaxation Process.
Comp. Graphics and Image Proc., Vol. 13 (1980).

HAR83a   R.M. Haralick: An Interpretation for Probabilistic Relaxation.
Comp. Vision, Graphics and Image. Proc., Vol. 22, pp. 388 - 395
(1983).

HAR83b   R.M. Haralick: Decision Making in Context.
IEEE Trans. on PAMI-5, No. 4 (1983).

HARM85   P. Harmon, D. King: Expert Systems, Artificial Intelligence in
Business.
John Wiley & Sons, New York (1985).

HAY80   K.C. Hayes: Reading Handwritten Words Using Hierarchical
Relaxation. Comp. Graphics and Image. Proc., Vol. 14, No. 4
(1980).

HERM79   G.T. Herman (Ed.):Image Reconstruction from Projections.
Springer-Verlag, Berlin, Heidelberg, New York (1979).

HUA75 Huang (Ed.): Picture Processing and Digital Filtering.
Springer-Verlag, Berlin, Heidelberg, New York (1975).

HUA81 Huang (Ed.): Two-Dimensional Digital Signal Processing Band I
+ II. Springer-Verlag, Berlin, Heidelberg, New York (1981).

IEEE83 IEEE: Special Issue on Computerized Tomography.
Proceedings of the IEEE, (March 1983).

JORD88 K. Jordan: Meßtechnik in der Emissions-Computertomographie.
Handbuch der Mezinischen Radiologie, Band XV/1B,
S. 149-313.

KAI82 W. Kay-ren, Z. Chen-san: On Compatibility of Probabilistic
Relaxation Labeling.
Proc. of the 6th Int. Conf. on Patt. Recog. (1982).

KAK88 A.C. Kak, M. Slaney: Principles of Computerized Tomographic
Imaging.
IEEE Press, New York (1988).

KAN79 L.N. Kanal: Problem-Solving Models and Search Strategies for
Pattern Recognition.
IEEE Trans. on PAMI-1, No. 2 (1979).

KIR80 R.L. Kirby: A Product Rule Relaxation Method.
Comp. Graphics and Image Proc., Vol. 13, pp. 158 - 159 (1980).

KIT79 L. Kitchen, A. Rosenfeld: Discrete Relaxation for Matching
Relational Structures.
IEEE Trans. on SMC-9, No. 12 (1979).

KIT80 L. Kitchen: Relaxation Applied to Matching Quantitative
Relational Structures.
IEEE Trans. on SMC-10, No. 2 (1980).

KONE72 G. Konecny: Geometrische Probleme der Fernerkundung.
Bildmessung und Luftbildwesen 40 (4), (1972).

KONE84 G. Konecny, G. Lehmann: Photogrammetrie.
De Gruyter Verlag, Berlin, New York (1984).

KUS82   A.S. Kuschel, C.V. Page: Augmented Relaxation Labeling and Dynamic Relaxation Labeling.
IEEE Trans. on PAMI-4, No. 6 (1982).

LIED81   C.-E. Liedtke, W. Geuen: Konturfindung unter Berücksichtigung des visuellen Systems des Menschen.
NTZ Archiv, Band 3 (1981).

MAY82   O. Mayer, Syntaxanalyse.
BI-Wissenschaftsverlag, Reihe Informatik/27 (1982).

MEI72   W.S. Meisel: Computer-Oriented Approaches to Pattern Recognition.
Academic Press, New York (1972).

NAG85   H.-H. Nagel: Analyse und Interpretation von Bildfolgen I + II.
Informatik-Spektrum, Band 8, Heft 4 und Heft 6, Springer-Verlag, Berlin, Heidelberg, New York (1985).

NIE83   H. Niemann: Klassifikation von Mustern.
Springer-Verlag, Berlin, Heidelberg, New York (1983).

NIE85   H. Niemann: Wissensbasierte Bildanalyse.
Informatik-Spektrum, Heft 8, S. 201 - 214, Springer Verlag, Heidelberg (1985).

NIE87   Niemann, Bunke: Künstliche Intelligenz in Bild- und Sprachanalyse.
Teubner-Verlag, Stuttgart (1987).

NIL82   N.J. Nilsson: Principles of Artificial Intelligence.
Springer-Verlag, Berlin, Heidelberg, New York (1982).

OPP75   A.V. Oppenheim, R.W. Schafer: Digital Signal Processing.
Prentice Hall, Englewood Cliffs, New Jersey (1975).

OTT88   P.J. van Otterloo: A Contour-Oriented Approach to Digital Shape Analysis.
Dissertation, Delft (1988).

PAV77   T. Pavlidis: Structural Pattern Recognition.
Springer-Verlag, Berlin, Heidelberg, New York (1977).

220

PAV78   T. Pavlidis: A Review of Algorithms for Shape Analysis.
Comp. Graph. and Im. Proc., Vol. 7, pp. 243-258 (1978).

PAV82   T. Pavlidis: Algorithms for Graphics and Image Processing.
Springer-Verlag, Berlin, Heidelberg, New York (1982).

PEAR84 J. Pearl: Some Recent Results in Heuristic Search Theory.
IEEE Trans. on PAMI-6, No. 1 (1984).

PRAT78 Pratt: Digital Image Processing.
John Wiley & Sons, New York (1978).

PRAG80 J.M. Prager: Extracting and Labeling Boundary Segments in
Natural Scenes.
IEEE Trans. on PAMI-2, No. 1 (1980).

PELE78 S. Peleg, A. Rosenfeld: Determining Compatibility Coefficients
for Curve Enhancement Relaxation Process.
IEEE Trans. on SMC-8, pp. 548-554 (1978).

PELE79 S. Peleg, A New Probabilistic Relaxation Scheme.
Proc. of the IEEE Conf. on Patt. Recog. and Image Proc. (1979).

PELE80 S. Peleg: A New Probabilistic Relaxation Scheme.
IEEE Trans. on PAMI-2, No. 4 (1980).

RAB75   L.R. Rabiner, B. Gold: Theory and Application of Digital Signal
Processing.
Prentice Hall, Englewood Cliffs, New Jersey (1975).

RAO85   K.R. Rao: Discrete Transforms and Their Applications.
Van Nostrand, New York (1985).

RICH81a J.A. Richards, D.A. Landgrebe, P.H. Swain: Pixel Labeling by
Supervised Probabilistic Relaxation.
PAMI-3, No. 2 (1980).

RICH81b J.A. Richards, D. A. Landgrebe, P.H. Swain: On the Accuracy of
Pixel Relaxation Labeling.
IEEE Trans. on SMC-11, No. 4 (1981).

RICH83   E. Rich: Artificial Intelligence.
                Mc. Graw-Hill, New York (1983).

ROS76   A. Rosenfeld (Ed.): Digital Picture Analysis.
                Springer-Verlag, Berlin, Heidelberg, New York (1976).

ROS77   A. Rosenfeld: Iterative Methods in Image Analysis.
                Proc. of the IEEE Conf. on Patt. Recog. and Image Proc. (1977).

ROS82   Rosenfeld, Kak: Digital Picture Processing. Vol. 1 + 2.
                Academic Press, New York (1982).

RUMM82   P. Rummel, W. Beutel: A Model-Based Image Analysis System
                for Workpiece Recognition.
                Proc. of the 6th Int. Conf. on Patt. Recog. (1982).

RUTK81   W.S. Rutkowski, S. Peleg, A. Rosenfeld: Shape Segmentation
                Using Relaxation.
                IEEE Trans. on PAMI-3, No. 4 (1982).

SANF83   A. Sanfeliu, K.S. Fu: A Distance Measure between Attributed
                Relational Graphs for Pattern Recognition.
                IEEE Trans. on SMC-13, No. 3 (1983).

SALO78   A.K. Salomaa: Formale Sprachen.
                Springer-Verlag, Berlin, Heidelberg, New York (1978).

SCHM86   B. Schmitt. G. Zinser, A. Erhardt, D. Komitowski, J. Bille:
                Analysis of three-dimensional images of cell nuclei.
                Proc. of the EUSIPCO-86, Elsevier Science Publishers,
                Amsterdam, New York (1986).

SHAP78   L.G. Shapiro: A General Spatial Data Structure.
                Proc. of the IEEE Conf. on Patt. Recog. and Image Proc. (1978).

SHAP81   L.G. Shapiro, R.M. Haralick: Structural Descriptions and
                Inexact Matching.
                IEEE Trans. on PAMI-3, No. 5 (1981).

SHAP82   L.G. Shapiro, R. M. Haralick: Organisation of Relational Models
                for Scene Analysis.
                IEEE Trans. on PAMI-4, No. 6 (1982).

TOU74   J.T. Tou, R.C. Gonzalez: Pattern Recognition Principles.
Addison-Wesley, London, Amsterdam (1974).

TROP83   H. Tropf: Bildanalyse durch modellgesteuerte Synthese
von Vergleichsmustern.
Dissertation, Karlsruhe (1983).

TSAI79   W.H. Tsai, K.S. Fu: Error-Correcting Isomorphisms of
Attributed Relational Graphs for Pattern Analysis.
IEEE Trans. on SMC-9, No. 12 (1979).

TSAI80   W.H. Tsai, K.S. Fu: A Syntactic-Statistical Approach to
Recognition of Industrial Objects.
Proc. of the 5th Int. Conf. on Patt. Recog. (1980).

TSAI83   W.H. Tsai, K.S. Fu: Subgraph Error-Correcting Isomorphisms
for Syntactic Pattern Recognition.
IEEE Trans. on SMC-13, No. 1 (1983).

VALK86   M.E. Van Valkenburg (Ed.): Selected Papers in
Multidimensional Digital Signal Processing.
IEEE Press (1986).

WAHL84   Wahl: Digitale Bildsignalverarbeitung.
Springer-Verlag, Berlin, Heidelberg, New York (1984).

WALT83   I.Walter, H., Tropf: An ATN Model for 3D-Recognition of Solids
in Single Images.
Proc. of the 8th IJCAI, Karlsruhe (1983).

WANG82   Wang Kai-ren, Zhuang Chen-san: On Compatibility Coefficients
of Probability Relaxation Labeling.
Proc. of the 6th Int. Conf. on Patt. Recog. (1982).

WATE86   D.A. Waterman: A Guide to Expert Systems.
Addison-Wesley Publishing Company (1986).

WINK78   G. Winkler: Bildbeschreibungssprachen - was sie sind und was
sie leisten.
DAGM Symposium, Oberpfaffenhofen (1978).

WINS84   P.H. Winston: Artificial Intelligence.
              Addison-Wesley Publishing Company (1984).

WINS87   P.H. Winston, B.K.Horn: LISP.
              Addison-Wesley Publishing Company (1987).

YOU79   K.C. You, K. S. Fu: A Syntactic Approach to Shape Recognition
              Using Attributed Grammers.
              IEEE Trans. on SMC-9, No. 6 (1979).

YOU80   K.C. You, K.S. Fu: Distorted Shape Recognition Using
              Attributed Grammers and Error-Correcting Techniques.
              Comp. Graphics and Image Proc., Vol. 13, pp. 1 - 16 (1980).

ZUCK76   S.W. Zucker: Relaxation Labeling and the Reduction of Local
              Ambiguities.
              Proc. of the 3th Int. Joint Conf. on Patt. Recog. (1976).

ZUCK77a   S.W. Zucker, R. Hummel, A. Rosenfeld: An Application of
              Relaxation Labeling to Line and Curve Enhancement.
              IEEE Trans. on Computers, Vol. 26, No. 4 (1977).

ZUCK77b   S.W. Zucker, J.L. Mohammed: An Hierarchical Relaxation
              System for Line Labeling and Grouping.
              Proc. of the IEEE Conf. on Patt. Recog. and Image Proc. (1978).

ZUCK78a   S.W. Zucker, J.L. Mohammed: Analysis of Probabilistic
              Relaxation Labeling Processes.
              Proc. of the IEEE Conf. on Patt. Recog. and Image Proc. (1978).

ZUCK78b   S.W. Zucker, E.V. Krishnamurthy, R. Haar: Relaxation Process
              for Scene Labeling: Convergence, Speed and Stability.
              IEEE Trans. on SMC-8, pp.41-48 (1978).

Schlagwortverzeichnis

Nachrichten-technik

Herausgeber: H. Marko

Eine aktuelle Buchreihe für Studierende und Ingenieure

Band 1: H. Marko

Methoden der Systemtheorie

Die Spektraltransformationen und ihre Anwendungen

2. überarbeitete Auflage. 1982. Korrigierter Nachdruck. 1986. 87 Abbildungen. XVII, 224 Seiten. DM 52,-. ISBN 3-540-11457-2

Band 2: P. Hartl

Fernwirktechnik der Raumfahrt

Telemetrie, Telekommando, Bahnvermessung

2., völlig neubearbeitete und erweiterte Auflage. 1988. 113 Abbildungen, XV, 221 Seiten. DM 68,-. ISBN 3-540-18851-7

Band 4: H. Kremer

Numerische Berechnung linearer Netzwerke und Systeme

1978. 29 Abbildungen. X, 179 Seiten. DM 68,-. ISBN 3-540-08402-9

Springer-Verlag
Berlin Heidelberg New York London
Paris Tokyo Hong Kong

Band 5: G. Färber

Prozeßrechentechnik

Allgemeines, Hardware und Software, Planungshinweise

1979. 98 Abbildungen, 5 Tabellen. X, 208 Seiten. DM 68,-. ISBN 3-540-09263-3

Band 6: E. Herter, H. Rupp

Nachrichtenübertragung über Satelliten

Grundlagen und Systeme, Erdefunkstellen und Satelliten

2., völlig neubearbeitete und erweiterte Auflage. 1983. 98 Abbildungen, 5 Tabellen. XIII, 216 Seiten. DM 84,-. ISBN 3-540-12074-2

Band 7: R. Lücker

Grundlagen digitaler Filter

Einführung in die Theorie linearer zeitdiskreter Systeme und Netzwerke

2. überarbeitete und erweiterte Auflage. 1985. 99 Abbildungen. XIII, 263 Seiten. DM 74,-. ISBN 3-540-15064-1

Band 8: R. Elsner

Nichtlineare Schaltungen

Grundlagen, Berechnungsmethoden, Anwendungen

1981. 113 Abbildungen. IX, 136 Seiten. DM 58,-. ISBN 3-540-10477-1

Band 9: E. Schuon, H. Wolf

Nachrichten-Meßtechnik

Prinzipien, Verfahren, Geräte

1. Auflage. 1981. Korrigierter Nachdruck. 1987. 155 Abbildungen. XI, 271 Seiten. DM 74,-. ISBN 3-540-10637-5

Band 10: E. Hänsler

Grundlagen der Theorie statistischer Signale

1983. 69 Abbildungen. IX, 225 Seiten. DM 58,-. ISBN 3-540-12081-5

Nachrichten-technik

Herausgeber: H. Marko

Eine aktuelle Buchreihe für Studierende und Ingenieure

Band 11: **H. Schönfelder**

Bildkommunikation

Grundlagen und Technik der analogen und digitalen Übertragung von Fest- und Bewegtbildern

1983. 124 Abbildungen. XIII, 298 Seiten. DM 78,-.
ISBN 3-540-12214-1

Band 12: **K. Fellbaum**

Sprachverarbeitung und Sprachübertragung

1984. 145 Abbildungen. IX, 272 Seiten. DM 58,-.
ISBN 3-540-13306-2

Band 13: **F. Wahl**

Digitale Bildsignalverarbeitung

Grundlagen, Verfahren, Beispiele

1984. 85 Abbildungen. X, 191 Seiten. DM 78,-.
ISBN 3-540-13586-3

Band 14: **G. Söder, K. Tröndle**

Digitale Übertragungssysteme

Theorie, Optimierung und Dimensionierung der Basisbandsysteme

1985. 113 Abbildungen. XII, 282 Seiten. DM 84,-.
ISBN 3-540-13812-9

Band 15: **J. Hofer-Alfeis**

Übungsbeispiele zur Systemtheorie

41 Aufgaben mit ausführlich kommentierten Lösungen

1985. 352 Abbildungen. XI, 212 Seiten. DM 42,-.
ISBN 3-540-15083-8

Band 16: **S. Geckeler**

Lichtwellenleiter für die optische Nachrichtenübertragung

Grundlagen und Eigenschaften eines neuen Übertragungsmediums

2. überarbeitete Auflage. 1987. 154 Abbildungen.
VIII, 327 Seiten. DM 78,-. ISBN 3-540-16971-7

Band 17: **J. Franz**

Optische Übertragungssysteme mit Überlagerungsempfang

Berechnung, Optimierung, Vergleich

1988. 80 Abbildungen. XVII, 258 Seiten. DM 78,-.
ISBN 3-540-50189-4

Band 18: **J. Detlefsen**

Radartechnik

Grundlagen, Bauelemente, Verfahren, Anwendungen

1989. Etwa 200 Seiten. ISBN 3-540-50260-2
In Vorbereitung

Band 19: **C.-E. Liedtke, M. Ender**

Wissensbasierte Bildverarbeitung

1989. 83 Abbildungen. Etwa 230 Seiten. DM 78,-.
ISBN 3-540-50641-1

Springer-Verlag
Berlin Heidelberg New York London
Paris Tokyo Hong Kong